建筑装饰施工企业施工员岗位培训教材

# 建筑装饰构造

张剑敏　马怡红　陈保胜　编

中国建筑工业出版社

本书是建筑装饰施工企业施工员岗位培训教材之一。本书主要是从饰面与装饰的功能及分类、基本构造、特殊构造三个方面来阐述现代建筑装饰中常用的各种构造方法。内容包括墙体装饰、楼地面装饰、顶棚装饰、门窗装饰、楼梯、电梯与自动扶梯装饰以及隔墙与隔断。全书内容精炼，深入浅出，图文并茂，每章都附有复习思考题，以便于自学。

本书除了可供建筑装饰施工企业施工员岗位培训作教材之用外，还可作为大中专学校与职业学校有关专业的教材，也可供建筑装饰工程专业人员参考。

建筑装饰施工企业施工员岗位培训教材
建筑装饰构造
张剑敏　马怡红　陈保胜　编
*
中国建筑工业出版社出版、发行（北京西郊百万庄）
新　华　书　店　经　销
北京市密东印刷有限公司印刷
*
开本：787×1092毫米　1/16　印张：13　字数：312千字
1995年6月第一版　2006年11月第十六次印刷
印数：72,501—73,700册　定价：**14.00**元
ISBN 7-112-02540-0
TU·1947　(7621)

# 出 版 说 明

随着建筑业的蓬勃发展，大批新颖、别致、高标准的建筑相继出现。这些建筑除在施工技术上融合了传统技法和现代技术之外，更巧妙地通过装饰设计，充分体现出建筑的性格与内涵。这对建筑装饰施工企业从业人员的技术素质无疑是一次全面的考查。

为确保建筑装饰工程质量，推动技术进步和全面提高建筑装饰施工企业施工员的技术素质，搞好建筑装饰施工企业施工员的岗位培训是一项艰巨而长期的工作。为此，我司组织同济大学的有关专家编写了本套教材，作为建筑装饰施工企业施工员的岗位培训教材，供各地使用。

1992年我司曾推荐使用江苏省建筑工程局组织编写的“建筑装饰施工企业施工员岗位培训试用教材”。该套教材出版后，满足了当时培训的急需，受到了广大读者的欢迎和好评。但随着装饰技术的发展和创新，该套教材的深度、广度及课程设置已不能满足培训的要求，因此我们组织重编了这套教材。在这套教材中，增加了《建筑装饰工程预算》，取消了《建筑装饰识图》和《建筑装饰美术》，使整套教材更加实用，更便于教学。

本套教材包括《建筑装饰设计》、《建筑装饰构造》、《建筑装饰材料》、《建筑装饰工程施工》、《建筑装饰工程预算》，共五册，由中国建筑工业出版社出版。

为使这套岗位培训教材日臻完善，希望各使用单位提出宝贵意见，以便进一步修订。

**建设部人事教育劳动司**

1995年2月

# 前　言

随着我国国民经济的迅速发展和人们物质生活水平的不断提高，建筑装饰业的规模在国内日趋扩大。全国各地相继组建了不少专业的装饰队伍，新的装饰材料和装饰技术层出不穷。为了保证建筑装饰工程的质量，提高专业装饰队伍的技术水平，学习和掌握建筑装饰工程构造的原理和方法在目前显得尤为重要。建筑装饰工程构造是实现建筑装饰设计目标的至关重要的技术手段。

本书在理论与实践相结合的基础上，对建筑装饰构造作了较全面系统的阐述。全书共分七章。第一章除了介绍建筑装饰构造的重要性和基本类型之外，着重阐述了建筑装饰构造方法的选择原则。第二章至第七章系统地介绍了现代建筑装饰工程中比较常用的各种饰面与装饰的功能、分类、基本构造方法，以及特殊部位的构造处理等。此外，书中还附有300余幅插图，可以帮助读者直观地认识有关的构造原理和方法。

本书除了可用作建筑装饰施工企业施工员岗位培训教材之外，也可作为高校建筑学专业、室内设计专业的教学参考书，还可供建筑设计、建筑施工、装饰工程施工等方面的有关人员参考。

本书插图由丁越、赵玉忠、李岚、赵韬协助绘制。在本书的编写过程中，承蒙有关人士的关心和热忱帮助，谨此表示深深的谢意。

由于作者水平有限，加之时间紧迫，本书中缺点和错误在所难免，恳请读者批评指正。

# 目　录

# 第一章 概 论

建筑装饰构造是指建筑物除主体结构部分以外，使用建筑材料及其制品或其他装饰性材料对建筑物内外与人接触部分以及看得见部分进行装潢和修饰的构造做法。

建筑装饰构造是一门综合性的工程技术学科，它应该与建筑、艺术、结构、材料、设备、施工、经济等方面密切配合，提供合理的装饰构造方案，既作为装饰设计中综合技术方面的依据，又是实施装饰设计的至关重要的手段，并且它本身就是装饰设计的组成部分。

《建筑装饰构造》这门课程的任务是使学生掌握有关建筑装饰构造的基本理论和应用技术，为指导实践，进一步培养和提高综合运用能力打下良好的基础。

## 一、建筑装饰构造的意义

建筑装饰构造是建筑装饰设计的重要组成部分，是实现装饰设计目标——满足建筑物使用功能、美观要求及保护主体结构在室内外各种环境因素作用下的稳定性和耐久性——的重要保证。若构造处理得不尽合理，不但会直接影响建筑物的使用和美观，而且还会造成人力、物力的浪费，乃至不安全因素的发生。所以在构造设计中要综合各方面的因素来分析、比较，选择合理的构造方案。由此可见，只有掌握了建筑装饰的多种构造方法，才能正确地进行分析、比较、选择，以获得良好的装饰效果。

## 二、建筑装饰构造选择的原则

选择一种装饰构造做法，必须对多种因素加以考虑和分析比较，才有可能从众多的装饰构造方法中选择出一种对于特定的建筑装饰任务来说是最佳的构造方案，从而达到保证装饰质量、提高施工速度、节约材料和降低造价的总目标。选择装饰构造的一般原则如下：

1. 功能性原则

建筑装饰的基本功能，包括满足与保证使用的要求、保护主体结构免受损害和对建筑的立面、室内空间等进行装饰这三个方面。但是，根据建筑类型的不同、装饰部位的不同，装饰设计的目的是不尽相同的，这就导致了在不同的条件下，饰面所承担的三方面的功能是不同的。因此，在选择装饰构造时，应根据建筑物的类型、使用性质、主体结构所用材料的特性、装饰的部位、环境条件及人的活动与装饰部位间的接触的可能性等各种因素，合理地确定饰面构造处理的目的性。例如除了装饰立面、美化环境之外，外墙面的装饰是否还需承担保护墙体材料、弥补墙体功能不足等功能方面的要求；地面在达到基本要求之外，是否还有进一步提高使用质量的要求，如果有，须具体确定要求解决的是什么问题，相应采用何种构造措施。又如在洁净车间的装饰中，为了尽可能地减少尘源和易于清洁，采用壁纸、壁板等材料及将所有交角和构件间的转折处理成圆角的做法，显然比采用普通抹灰及90°交角更为适宜。再如在内墙面的装饰中，为了防止人的活动所引起的磨损，通常在一定高度上要作护壁或墙裙。而在近地面的地方，为防止磕碰和清理地面时造成的污染，一般均需做踢脚板予以保护。根据不同的要求，装饰构造还要在功能上不同程度地满足保温、隔热、隔声、照明、采光、通风等人的生理要求。细部节点的构造选择都要围绕这一目的，使建筑环境既舒适又符合科学。

建筑装饰构造选择应该把满足人们生产和生活的要求放在首位。创造出一种使人的活动更有效率、生活更加美好的环境。装饰构造可以给人以美感，建筑空间通过装饰可以形成某种气氛，或体现某种意境，装饰构造选择要符合这一目的。通过细部构造处理改变空间感，调整和弥补建筑设计提供的现有空间的缺陷，工程技术与艺术的融合将在此表现出来。不同性质和功能的建筑通过不同的构造措施能形成不同的气氛，并以其强烈的艺术感染力影响着人们的精神生活。

2. 安全性原则

建筑装饰工程，无论是墙面、地面或顶棚，其构造都要求具有一定的强度和刚度，符合计算要求。特别是各部分之间相互连接的节点，更要安全可靠。有些关键节点，例如水平面与垂直面变化的交接处，管线在限定空间内的交叉，地面、室内墙面、顶棚各部位的变形缝（沉降缝、伸缩缝、抗震缝）等，更要精心设计，处理稳妥。如果构造本身不合理，材料强度、连接件刚度等不能达到安全、坚固的要求，也就失去了其他一切功能。

值得提出的是，由于装饰构造选择是在已确定的建筑实体条件下进行的，已有建筑基层与饰面材料不同，膨胀系数也不同，这就容易导致饰面开裂和剥落。如果构造处理不当，不仅影响使用、美观，还会伤人。所以地面、墙面、顶棚等装饰工程的各部件与主体结构的连接也必须坚固、合理，确保安全。

3. 可行性原则

建筑装饰工程的构造选择，要通过施工把设计变为现实。设计中的一切构想最终都要经过施工实际的检验。因此，构造选择还必须考虑施工的可行性，力求施工方便，易于制作，并从季节条件、场地条件以及技术条件的实际出发。这对工程质量、工期、造价都有重要意义。设计者要深入现场，结合实际，设计出能够实现并适于采用先进生产工艺的构造。

4. 经济性原则

建筑装饰工程标准差距甚大，不同性质、不同用途的建筑有不同的装饰标准。普通住宅和高级宾馆装饰标准就十分不同。要根据建筑的实际性质和用途确定装饰标准，不要盲目提高标准，单纯追求艺术效果，造成资金的浪费。也不要片面降低标准而影响使用。重要的是在同样的造价情况下，通过巧妙的构造设计达到较好的装饰效果。

**三、建筑装饰构造的基本类型**

建筑装饰构造主要分为饰面构造与配件构造两大部分。

1. 饰面构造

饰面构造亦称覆盖式构造，就是在建筑物主体结构表面或主体结构某些部分的表面覆盖一层面层，起保护建筑结构和美化的作用。

饰面构造主要是处理装饰面和建筑结构构件面这两个面的连接问题。装饰面是在业已形成的建筑结构构件面上进行的，如砖墙面上做木护壁板，在结构层上做一层水磨石地面，在屋面钢筋混凝土板下做吊顶等等都是要处理两个面的连接问题。

饰面构造因饰面的部位和方向的不同而不同。饰面位于建筑结构构件表面，由于建筑构件部位不同，饰面有不同的方向。例如顶棚是在屋面、楼面的下部，墙饰面在墙侧面，地饰面在地层、楼层上部。部位不同，构造也不同。大理石墙面要求连接牢固以防止脱落伤人，所以必须钩挂。大理石地面处于楼地层上部不会发生脱落危险，故只要求铺贴好。顶棚可直接抹灰、铺钉或做成吊顶棚，但因为顶棚直接位于人的头顶上部，所以无论采用哪种做法都必须构造稳妥，坚固可靠。

饰面构造的分类与饰面部位、材料加工性能等有关。主要可分成三类：罩面类、贴面类和挂钩类。

（1）罩面类。罩面类可以分为涂料罩面和抹灰罩面。

1）涂料罩面是将涂料喷涂于基层表面，并与其粘结形成完整而坚韧的保护膜。

2）抹灰罩面是将由胶凝材料、细骨料和水（或其他溶液）拌制成的砂浆抹于基层表面。抹灰一般分三层：底层、中层、面层，总厚度 15～35mm。

（2）贴面类。贴面类可以分为铺贴、胶结和钉嵌贴面。

1）铺贴的饰面材料为各种釉面砖、锦砖、缸砖等。一般用水泥、白灰等胶结材料做成砂浆铺贴，价格便宜。

2）胶结的饰面材料为塑料墙纸墙布、塑料板、橡胶板、地毡等，直接贴在找平层上。

3）钉嵌的饰面材料为木板、纤维板、胶合板、石膏板、金属板等。可直接钉在基层或用压条、钉头等固定。

（3）挂钩类。挂钩方法有系挂和钩挂两种。

1）系挂的饰面材料为天然或人造石板，可在板上钻小孔，用钢丝穿过小孔与结构层上预埋件连接，板与结构件再灌砂浆。

2）钩挂的饰面为较厚的石材，可在石材上留槽口，和与结构固定的铁钩在槽内搭住。

2. 配件构造

配件构造是指通过各种加工工艺，将装饰材料制成装饰配件，然后在现场安装，以满足使用和装饰的要求。

常用的装饰配件有铸造、塑造型，如石膏花饰、金属花饰等；拼装型，如金属板、矿棉板等；搁置与砌筑型，如花格、窗套等。配件是通过钉、粘等各种方法与主体结构连在一起的。

本书是将饰面构造和配件构造结合在一起，从墙体装饰工程构造、楼地面装饰工程构造、顶棚装饰工程构造、门窗装饰工程构造、楼梯电梯与自动扶梯装饰工程构造、隔墙与隔断的构造等六个方面加以综合论述。

## 复习思考题

1. 为什么要学习建筑装饰构造？

2. 建筑装饰构造的选择应遵循哪些主要原则？

3. 建筑装饰构造有哪些基本类型？

# 第二章　墙体装饰构造

墙体装饰工程是指建筑物外墙面和内墙面的饰面工程两大部分。墙面是建筑物的重要组成部分，它以垂直面的形式出现，是室内外空间的侧界面。墙面的装饰构造对空间的影响是很大的。不同的墙面有不同的使用和装饰要求，从装饰工程的意义上来讲，应根据不同的使用和装饰要求选择不同的构造方法、材料和工艺。

## 第一节　墙体饰面的功能与分类

### 一、墙体饰面的功能

（一）建筑外墙饰面的功能

1．保护墙体

外墙是建筑物的重要组成部分，除在部分建筑中须承担结构荷载外，主要根据生产、生活的需要做成围护结构，达到遮风挡雨、保温隔热、防止噪声及安全要求等目的。外墙墙体直接受到风吹雨打、日晒雨淋，以及腐蚀性气体和微生物的作用，耐久性受到威胁。

外墙装饰工程在保护墙体方面的功能与要求，根据不同的情况，是有所不同的。一般来说应包括提高墙体的耐久性，弥补和改善墙体材料在功能方面的不足，不影响墙体材料正常功能的发挥这三个方面。

2．装饰立面

建筑物的外观效果，虽然主要取决于该建筑的总体效果，如建筑的体量、形式、比例、尺度、虚实对比等，但立面装饰所表现的质感、色彩、线型等也是构成总体效果的十分重要的因素。在城市中，街道两旁建筑物与人们接触部分及看得见部分的立面装饰尤为重要。采用不同的墙面材料有不同的构造，产生不同的使用和装饰效果。

3．改善墙体的物理性能

有的装饰工程除了具有装饰、保护墙体的作用之外，还能改善墙体的物理性能。墙面经过装饰，厚度加大，从而提高了墙的保温能力。现代建筑中大量采用的吸热和热反射玻璃能吸收或反射太阳辐射热能的50%～70%，从而可以大大节约能源，改善室内温度等等，以满足人们的不同要求。

（二）建筑内墙饰面的功能

1．保护墙体

建筑物的内墙饰面与外墙饰面一样，通常都有保护墙体的作用。例如浴室、厨房等处室内相对湿度比较高，墙面会被溅湿或需用水洗刷，则墙体须作隔气隔水处理，墙面贴瓷砖就起到了保护墙体的作用。

2．保证室内使用条件

室内墙面经过装饰变得平整、光滑，不仅便于清扫和保持卫生，而且可以增加光线的反射，提高室内照度，保证人们在室内的正常工作和生活。

另外，当墙体本身热工性能不能满足使用要求时，可以在墙体的内侧结合饰面做隔热保温处理，提高墙体的保温隔热能力。

内墙饰面的另一个重要功能是辅助墙体的声学功能。如反射声波、吸声、隔声等。影剧院、音乐厅等公共建筑通过墙面、顶棚和地面上不同饰面材料的反射声波及吸声的性能，达到控制混响时间、改善音质、减少噪声和改善使用环境之目的，如涂塑壁纸平均吸声系数是0.05，墙纸是0.5。另外，有一定厚度和质量的饰面层除了随墙体本身单位重量大小而异可不同程度地提高隔墙隔声性能外，还有避免声桥的作用。

3. 装饰室内

建筑的内墙饰面在不同程度上都起到装饰、美化建筑内部环境的作用，但这种装饰美化，应是对室内的家具、陈设等的陪衬，并与地面和顶棚的装饰相协调。内墙饰面的装饰与外墙饰面所不同的是要注意到人对内墙饰面通常是在近距离观看的，甚至有可能内墙饰面和人的身体发生直接的接触，一般地说，人们在室内的逗留时间要远远大于在室外的时间。因此，内墙饰面要特别注意这种近距离、长时间因素的影响，考虑这些装饰因素对人的生理状况、心理情绪的影响作用，另外，墙面上的一些特殊部位，如墙裙、窗帘盒、暖气罩、挂镜线等也都要纳入整体设计之中，以取得统一的装饰效果。

**二、墙体饰面的分类**

建筑的墙体饰面类型和装饰工程分类按部位可分为外墙装饰、内墙装饰；按材料可分为涂料饰面（分内、外墙）、玻璃马赛克镶贴、大理石饰面等；亦有按基层材料划分为混凝土墙体饰面、加气混凝土墙体饰面、石膏板饰面等；再有按装饰施工工艺划分为贴面类饰面、裱糊饰面；以及按效果分为假石、仿面砖等。本书所采用的分类方法是结合施工工艺和材料二方面来划分。

墙面装饰按其所用的材料和施工方法的不同，可分为抹灰、贴面、涂刷、裱糊、条板、幕墙及其他七类。

## 第二节　墙体饰面的基本构造

**一、抹灰类饰面**

抹灰类饰面亦称水泥灰浆类饰面、砂浆类饰面。它是用各种加色的、或不加色的水泥砂浆，或是石灰砂浆、混合砂浆、石膏砂浆、石灰浆以及水泥石渣浆等做成的各种饰面抹灰层。它除了具有装饰效果之外，还具有保护墙体，改善墙体的物理性能之功能。这种饰面，因其造价低廉、施工简便、效果良好，在国内外建筑墙体装饰中得到广泛应用。

抹灰的类型常见的有一般饰面抹灰与装饰抹灰。

（一）一般饰面抹灰

一般饰面抹灰系指采用石灰砂浆、混合砂浆、聚和物水泥砂浆、麻刀灰、纸筋灰等对建筑物的面层抹灰和石膏浆罩面。按建筑标准及不同墙体，一般饰面抹灰可分为高级、中级、普通三种。高级抹灰适用于大型公共建筑物、纪念性建筑物以及有特殊功能要求的高级建筑，其构成是：一层底层、数层中间层、一层面层。中级抹灰适用于一般住宅、公共和工业建筑，以及高级建筑物中的附属建筑，其构成是：一层底层、一层中间层、一层面层（或一层底层、一层面层）。普通抹灰适用于简易住宅、大型临时设施和非居住性房屋，以及建筑物中的地下室、储藏室等，其构成是：一层底层、一层面层或不分层一遍成活。抹灰的分层做法见图 2-1。

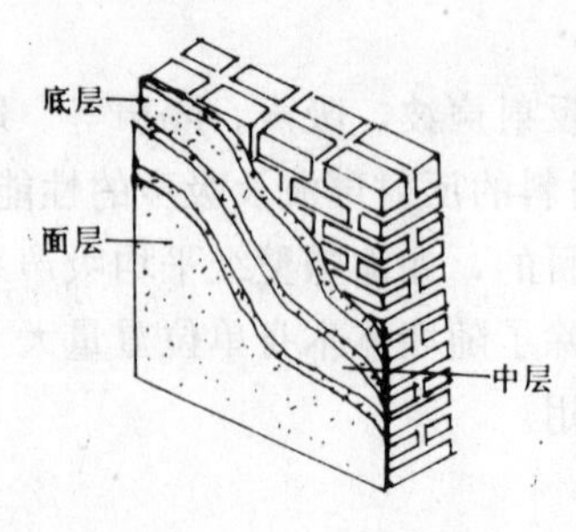

图 2-1　抹灰的分层

底层抹灰的作用是与基层粘结和初步找平。底灰砂浆可分别应用石灰砂浆、水泥石灰混合砂浆或水泥砂浆。一般室内砖墙多采用1：3石灰砂浆，需要做油漆墙面时底灰可取1：2：9或1：1：6混合砂浆。室外或室内有防水、防潮要求时，应采用1：3水泥砂浆。混凝土墙体一般应采用混合砂浆或水泥砂浆，加气混凝土墙体内墙可用石灰砂浆或混合砂浆。外墙宜用混合砂浆，窗套、腰线等线脚应用水泥砂浆。北方地区外墙饰面不宜用混合砂浆，一般采用的是1：2：5或1：3水泥砂浆。

中层抹灰除找平作用外还可以弥补底层砂浆的干缩裂缝。一般中层所用的材料与底层基本相同。

面层抹灰的作用是装饰，要求平整、均匀，所用的材料为各种砂浆或水泥石碴浆。

抹灰层的总厚度依位置不同而异。一般室外抹灰为15～25mm，室内抹灰为15～20mm，室内顶棚抹灰平均为12～15mm。

1. 混合砂浆抹灰

混合砂浆抹灰是一种外墙饰面。一般由三层构成：用1：1：3水泥、石灰、砂子加麻刀打底，6mm厚；1：3：6水泥、石灰、砂子加麻刀中层，10mm厚；1：0.5：3水泥、石灰、砂子罩面，7mm厚。若采用白色石屑作骨料，用于室外抹灰呈银灰色，装饰效果更好。

2. 水泥砂浆抹灰

水泥砂浆抹灰的基本构造是：素水泥浆一道（内掺水重3%～5%的107胶），然后用1：3水泥砂浆打底扫毛或划出纹道，厚度为14mm，再用1：2.5水泥砂浆罩面，6mm厚。由于水泥砂浆具有一定抗水性，故常用于室外饰面和厨房、厕所和潮湿房间的墙裙。

3. 罩面灰

（1）纸筋、麻刀灰及石膏灰罩面。纸筋灰或麻刀灰用于内墙罩面，表面平滑细腻。其具体做法是：若为砖墙基层，则用1：3石灰砂浆打底，13mm厚。然后用纸筋灰或麻刀灰、玻璃丝罩面，2mm厚。高级装饰应分两遍完成。

基层为混凝土墙时，用1：3：9水泥石灰砂浆打底，13mm厚。底子灰分两遍完成，抹之前，在混凝土墙上先刷素水泥浆，随即再抹底灰，最后抹2mm厚纸筋灰罩面。

若为加气混凝土基层时，用1：3：9水泥石灰砂浆打底，3mm厚。抹灰前应将基层表面的浮灰扫净，浇水湿润透，然后抹13mm厚石灰砂浆找平，最后抹2mm厚纸筋灰浆或麻刀灰罩面。

纸筋灰和麻刀灰饰面的表面，可以再喷刷大白浆等其他饰面材料，也可以直接作为内墙饰面。

石膏灰罩面。其构造作法是先用1：2～1：3麻刀灰砂浆打底找平，13mm厚，抹两遍。然后用石膏灰浆罩面，其总厚度控制在2～3mm之内，分三遍完成。头遍抹1.5mm厚，随即抹第二遍找平，厚为1mm，紧接略添灰压光，厚度0.5mm。石膏灰浆不宜抹在水泥砂浆或混合砂浆的底灰上，因石膏与水泥中的铝酸三钙化合引起膨胀，使基层产生裂缝，导致石膏面层产生裂缝、空鼓脱壳，影响质量。

石膏灰浆罩面，颜色洁白，表面细腻，不反光，石膏还具有隔热保温、不燃、吸声、结硬后不收缩等性能，适宜做高级装饰的室内顶棚和墙面抹灰的罩面。

（2）水砂面层抹灰。水砂面层抹灰是由水砂面层替代麻刀灰或纸筋灰面层。其构造作法是先用 1∶2～1∶3 麻刀灰砂浆打底，然后水砂抹面，配合比（体积比）为石灰膏∶青砂＝1∶3～4，厚度控制在 3～4mm 范围内，不宜过厚。

水砂面层一般适用于较高级的住宅或办公楼房的内墙抹灰。其特点是表面光洁细腻，粘结牢固，耐久性强，防水性能好，表面做涂料或油漆方便，且用料简单，仅用细砂和石灰浆。

（3）膨胀珍珠岩灰浆罩面。以膨胀珍珠岩为骨料，水泥或石灰膏为胶结材料的灰浆称为膨胀珍珠岩灰浆。一般用于保温、隔热要求较高的内墙面抹灰，或用于室内墙面装饰的罩面。膨胀珍珠岩灰浆有两种配合比，一种是石灰膏∶膨胀珍珠岩∶纸筋∶聚醋酸乙烯乳液＝100∶10∶10∶0.3（松散体积比），另一种配合比是水泥∶石灰膏∶膨胀珍珠岩＝100∶10～20∶3～5（质量比）。抹灰层的厚度越薄越好，通常为 2mm 左右。

膨胀珍珠岩灰浆罩面比纸筋灰罩面表观密度小，粘附力好，不易龟裂，操作简便，造价降低 50％以上，工效可提高 1 倍左右。

一般抹灰饰面做法见表 2-1。

**一般抹灰饰面做法** 表 2-1

| 抹灰名称 | 底层 材料 | 底层 厚度(mm) | 面层 材料 | 面层 厚度(mm) | 应用范围 |
|---|---|---|---|---|---|
| 混合砂浆抹灰 | 1∶1∶6 混合砂浆 | 12 | 1∶1∶6 混合砂浆 | 8 | 一般砖、石墙面均可选用 |
| 水泥砂浆抹灰 | 1∶3 水泥砂浆 | 14 | 1∶2.5 水泥砂浆 | 6 | 室外饰面及室内需防潮的房间及浴厕墙裙、建筑物阳角 |
| 纸筋麻刀灰 | 1∶3 石灰砂浆 | 13 | 纸筋灰或麻刀灰、玻璃丝罩面 | 2 | 一般民用建筑砖、石内墙面 |
| 石膏灰罩面 | 1∶2～1∶3 麻刀灰砂浆 | 13 | 石膏灰罩面 | 2～3 | 高级装修的室内顶棚和墙面抹灰的罩面 |
| 水砂面层抹灰 | 1∶2～1∶3 麻刀灰砂浆 | 13 | 1∶3～4 水砂抹面 | 3～4 | 较高级住宅或办公楼房的内墙抹灰 |
| 膨胀珍珠岩灰浆罩面 | 1∶2～1∶3 麻刀灰砂浆 | 13 | 水泥∶石灰膏∶膨胀珍珠岩＝100∶10～20∶3～5(质量比)罩面 | 2 | 保温、隔热要求较高的建筑的内墙抹灰 |

（二）装饰抹灰

1. 弹涂饰面

水泥浆弹涂饰面是在墙体表面刷一道聚合物水泥色浆后，用弹涂器分几遍将不同色彩的聚合物水泥浆弹在已涂刷的涂层上，形成3～5mm的扁圆形花点，再喷罩甲基硅树脂或聚乙烯醇缩丁醛溶液，使面层质感好，并有类似干粘石的装饰效果。

弹涂饰面做法的材料以白水泥为主，刷涂层及弹涂层的颜色及颜料用量应根据设计要求和样板试配而定。近年各地还研究了多种彩色弹涂砂浆配合比，不仅有以水泥为基料的，也有以乳胶漆、106涂料等为基料的内外墙弹涂面层。

2. 拉毛、甩毛、喷毛及搓毛饰面

拉毛饰面是常用的一种墙体饰面。拉毛的种类大体可分为小拉毛和大拉毛两种，在外墙还有拉出大拉毛后再压平毛尖的做法。

拉毛饰面一般采用普通水泥掺适量石灰膏的素浆或掺入适量砂子的砂浆。小拉毛掺入水泥量5%～12%的石灰膏，大拉毛掺入水泥量20%～25%的石灰膏，再掺入适量砂子，以克服龟裂。掺入少量的纸筋可以提高抗拉强度，以减少开裂。打底子灰可用1：0.5：4水泥石灰砂浆，分两遍完成。再刮一道素水泥浆，随即用1：0.5：1水泥石灰砂浆拉毛，其抹灰厚度视拉毛长度而定。

拉毛饰面除用水泥拉毛外，还有油漆拉毛，即在油漆石膏表面，用板刷或滚筒拉出各种花纹。

由于拉毛是手工操作，工效较低，同时容易污染，故一般在风沙污染比较严重的北方地区较少采用。但拉毛的装饰质感强，有较好的装饰效果，一般用于有特殊要求的建筑，如影剧院内墙抹灰。

甩毛饰面是将面层灰浆用工具甩在墙面上的一种饰面作法。甩毛墙面的构造是抹1：3水泥砂浆底子灰，一般厚度为13～15mm，待底子灰抹完达5～6成干时，刷一道水泥浆或水泥色浆（根据设计要求），以衬托甩毛墙面，增加装饰效果。甩毛用1：1水泥砂浆或混合砂浆，也可根据需要掺入适量颜料。

喷毛饰面是把1：1：6的水泥石灰膏混合砂浆，用挤压式砂浆泵或喷斗将砂浆连续均匀地喷涂于墙体外表形成饰面层。

搓毛饰面的底子灰用1：1：6水泥石灰砂浆，罩面搓毛同样也用1：1：6水泥石灰砂浆，最后进行搓毛。

搓毛的工艺简单，省工省料，但装饰效果不及甩毛和拉毛，故只适用于一般装饰墙面。

3. 拉条抹灰、扫毛抹灰饰面

拉条抹灰饰面的基层处理与一般抹灰类同。在此基础上用水泥细黄砂纸筋灰混合砂浆抹面，其配合比（体积比）为1：2.5：0.5，厚度一般控制在12mm之内。待面层砂浆稍收水，用拉条模沿导轨直尺从上往下拉线条成型。在拉条饰面上可喷刷涂料。

拉条抹灰饰面立体感强，线条清晰，可改善大空间墙面的音响效果。拉条抹灰饰面一般用于公共建筑的门厅、影剧院观众厅墙面装饰等。

扫毛抹灰饰面的基层处理和底层刮糙与一般抹灰饰面相同。面层粉刷是用水泥：石灰膏：黄砂＝1：0.3：4（体积比）的混合砂浆，其厚度一般为10mm。待面层灰浆稍收水后，按设计要求，用竹丝帚扫出条纹。在扫毛抹灰面层上可以喷刷涂料。

扫毛抹灰装饰墙面清新自然，操作简便，一般用于公共建筑内墙或外墙面的局部装饰。

4. 扒拉灰及扒拉石墙面

扒拉灰饰面的底层灰用1：0.5：3：5混合砂浆或1：0.5：4水泥白灰砂浆打底，待底层干燥到6～7成时，用1∶1水泥砂浆或1∶0.3∶4水泥白灰砂浆罩面，然后用露钉尖的木块作为工具（钉耙子）挠去水泥浆皮，形成扒拉灰饰面。一般扒拉灰饰面多数进行分格，故抹面层之前，先粘分格条，然后在底子灰上刮素水泥浆一道，再抹面层灰，应一次抹得与分格条平。

扒拉石饰面的做法基本同扒拉灰饰面，只是把1∶1水泥砂浆变为1∶1水泥石碴浆（小八厘或米厘石），面层抹灰厚度一般为10～12mm，其他做法相同。

扒拉灰及扒拉石饰面一般用于公共建筑外墙面。

5. 假面砖饰面

假面砖饰面是用掺氧化铁黄、氧化铁红等颜料的水泥砂浆通过手工操作达到模拟面砖装饰效果的饰面做法。常用配合比为水泥∶石灰膏∶氧化铁黄∶氧化铁红∶砂子＝100∶20∶6～8∶2∶150（质量比），水泥与颜料应事先按比例充分混合均匀。其作法是先在底灰上抹厚度3mm的1∶1水泥砂浆垫层，然后抹厚度为3～4mm的面层砂浆。抹完面层砂浆，先用铁梳子顺着靠尺板由上向下划纹，然后按面砖宽度用铁钩子沿靠尺板横向划沟，其深度3～4mm，露出垫层砂浆即可。假面砖饰面沟纹清晰、表面平整、色泽均匀、以假乱真。

装饰抹灰饰面做法见表2-2。

**装饰抹灰饰面做法** 表2-2

| 抹灰名称 | 底层 | | 面层 | | 应用范围 |
|---|---|---|---|---|---|
| | 材料 | 厚度(mm) | 材料 | 厚度(mm) | |
| 拉毛饰面 | 1∶0.5∶4水泥石灰砂浆打底，待底子灰6～7成干时，刷素水泥浆一道 | 13 | 1∶0.5∶1水泥石灰砂浆拉毛 | 视拉毛长度而定 | 用于对音响要求较高的建筑的内墙抹灰 |
| 甩毛饰面 | 1∶3水泥砂浆 | 13～15 | 1∶1水泥砂浆或混合砂浆 | | 建筑的外墙面及对音响要求较高的内墙面抹灰 |
| 喷毛饰面 | 1∶1∶6混合砂浆 | 12 | 1∶1∶6水泥石灰膏混合砂浆，用喷枪喷两遍 | | 一般用于公共建筑的外墙面 |
| 拉条抹灰 | 底层同一般抹灰 | | 1∶2.5∶0.5的水泥细黄砂纸筋灰混合砂浆，用拉条模拉线条成型 | <12 | 一般用于公共建筑门厅影剧院观众厅墙面 |
| 扫毛抹灰 | 底层处理同一般抹灰 | | 面层材料同拉条抹灰，用竹丝帚扫出条纹 | 10 | 一般用于公共建筑内墙抹灰或外墙的局部装饰 |
| 扒拉灰 | 1∶0.5∶3∶5混合砂浆或1∶0.5∶4水泥白灰砂浆 | 12 | 1∶1水泥砂浆或1∶0.3∶4水泥白灰砂浆罩面 | 10～12 | 一般用于公共建筑外墙面 |
| 扒拉石 | 1∶0.5∶3∶5混合砂浆或1∶0.5∶4水泥白灰砂浆 | | 1∶1水泥石渣浆 | 10～12 | 一般用于公共建筑外墙面 |

续表

| 抹灰名称 | 底层 | | 面层 | | 应用范围 |
|---|---|---|---|---|---|
| | 材料 | 厚度(mm) | 材料 | 厚度(mm) | |
| 假石砖饰面 | (1)1∶3水泥砂浆打底<br>(2)1∶1水泥砂浆垫层 | 12<br>3 | 水泥∶石灰膏∶氧化铁黄∶氧化铁红∶砂子=100∶20∶6～8∶2∶150(质量比)用铁钩及铁梳做出砖样纹 | 3～4 | 一般用于民用建筑外墙面或内墙局部装饰 |

(三) 石碴类饰面

石碴类墙体饰面是以水泥为胶结材料、石碴为骨料的水泥石碴浆抹于墙体的基层表面，然后用水洗、斧剁、水磨等方法除去表面水泥浆皮，露出石碴的颜色、质感的饰面做法。传统的石碴类墙体饰面做法有斩假石（又称剁斧石）、拉假石、水刷石等。在此基础上发展而成的干粘石、喷洗石等，及用人工材料（如彩色瓷粒）代替天然石碴的做法，在装饰效果与饰面工艺的原理上，属于同一类型。

石碴类饰面的基本构造，与前述的抹灰类饰面的基本构造相同。大体上，由底层、中间层、粘结层、面层几个层次组成。根据基层材料的差异、装饰等级的区别、装饰工艺方法的不同，而稍有一些增减或变化。在石碴类饰面构造中，底层、中间层、面层的作用与抹灰类相同。粘结层的作用是将石碴面层粘附住，固定在饰面层上。

1. 假石饰面

斩假石饰面和拉假石饰面均属于假石饰面，是用水泥和白石屑等加水搅拌，抹在建筑物的表面，半凝固后，前者是用斧子斩出象经过细凿的石头那样的人造石料装饰面，后者是用拉耙拉出纹路的人造假石装饰面。

(1) 斩假石饰面。又名人造假石饰面、剁斧石饰面。这种饰面是以水泥石子浆，或水泥石屑浆，涂抹在水泥砂浆基层上，待凝结硬化，具一定强度后，用斧子及各种凿子等工具，在面层上剁斩出类似石材经雕琢的纹理效果的一种人造石料装饰方法。其质感分立纹剁斧和花锤剁斧两种，可根据设计选用。斩假石饰面质朴素雅，美观大方，有真石感，装饰效果好。但因其手工操作，工效低，劳动强度较大，造价高，故一般用于公共建筑重点装饰部位。

斩假石饰面的构造作法是在1∶3水泥砂浆底灰上（厚15mm）刮抹一道素水泥浆，随即抹水泥∶白石屑=1∶1.5的水泥石屑浆，或者水泥∶石碴=1∶1.25的水泥石碴浆（内掺30%的石屑），厚10mm。石碴一般宜采用石屑（粒径0.5～1.5mm）；也可采用粒径为2mm的米粒石，内掺30%粒径0.15～1mm的石屑；小八厘的石碴也偶有采用。为了模仿不同的天然石材的装饰效果，如花岗石、青条石等，可以在配比中加入各种配色骨料及颜料。

斩假石饰面，除了能按设计意图模仿各种天然石材的质感与色彩之外，还有可能根据设计的意图将其表面斩琢成各不相同的纹样，这是斩假石饰面在各种人造石料装饰方法中独具的特点。因此，斩假石面层的斩制刃纹设计就成为影响这种饰面装饰效果的另一个重要因素。一般，刃纹的设计是根据饰面的位置（诸如高低远近等）及适应不同的造型需要来确定的。常见的有棱点剁斧、花锤剁斧、立纹剁斧等几种效果（参见图 2-2）。并且，为了操作方便和提高装饰效果，棱角及分块缝周边可留 15～20mm 的镜边，镜边的处理可模仿天然石材的处理方式。如此形成的斩假石块体，粗壮有力、浑厚朴实，看上去极似天然石材的粗凿制品。另需注意的一点是，斩假石饰面所追求的就是酷似天然石材，因此，在分格设缝的处理上，应符合石材砌筑的一般习惯。

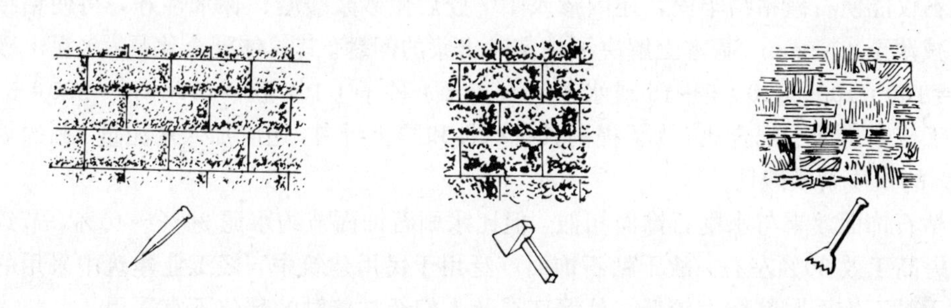

图 2-2　斩假石的几种不同效果

(2) 拉假石饰面。将斩假石用的剁斧工艺发展为用锯齿形工具在水泥石碴浆终凝时，挠刮去表面水泥浆露出石碴的做法，称为拉假石。拉假石饰面的构造作法是先用 1∶3 水泥砂浆做底刮糙，厚 15mm，待底层刮糙的干燥程度达到 70%左右时，再在其基层上刮水泥浆一道，紧跟抹水泥石碴浆面层，常用配合比是水泥∶石英砂（或白云石屑）＝1∶1.25，厚度为 8～10mm。待水泥终凝后，用拉耙依着靠尺按同一方向挠刮，除去表面水泥浆，露出石碴。拉纹深度一般以 1～2mm 为宜，拉纹宽度一般以 3～3.5mm 为宜。

拉假石具有类似剁假石的质感，但石碴外露程度不如剁假石。它较之剁斧石劳动强度低，工效高，一般用于中低挡建筑装饰。

2. 水刷石饰面

水刷石是一种传统的外墙装饰饰面。是用水泥和石子等加水搅拌，抹在建筑物的表面，半凝固后，用喷枪、水壶喷水，或者用硬毛刷蘸水，刷去表面的水泥浆，使石子半露。其构造作法是采用 1∶3 水泥砂浆打底划毛，厚 15mm。在其底灰上先薄刮一层素水泥浆，1～2mm 厚。然后抹水泥石碴浆。水泥石碴配合比依石子粒径大小而有所不同。当采用大八厘石子（粒径 8mm）时，水泥∶石子＝1∶1；采用中八厘石子（粒径 6mm）时，水泥∶石子＝1∶1.25；采用小八厘石子（粒径 4mm）时，水泥∶石子＝1∶1.5。总的要求是水泥用量恰好能填满石碴之间的空隙，便于抹压密实。抹面层厚度通常为石碴粒径的 2.5 倍。若采用不同颜色的石屑、玻璃屑，将得到其不同色彩的装饰效果。如白石子中掺入一定量的黑石子或其他的深色石子，可调整色彩的层次并丰富质感，但掺量宜控制在 10%左右。为了降低普通水泥的灰调子，还可在水泥石子浆中加入部分石灰膏，但用量不宜太大，不能超过水泥量的 50%，并应相应调整石碴用量。在冬期施工时不宜掺用。

水刷石饰面朴实淡雅，经久耐用，装饰效果好，运用广泛。主要适用于外墙饰面和外墙腰线、窗套、阳台、雨篷、勒脚及花台等部位的檐口、装饰工程。

3. 粘石饰面

(1) 干粘石饰面。干粘石一般采用小八厘石碴，因为粒径较小，用拍子甩到粘结砂浆上易于排列密实，露出的粘结砂浆少。也有用中八厘石碴的，但很少用大八厘。

粘结砂浆以前多用1：3水泥砂浆紧跟抹素水泥浆，也有用1：0.5：2混合砂浆的，厚度一般7～8mm。上述做法有两个缺点，一是石碴粘结不够牢固，二是粘结层砂浆比较厚，拍实石碴时砂浆容易挤出到石碴面上影响装饰效果。但又不能减薄粘结砂浆厚度，因为砂浆厚度太薄脱水快，来不及操作。近几年来，普遍采用了在粘结砂浆中掺入107胶的做法，其好处不仅能使石碴粘结牢固，还因掺入107胶后使砂浆缓凝、保水性好，可使粘结砂浆的厚度减薄至4～5mm，基本上解决了拍实时出浆的问题。其具体配合比是：水泥：砂子：107胶＝100：100～150：5～15或水泥：石灰膏：砂子：107胶＝100：50：200：5～15。冬期施工应采用前一配合比，为了提高其抗冻性和防止析白，还应加入水泥量2%的氯化钙和0.3%的木质素磺酸钙。

干粘石饰面效果与水刷石饰面相似，但比水刷石饰面节约水泥30%～40%，节约石碴50%，提高工效30%左右，故干粘石饰面广泛用于民用建筑中，轻工业建筑中采用的也不少。但干粘石饰面因粘结力较低，外墙底层及人们经常接触的部位不宜采用。

(2) 干粘喷洗石饰面。干粘喷洗石饰面与干粘石作法上所不同的是小石子甩在粘结层上，压实拍平，半凝固后，用喷枪法去除表面的水泥浆，使石子半露形成人造石料装饰面。这种饰面既有水刷石饰面粘结牢固、石粒密实、表面平整、不易积灰、经久耐用的优点，又有干粘石饰面的质地朴实、美观大方、成本较低的优点。故应用较广泛，民用建筑及轻工业建筑均可采用。

(3) 喷粘石饰面。喷粘石饰面是在干 粘石饰面做法的基础上，改用压缩空气带动的喷斗喷射石碴代替用手甩石碴的饰面做法。喷粘石饰面的基层处理及抹粘结砂浆与干粘石饰面的作法类同，所形成的饰面效果亦与手工粘石饰面相同。

喷粘石粘结砂浆的配合比为：水泥：砂子：107胶＝100：50：10～15或水泥：石灰膏：砂子：107胶＝100：50：100：10～15。为了有足够的时间方便操作，可在粘结砂浆中掺入水泥量0.3%的木质素磺酸钙。

喷粘石比干粘石机械化程度高，故工效快，劳动强度减轻，石碴也粘得牢固。

(4) 喷石屑饰面。喷石屑饰面是喷粘石饰面与干粘石饰面做法的发展。

喷石屑的石碴较之喷粘石与干粘石的石碴粒径都小。石屑粒径缩小可以同时将粘结层砂浆减薄。就粘结功能来说，粘结层厚度只须相当于石碴粒径的2/3～1即可，即2～3mm。其构造作法是在基层上抹水泥砂浆，次后喷或刷107胶水，再后喷抹粘结砂浆。对于要求饰面颜色浅淡、明亮的较高级工程，其粘结砂浆可以采用白水泥。为提高面层的耐污染性能还可在粘结砂浆中掺入甲基硅醇钠疏水剂。砂浆的配合比为白水泥：石粉：107胶：木质素磺酸钙：甲基硅醇钠（预先用硫酸铝中和至pH值为8）＝100：100～150：7～15：0.3：4～6，砂浆稠度12mm左右。一般工程可用普通水泥：砂子：107胶＝100：150：5～15，再适时用喷斗从左向右、自下而上喷粘石屑，形成喷粘石屑饰面。

(5) 彩瓷粒饰面。彩瓷粒饰面是用人工烧制的彩色瓷粒代替石碴，粒径1.2～3mm。由于瓷粒的粒径小，饰面层也可相应减薄，因此这种饰面特别适用于高层建筑。彩瓷粒饰面层的构造与干粘石饰面相似，但表面应涂聚乙烯醇缩丁醛等保护层。

石碴类饰面做法见表2-3。

石碴类饰面做法 表 2-3

| 名　称 | 底　　层 | | 面　　层 | | 应用范围 |
|---|---|---|---|---|---|
| | 材　料 | 厚度(mm) | 材　料 | 厚度(mm) | |
| 斩假石饰　面 | 1∶3水泥砂浆刮素水泥浆一道 | 15 | 1∶1.25水泥石碴浆 | 10 | 一般用于公共建筑重点装饰部位 |
| 拉假石饰　面 | 1∶3水泥砂浆刮素水泥浆一道 | | 1∶2水泥石屑浆（体积比） | 8～10 | 用于中低挡公共建筑局部装饰 |
| 水刷石饰　面 | 1∶3水泥砂浆 | 15 | 1∶1～1.5水泥石碴浆 | 石碴粒径的2.5倍 | 用于外墙重点装饰部位及勒脚装饰工程 |
| 干粘石饰　面 | 1∶3水泥砂浆 | 7～8 | 水泥∶石灰膏∶砂子∶107胶＝100∶50∶200∶5～15 | 4～5 | 用于民用建筑及轻工业建筑外墙饰面但外墙底层不能采用 |
| 喷粘石饰　面 | 1∶3水泥砂浆 | | 水泥∶石灰膏∶砂子∶107胶＝100∶50∶100∶10～15用机械喷射石碴面层 | 4～5 | 民用建筑及轻工业建筑外墙饰面，但勒脚不宜采用 |

石碴类饰面除假石饰面、水刷石饰面、粘石饰面外，还有现制水磨石饰面。现制水磨石做室内墙裙、踢脚等，也是广为采用的一种较高级的传统饰面做法。另外，用水磨石做外墙局部或重点装饰效果也较好，近几年来有所发展。但现制水磨石用于垂直墙面，在工艺上有局限性，不易保证质量。今后主要是发展现场安装的预制磨石板。

大面积的抹灰面，往往由于材料的干缩或冷缩而开裂。而且，由于手工操作、材料调配以及气候条件等的影响，大面积的抹灰面易产生色彩不匀、表面不平整等缺陷。为了施工方便和保证装饰质量，对于大面积的抹灰面，通常可划分成小块来进行。这种分块与设缝，既是构造上的需要，也有利于日后的维修工作，且可使建筑物获得良好的尺度感和表面材料的质感。

分块的大小应与建筑立面处理相结合，分块缝的宽度应根据建筑物的体量及表面材料的质地而决定，用于外墙面时分块缝不宜太窄或太浅，以不小于20mm为宜。抹灰面设缝的方式，有凸线、凹线、嵌线三种。凸线即线脚，其做法见灰线抹灰部分。嵌线多用于需打磨的抹灰面，参见地面部分。凹线是最常见的，其形式如图2-3所示。

**二、贴面类饰面**

某些天然的或人造的材料具有装饰、耐久等适合墙体饰面所需的特性，但因工艺、造价等方面的条件限制，不能直接作为墙体饰面或在现场进行制作，而只能根据材质加工成大小不同的板、块后，在现场通过构造连接或镶贴于墙体表面，由此而形成的墙体饰面称为贴面类饰面。显而易见的是，按照这种分类的定义，在贴面类饰面中包括了应采用一定的构造连接方式的饰面和直接镶贴的饰面这样两种不同的工艺形式。贴面类饰面能充分利

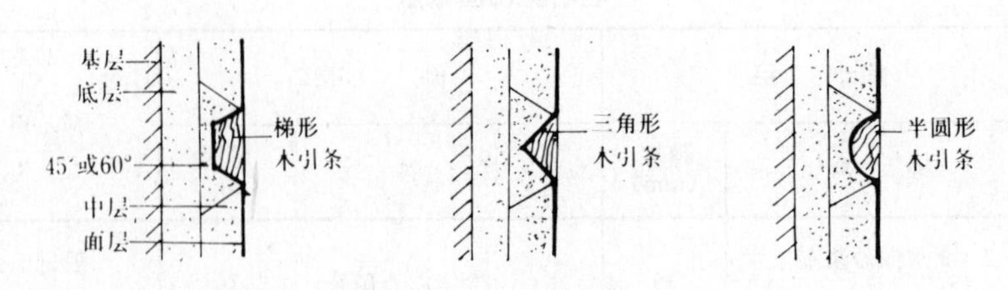


图 2-3　抹灰面的设缝

用多种材料装饰内、外墙面，改善建筑物的使用和观感效果；同时又在某种程度上是预制的，给制作、施工带来方便，如便于加工、缩短现场工期等，因而虽然工序复杂一些，造价高一些，却能作为一种有效的高级饰面途径长期沿用下来。

常用的贴面材料有烧成的陶瓷制品，如釉面砖、面砖、陶瓷锦砖、玻璃马赛克等；水泥石碴预制板，如刷石、剁假石、磨石饰面板；天然石材，如大理石、花岗石、青石板等。这些材料一般说都可以既作外墙、又作内墙装饰。当然，有的品种以其质感细腻或与同类材料相比耐候性较差而多用于室内，如瓷砖、大理石；有的品种则因质感粗放适用于外墙，如面砖、花岗石等。但这也不是绝对的，在公共建筑体量较大的厅堂内，有不少运用质感丰富的面砖、彩绘烧成图案的陶板装饰墙面取得了良好的建筑艺术效果。

贴面类饰面的基本构造，因两种不同的工艺形式而分成两类。直接镶贴饰面的构造比较简单。大体上由底层砂浆、粘结层砂浆和块状贴面材料面层组成。底层砂浆具有使饰面层与基层之间粘附和找平的双重作用，因此，在习惯上也将其称为“找平层”。粘结层砂浆的作用，是与底层形成良好的连接，并将贴面材料粘附在墙体上。采用一定的构造连接方式的饰面的构造则与直接镶贴饰面的构造有显著的差异。下述板材类饰面部分将对其细部构造一般处理方法加以介绍。

（一）面砖、陶瓷锦砖、玻璃马赛克等饰面

1. 面砖饰面

面砖多数是以陶土为原料，压制成型后经 1100℃左右高温煅烧而成的。面砖一般用于装饰等级要求较高的工程，面砖可分为许多种不同的类型。按其特征，有上釉的，也有不上釉的；釉面又可分为有光釉的和无光釉的两种表面；砖的表面有平滑的和带一定纹理质感的。

面砖饰面的构造作法是先在基层上抹 1∶3 水泥砂浆作底灰，厚 15mm，分层抹平两遍即可。粘结砂浆用 1∶2.5 水泥砂浆或 1∶0.2∶2.5 的水泥石灰混合砂浆。近几年采用掺 107 胶（水泥重的 5%～10%）的 1∶2.5 水泥砂浆粘贴，其粘结砂浆的厚度不小于 10mm。然后在其上贴面砖，并用 1∶1 水泥细砂浆填缝，如图 2-4 所示。面砖的断面形式宜选用背部带有凹槽的，因这种凹槽截面可以增强面砖和砂浆之间的结合力，如图 2-5 所示。

2. 陶瓷锦砖饰面

陶瓷锦砖俗称“马赛克”（是 Mosaic 的音译），亦称“纸皮砖”。原指以彩色石子或玻璃等小块材料镶嵌而呈一定图案的细工艺术品。较早多见于古罗马时代教堂、宫邸的窗玻璃、地面装饰。1975 年原国家建委建筑材料工业局根据实际用途的需要，在统一建筑陶瓷产品名称时，把马赛克定名为“陶瓷锦砖”。

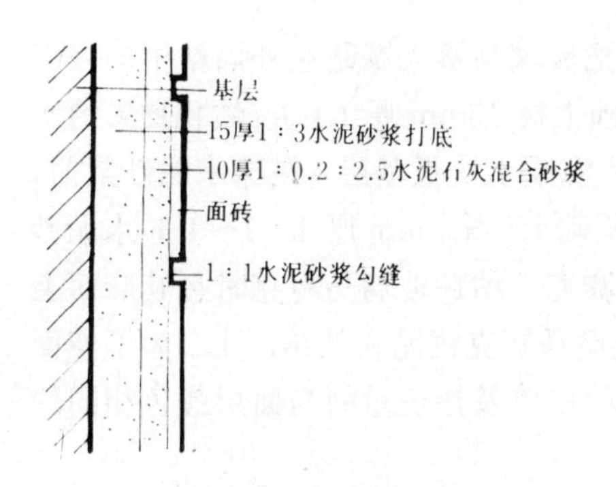


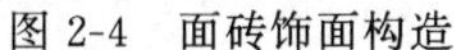
图 2-4　面砖饰面构造

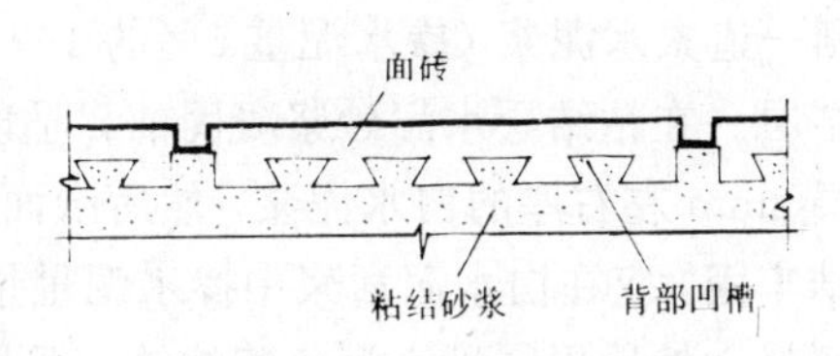


图 2-5　面砖的粘结状况

陶瓷锦砖是以优质瓷土烧制而成的小块瓷砖，有上釉及不上釉两种，目前国内各地产品多为不上釉的。原先取其美观、耐磨、不吸水、易清洗、又不太滑的特点，主要用于室内地面饰面。为使其不易踩碎，又不要太厚，故规格均较小。后因其可以做成多种颜色、色泽稳定、耐污染，已大量用于外墙饰面。与面砖相比，有造价略低、面层薄、自重较轻的优点。陶瓷锦砖也有用于室内墙面的，但由于施工和加工精度有限，效果不佳。

陶瓷锦砖的断面有凸面和凹面两种。凸面多用于墙面装修，凹面多铺设地面。陶瓷锦砖属于刚性材料，所以用它作饰面时，一般要用 1：3 水泥砂浆作底灰，厚 15mm。传统做法是用厚度为 2～3mm、配合比为纸筋：石灰膏：水泥＝1：1：8 的水泥浆粘贴。近几年采用掺水泥量 5%～10%107 胶或聚醋酸乙烯乳胶的水泥浆粘贴。

陶瓷锦砖是传统的地面和墙面装修材料，它质地坚实，经久耐用，花色繁多，耐酸，耐碱，耐火，耐磨，不渗水，易清洁，广泛用于民用和工业建筑中。如洁净车间、门厅、走廊、卫生间、厨房、化验室等处的地面和墙面装饰。但近几年来由于玻璃马赛克的兴起，陶瓷锦砖作为外墙饰面材料有被取代的趋势。

3. 玻璃马赛克饰面

玻璃马赛克俗称“玻璃纸皮石”。是以玻璃烧制成的片状小块，经工厂预贴于牛皮纸上的一种饰面材料，是近年才发展起来的。

玻璃马赛克与陶瓷马赛克相比，在原料、工艺上有所不同。玻璃马赛克是乳浊状半透明的玻璃质饰面材料，而陶瓷马赛克是不透明的饰面材料，两者在装饰效果上也不尽相同。一般来说，玻璃马赛克的色彩更为鲜艳，颜色的选择范围更大，色阶也更宽，并具有透明光亮的特征。以玻璃马赛克形成的饰面，也更具清丽雅致的装饰效果。而且，玻璃马赛克表面光滑，不易污染，使饰面的装饰效果的耐久性得以提高。故玻璃马赛克被广泛应用于各类建筑中。

玻璃马赛克的形状与陶瓷马赛克稍有不同，其背面略呈锅底形，并有沟槽，断面呈梯形等。玻璃马赛克这种断面形式及背面的沟槽是考虑其为玻璃体，吸水性较差，为了加强饰面材料同基层的粘结而作的处理。这种梯形断面，一方面增大了单块背后的粘结面积，另一方面也加大了块与块之间的粘结性能。至于背面的沟槽，使接触面成为粗糙的表面，也使粘结性能得以提高。如图 2-6 所示。

玻璃马赛克的规格尺寸及其方联的规格，与陶瓷马赛克基本相同，可参看陶瓷锦砖部分。

玻璃马赛克饰面是用掺胶水的水泥浆作粘结剂，把玻璃马赛克镶贴在外墙粘结层表面的一层装饰饰面。其构造层次是：在清理好基层的基础上抹 15mm 厚 1∶3（体积比）的水泥砂浆做底层并刮糙，一般分层抹平，两遍即可，若为混凝土墙板基层，在抹水泥砂浆前，应先刷一道素水泥浆（掺水泥重 5%的 107 胶）。在此基础上，抹 3mm 厚 1∶1～1.5 水泥砂浆粘结层。在粘结层水泥砂浆凝固前，适时贴玻璃马赛克。粘贴玻璃马赛克时在其麻面上抹一层 2mm 左右厚的白水泥浆，然后纸面朝外，把玻璃马赛克镶贴在粘结层上。为了使面层粘结牢固，应在白水泥素浆中掺水泥重量 4%～5%的白胶及掺适量的与面层颜色相同的矿物颜料，然后用同种水泥色浆擦缝（见图 2-7）。

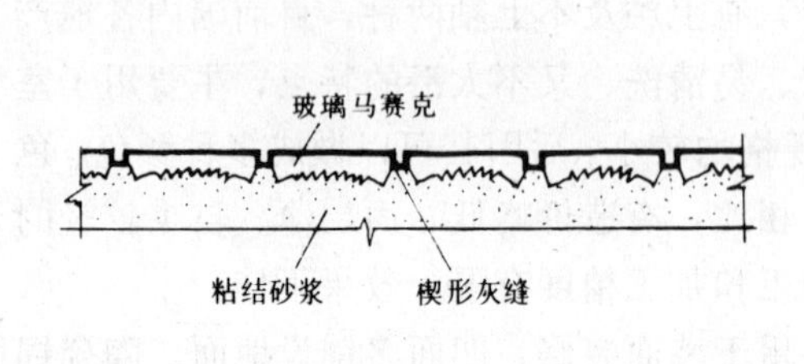

图 2-6　玻璃马赛克的粘结状况

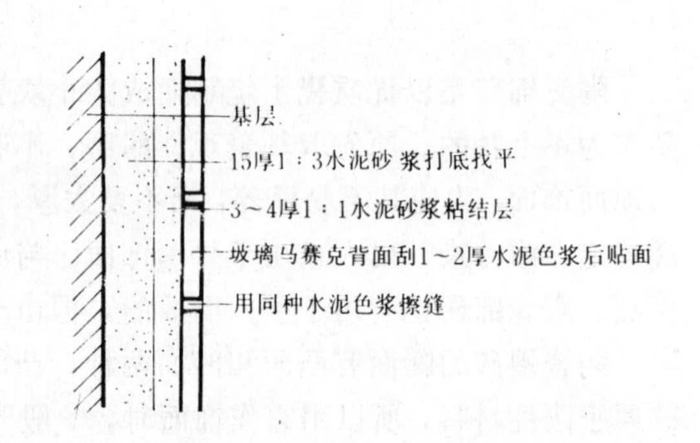

图 2-7　玻璃马赛克饰面构造

4. 釉面砖饰面

釉面砖又称瓷砖、瓷片、釉面陶土砖等。是一种上釉的经高温煅烧而成的陶板。其底胎均为白色，表面上釉可以是白色，也可以是彩色的。彩色釉面砖又分有光和无光两种。此外还有装饰釉面砖、图案釉面砖、瓷画砖等。装饰釉面砖有花釉砖、结晶釉砖、斑纹釉砖、理石釉砖等。图案砖有白地和色地两种，做成各种彩色和图案、浮雕，别具风格。瓷砖画则是将画稿按我国传统陶瓷彩绘技术分块烧成釉面砖，然后再拼装成整幅画面。釉面砖颜色稳定，不易褪色，美观，吸水率低，表面细腻光滑，不易积垢，清洁方便。一般用于室内墙面及水池等饰面，不用于室外饰面。

釉面砖的主要尺寸为：正方形釉面砖 152mm×152mm、108mm×108mm，长方形 152mm×75mm。常用的釉面砖厚度为 5mm 及 6mm。在饰面的转弯或结束部位另有阳角条、阴角条、压条或带有圆边的釉面砖构件供选用。贴釉面砖的一般构造是：用 1∶3 水泥砂浆做底层抹灰，粘结砂浆用 1∶0.3∶3 的水泥石灰膏混合砂浆，厚度为 10～15mm。粘结砂浆也可用掺 5%～7%107 胶的水泥素浆，厚度为 2～3mm。釉面砖贴好后，要用清水将表面擦洗干净，然后用白水泥擦缝，擦后随即将瓷砖擦干净。

贴面类饰面均有铺贴工艺所必须的缝隙。由此也带来了贴面类饰面的另一个问题，即分格形式及线型的设计。但是，一般来说，面砖或陶瓷锦砖等材料因铺贴工艺所必须的缝隙，宜将其看作是贴面类饰面整体质感的一个组成部分，而不宜将其看成立面的分格或线型。如要强调线的装饰效果，则应根据设计的意图，利用基层材料本身的厚度或通过一定的构造处理，有意识地留出更深、更宽、光影更为明显的分缝或线型。当然，也可采用一种简便的手法，即将分格或缝用另一种颜色或另一种尺度的马赛克或面砖进行镶嵌。

（二）板材饰面

板材饰面是指采用天然石材或预制人造石材饰面板作为建筑物的墙面装饰材料所形成的墙体饰面。天然石材和预制人造石材按其厚度可分为厚型和薄型两种。通常将厚度在 30～40mm 以下的称为板材，而将厚度在 40～130mm 以上的称为块材。

1. 预制人造石材饰面板饰面

预制人造石材饰面板亦称预制饰面板。大多都在工厂预制，然后现场进行安装。人造石材饰面板主要有人造大理石饰面板、预制水磨石饰面板、预制剁假石饰面板、预制刷石饰面板以及预制陶瓷锦砖饰面板。

人造石材饰面板饰面与现场施工制作饰面相比，其优越性在于：首先，工艺合理。现制改为预制，工艺可以更为合理并充分利用机械加工。其次，质量好。现制刷石、剁假石、磨石墙面在耐久性方面的一个最大弱点是饰面层比较厚、刚性大，墙体基层与面层在大气温度、湿度变化影响下胀缩不一致容易开裂。即使面层作了分格处理，因底灰一般不分格，仍不能避免日久开裂，最终导致脱落。预制板面积为 1m² 左右，板本身有配筋，与墙体连结的灌浆处也有配筋网与挂钩，防止了饰面脱落与本身开裂。再次，有利施工。现场安装预制板要比现制饰面用工少、速度快，还可以省去抹底灰找平的工作量。

人造石材饰面板饰面一般多用于室外，饰面板尺寸规格较大时，一般均要在基层结构表面上甩出钢筋或预留埋件，绑扎 $\phi$6mm 间距为 400mm 的钢筋骨架后，把饰面板用铜丝与钢筋骨架绑牢。然后分层灌注 1：2.5 的水泥砂浆，每次灌浆高度为 20～30mm，灌浆接缝应留在预制板的水平接缝以下 5～10cm 处，终凝后灌第二次。第一行灌完浆将上口临时固定石膏剔掉，清理干净再安装第二行预制饰面板。人造石材饰面构造见图 2-8。

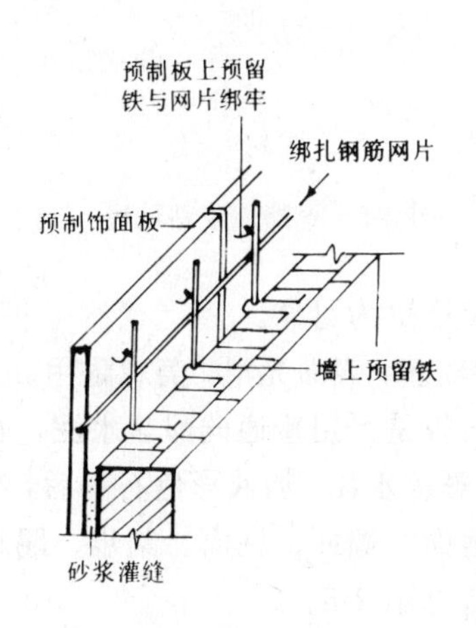


图 2-8 预制饰面板安装

（1）人造大理石饰面板饰面。人造大理石饰面板也称为合成石饰面板，俗称人造大理石。是仿天然大理石的纹理预制生产的一种墙面装饰材料。因其所用材料和生产工艺的不同大致可分为四类，即聚酯型人造大理石、无机胶结材型人造大理石、复合型人造大理石和烧结型人造大理石。这四种类型的人造大理石板，在物理力学性能、与水有关的性能、粘附性能等方面是各不相同的。因此，对它们采用同一种构造固定方式是不妥的。下面简单地介绍四种与之相适应的构造固定方式，即水泥砂浆粘贴法、聚酯砂浆粘贴法、有机胶粘剂粘贴法和捆扎与水泥砂浆粘贴相结合的铺贴方法。

对于聚酯型人造大理石产品，虽然也可用水泥浆、聚酯砂浆等粘贴，但其最理想的胶粘剂是有机胶粘剂。采用有机胶粘剂，如环氧树脂，粘贴效果较好，但往往成本比较高。为了降低成本，并保证装饰效果，可以采用与人造大理石相同成分的不饱和聚酯树脂作为胶粘剂，并可在树脂中掺用一定量的中砂。一般，树脂与中砂的比例为 1：4.5～5，并掺入适量的引发剂和促进剂。

烧结型人造大理石是在1000℃左右的高温下焙烧而成的，因此这种人造大理石与其他几种人造大理石相比，在各个方面都更为接近陶瓷制品。正是由于这一点，烧结型人造大理石的施工方法可以参照镶贴釉面瓷砖的方法来考虑。一般，可采用1：3水泥砂浆作底层，厚度12～15mm。粘结层可采用2～3mm厚的1：2细水泥砂浆，为了提高粘结强度，可在水泥砂浆中掺入水泥重5%的107胶。

无机胶结材型人造大理石饰面和复合型人造大理石饰面的施工工艺的选择，主要应根据其板厚来确定。目前，国内生产的这两种人造大理石饰面板的厚度主要有两种。一种板厚在8～12mm左右，板材重约为17～25kg/m²。另一种厚度通常在4～6mm，板材重约为8.5～12.5kg/m²。

对于复合型厚板，其铺贴宜采用聚酯砂浆粘贴的方法。聚酯砂浆的胶砂比一般为1：4.5～5.0，固化剂的掺用量视使用要求而定。但是，如全部采用聚酯砂浆粘贴，一般1m²铺贴面积的聚酯砂浆耗用量为4～6kg，费用相对太高。因此，目前多采用聚酯砂浆固定与水泥胶砂粘贴相结合的方法，以达到粘贴牢固、成本较低的目的。

采用这种方法铺贴人造大理石时，先以聚酯砂浆固定板材四角和填满板材之间的缝隙，待聚酯砂浆固化并能起到固定拉紧作用后，再以上述配比的水泥胶砂进行灌浆，如图2-9所示。

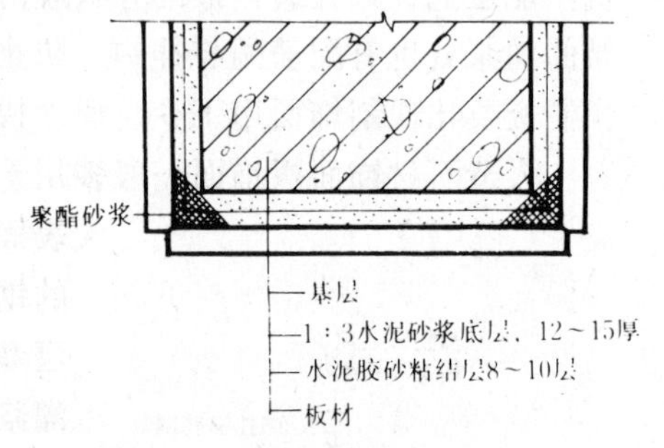

图2-9　聚酯砂浆粘贴法

当使用薄板时，施工方法比较简单，可以用1：3水泥砂浆打底，以1：0.3：2的水泥石灰混合砂浆或10：0.5：2.6的水泥：107胶：水的107胶水泥浆做为胶粘剂，作成粘结层，然后镶贴人造大理石板材。

最后，无论是哪种类型的人造大理石饰面板材，当板材厚度较大、尺寸规格较大、铺贴高度较高时，均应考虑采用捆扎与水泥砂浆粘贴相结合的方法，以使粘贴牢度更为可靠。

(2) 预制水磨石饰面板饰面。预制水磨石板的色泽品种较多，表面光滑，美观耐用。一般可以分为普通水磨石板和彩色水磨石板两类。普通水磨石板是采用普通硅酸盐水泥，加白色石子后，经成型磨光制成。彩色水磨石板是用白水泥或彩色水泥，加入彩色石料后，经成型磨光制成。水磨石饰面板饰面，常被用于建筑物的楼地面、墙面、柱面、踏步、踢脚板、窗台板、隔断板、墙裙、基座等处的装饰。其固定构造见图2-8。

2. 天然石材饰面板饰面

天然石材饰面板不仅具有各种颜色、花纹、斑点等天然材料的自然美感，而且因致密坚硬的质地，故耐久性、耐磨性等均比较好。但是由于材料的品种、来源的局限性，造价较高，属于高级饰面材料，只宜局部点缀使用。天然石材按其表面的装饰效果，可分为磨光与剁斧两种主要处理形式。磨光的产品又有粗磨板、精磨板、镜面板等区别。而剁斧的产品，可分为麻面、条纹面等类型。当然，根据设计的需要，也可加工成其他的表面，如剔凿表面、蘑菇状表面等。由于表面的处理形式不同，其艺术效果当然也不相同。用于建筑饰面的天然石材主要有花岗岩、大理石及青石板。

(1) 花岗岩板材饰面。花岗岩为火成岩中分布最广的岩石，是一种典型的深成岩。属于硬石材，它的主要矿物成分为长石、石英及少量的云母。常呈整体的均粒状结构，其构造致密，抗压强度较高，孔隙率及吸水率极小，抗冻性和耐磨性能均好，并具有良好的抵抗风化性能。花岗石有不同的色彩，如黑白、灰色、粉红色等，纹理多呈斑点状。外观色泽可保持百年以上，因而多用于重要建筑的外墙饰面。花岗石外饰面从装饰质感分有剁斧、磨茹石和磨光三种，其装饰耐久性都很好。对花岗石的质量要求是棱角方正、规格符合设计要求，颜色一致，无裂纹、隐伤和缺角等现象。

花岗石板材饰面和下述大理石板材饰面在安装固定的构造上是一样的，采用板材与基层绑或挂，然后灌浆固定的办法。这种办法亦称之为“双保险”的固定办法。也就是说，镶贴面积较大的板材，仅用胶粘剂固定于基层还不够，还需用铜丝或不锈钢挂钩，将板材系到基层，以防因表面积大，可能造成的局部空鼓而坠落。所以，施工验收规范规定，超过1.2m的高度，均要用铜丝绑扎。板材加设不锈钢挂钩和铜丝绑扎的一般作法是在基层表面焊成相应尺寸的一个 $\phi$6mm 钢筋网，钢筋同基层预埋件或胀管螺栓焊牢。板材的绑扎线与基层的钢筋网绑牢。这样，就需要首先将绑扎丝固定于板材上，只有绑扎丝同板材牢固，才能与基层绑扎。所以，石板安装前的准备工作，一个主要内容就是如何将绑扎线的一端固定在石板上。这一点也是同其他板材饰面的显著不同之处。

安装花岗石斗板时，应比室外地平线低5cm。基础须注意检查是否过软，块材连接应符合结构设计的要求。饰面块材应与结构墙间隔3～5cm作灌浆缝，灌浆时每次灌入20cm左右，初凝后继续灌注。饰面块材除与结构墙预留钢筋埋件绑扎的钢筋网连结外，块材本身也可用扒钉和穿钉连结。

（2）大理石板材饰面。大理石是一种变质岩，属于中硬石材。主要由方解石和白云石组成，其质地密实，可以锯成薄板，多数经过磨光打蜡，加工成表面光滑的板材。但其表面硬度并不大，而且化学稳定性和大气稳定性不是太好，一般宜用于室内。当用于室外时，因其组成中的碳酸钙在大气中受硫化物及水气作用转化为石膏，会使面层很快失去光泽，并变得疏松多孔。一般来说，除少数几种质地较纯，杂质较少的汉白玉、艾叶青等用在室外比较稳定外，其他的都不太合适。大理石的色彩有灰色、绿色、红色、黑色等多种，而且还带有美丽的花纹。

对大理石的质量要求是，光洁度高、石质细密、无腐蚀斑点、棱角齐全、底面整齐、色泽美观。

大理石板材饰面的安装构造与预制饰面板饰面及花岗岩板材饰面基本相同，只是安装前应挑选颜色和花纹，先行试拼校正规格尺寸，并按施工要求在侧面打孔洞，以便穿绑铜丝与墙面预埋钢筋骨架固定，如图2-10所示。

小面积局部装饰还有一种碎拼大理石饰面做法。该做法要求大理石的块料厚度基本一致，不宜超过2cm，最大尺寸一般不宜超过30cm。如有图案时，应根据设计要求先把图案尺寸、位置放出来。有时候为了利用边角下脚料，采用不等矩形块或不规则形状的碎块拼铺，也能取得很好的装饰效果。

（3）青石板饰面。青石板系水成岩，材质软，较易风化。因其材性纹理构造易于劈制成面积不大的薄板，所以产地附近民间早有应用青石板作屋面瓦的传统。青石板不是高挡材料，又便于以简单工具加工，故造价不高。使用规格一般为长宽30～50cm不等的矩形块，边缘不要求很平直，表面也保持其劈开后的自然纹理形状，再加上青石板有暗红、灰、绿、蓝、紫等不同颜色，所以掺杂使用能形成色彩富于变化而又具有一定自然风格的墙体饰面。

多用于园林建筑之中。

青石板的铺贴工艺与贴外墙面砖的操作方法相似，其规格尺寸及排块方法由设计确定。因青石板的吸水率高，粘贴前要用水浸透，粘结砂浆可用水泥：细砂＝1：2的水泥砂浆，最好用掺水泥量5%～10%107胶的聚合物水泥砂浆粘贴，其厚度视石板的平整程度而定，前者不少于5mm，后者可适当减薄。

天然石材贴面其构造作法主要有下面几种：

1）在铺贴基层上预挂钢筋网，饰面板材钻孔铜丝绑扎，并灌以水泥砂浆。其具体做法是在墙面预埋铁件固定沿墙面的钢筋网，将加工成薄材的石材绑扎在钢筋网上，墙面与石材之间的距离一般为30～50mm，并在该缝中分层灌注1：2.5水泥砂浆，待初凝后再灌上一层。若多层石材贴面，则每层离上口80～100mm时停止灌浆，留待上一层再灌，以使上下连成整体。大理石贴面见图2-11。

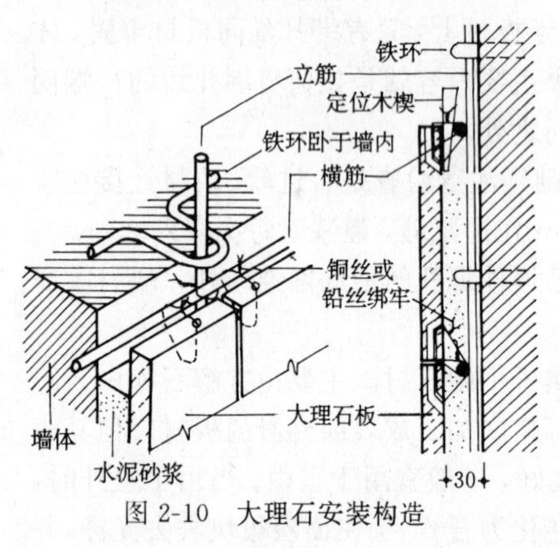

图2-10 大理石安装构造

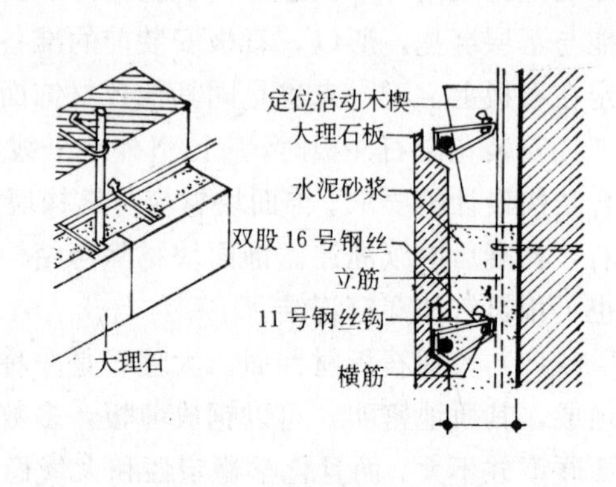

图2-11 大理石板贴面做法

2）用聚酯砂浆固定饰面石材。具体做法是在灌浆前先用胶砂比为1：4.5～5的聚酯砂浆固定板材四角和填满板材之间的缝隙，待聚酯砂浆固化并能起到固定拉紧作用以后，再进行一般 石材施工时的灌浆操作。所注意的是分层灌浆的高度每层不能超过15mm，初凝后方能进行第二次灌浆。不论灌浆次数及高度如何，每层板的上口应留5cm余量作为上层板材灌浆时的结合层。固化剂的掺量按使用要求而定。聚酯砂浆固定贴面石材见图2-9。

3）树脂胶粘结饰面石材。具体构造作法是在基层处理好的基础上，先将胶粘剂抹在板背面相应的位置，尤其是悬空板材胶量必须饱满（胶粘剂用量应针对使用部位受力情况布置，以粘牢为原则），然后将带胶粘剂的板材就位，挤紧找平、找正、找直后，即刻进行顶、卡固定。挤出缝外的胶粘剂，随时清除干净。待胶粘剂固化至与饰面石材完全牢固贴于基层后，方可拆除固定支架。

4）螺栓固定和金属卡具固定饰面石材。在需要铺贴饰面石材的部位预留木砖、金属型材或者直接在饰面石材上用电钻钻孔，打入膨胀螺栓，然后用螺栓固定，或用金属型材卡紧固定，最后进行勾缝和压缝处理。这种做法也称为干挂。图2-12为干挂做法示意。

3. 板材类饰面的细部构造

（1）交接处的细部构造。在板材类饰面的施工安装中，除了应解决饰面板与墙体之间的固定技术，还应切实地处理好各种交接部位的构造。例如，对外墙应处理好窗台（如图

2-13)、窗过梁底、门窗侧边、出檐、勒脚、柱子、以及各种凹凸面的交接和拐角的细部构造。对于室内，则应注意处理好窗台、梁底、门窗洞口、柱子、凹凸面、踢脚、墙面和地面、墙面和顶棚交接等处的构造。

图 2-14 所示的是安装饰面板时阴阳角的细部构造处理方法。

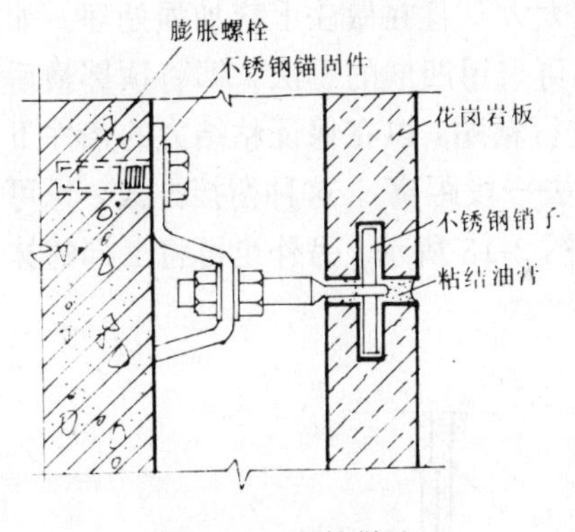


图 2-12　干挂做法

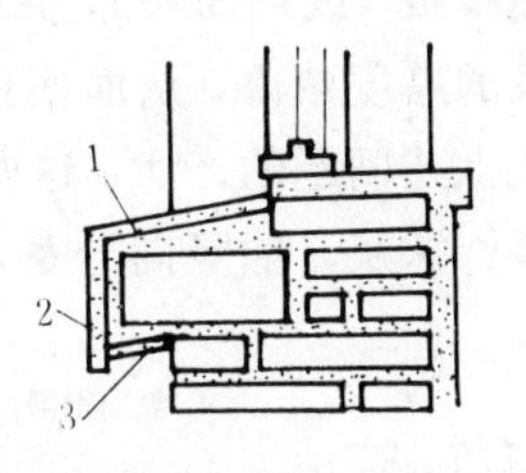


图 2-13　窗台及腰线排砖大样

1—压盖砖；2—正面砖；3—底面砖

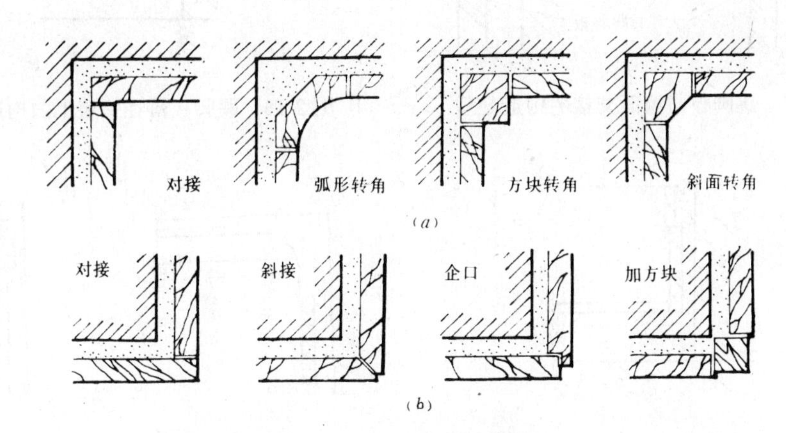


图 2-14　阴阳角的构造处理

(a) 阴角处理；(b) 阳角处理

饰面板墙面与踢脚板的交接，一般有二种作法，一种是墙面凸出踢脚板，另一种是踢脚板凸出墙面 10mm 左右。两种处理办法，在工程中使用都比较多，但是如果踢脚板凸出墙面，踢脚板顶部需要磨光，且容易积灰尘，比较好的做法是踢脚板凹进墙面。图 2-15 为墙面、踢脚板交接的构造处理。

大理石、花岗石墙面或柱面，有的不设踢脚板。因为石材本身就比较耐磨、耐脏，所以，往往一贴到底。但是不论是否设置踢脚板，墙面与地面的交接，宜采用踢脚板或饰面板落在地面饰面层上的方法。这样，接缝比较隐蔽，略有间隙可用相同色彩的水泥浆封闭。其构造如图 2-16 所示。图 2-17 所示为踢脚板直接落在垫层上，地面收口边暴露在外的作法。此种情况下，地面饰面板收口边稍有不直，会造成踢脚板与地面相交不密实，所以对地面饰面板边缘的加工要求很高。这种构造用得较少。

在墙面同顶棚交接时，常因墙面上最上一块饰面板与顶棚直接碰上而没法绑扎铜丝或灌浆（如果有吊顶空间，则不存在这种现象）。常用的方法是在侧面绑扎，并在石板背面抹水泥浆将石板粘到基层上。这样做板材单块面积小时还可以，如果单块面积大则易产生下坠、空鼓、脱落等问题。对于这种问题应该在设计上加以解决。比较妥当的作法是在板材墙面与顶棚之间，留出一段距离，改用其他方法来处理，这样就能较好地解决最后一块板灌浆与绑扎固定困难的问题。但这段“脖子”尺寸不宜太大，且在做法上应加强处理。如可采用多线角曲线抹灰的方式，将顶棚与墙面衔接。也可采用凹嵌的手法，即将顶部最后一块板改用薄板（或贴面砖），并采用聚合物水泥砂浆进行粘贴，以在保证粘结力的条件下使灌缝砂浆的厚度减薄，从而使顶部最后一块板凹陷进去一段距离 。这种衔接方式，也可有效地防止上述问题的产生。这两种方法的具体做法如图 2-18 所示。另外也可将上部的抹灰，做成装饰抹灰，如竖向分系，波折立面等。

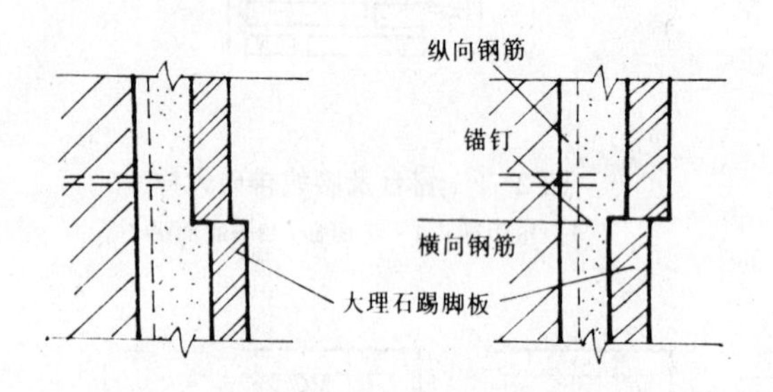


图 2-15　踢脚板与墙面交接的构造处理

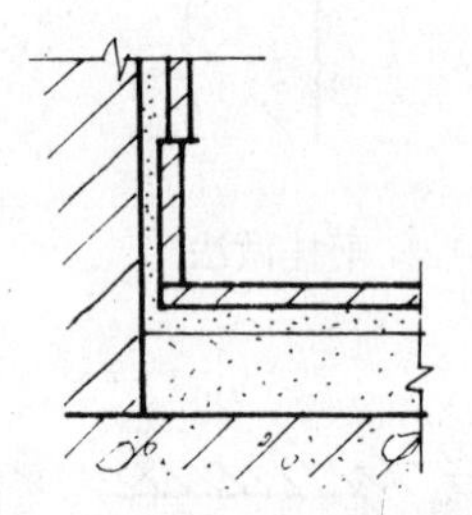

图 2-16　踢脚板落在垫层上的构造示意

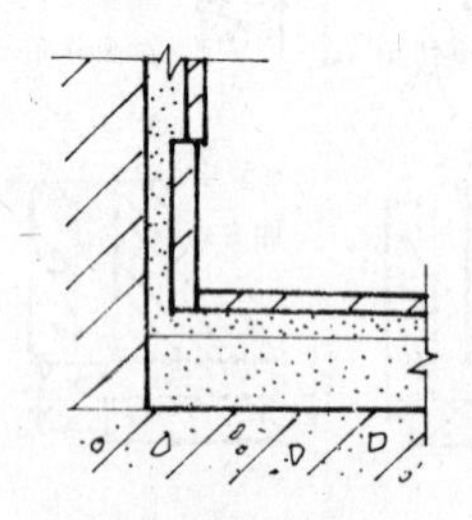

图 2-17　踢脚板落在地面上的构造示意

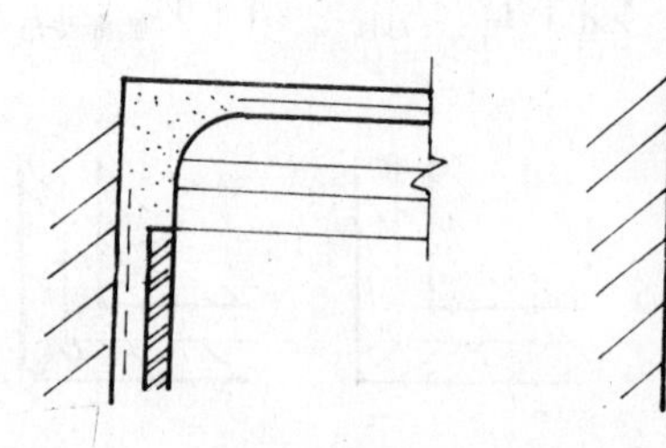

图 2-18　顶棚与墙面衔接处理

(2) 不同基层和材料的构造处理。饰面板材的安装，因墙体基层材料的不同和饰面板材的不同，以及饰面材料厚度的不同（是块材还是板材）而有所差异。

例如在砖墙基层上安装天然块石时，采用的是配置钢筋网，板材上端开接榫口，然后以系墙铁相连，如图 2-19 所示。而当基层为混凝土墙体时，则采用的是在墙体内预置金属导轨，然后通过扁条锚件插入板材上端的接榫孔相连，如图 2-20 所示。而当饰面材料是预制水磨石板等人造预 制饰面板时，则采用在墙体中预 埋 U 形铁件，并在饰面板上留洞或预埋铅丝、U 形铁件，然后通过镀锌钢丝将板材与所配钢筋网绑扎在一起，见图 2-21。一般来说饰面材料是预制人造块石时，其构造则与天然块石的构造基本相似，而天然石料的饰面板材的安装固定，与人造石板墙面的构造也是基本相同的。

由上述显然可以看出，板材类墙体饰面固定的构造处理关键是在墙体方面，对于砖墙等预制块材墙体，采用在墙体内预埋 U 形铁件，然后铺设钢筋网；而对于混凝土墙体等现浇墙体，则采用在墙体内预埋金属导轨等铁件的方法，一般不铺设钢筋网。在饰面材料方

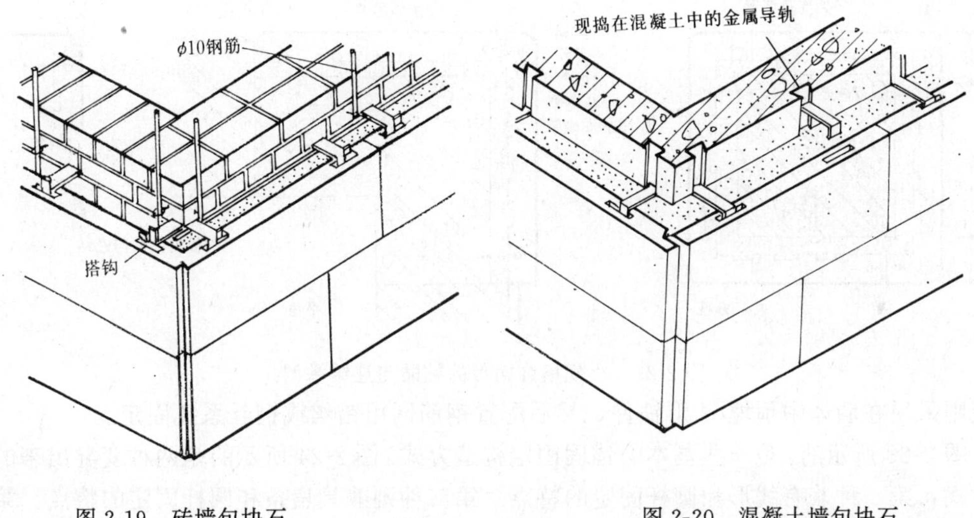


图 2-19　砖墙包块石　　图 2-20　混凝土墙包块石

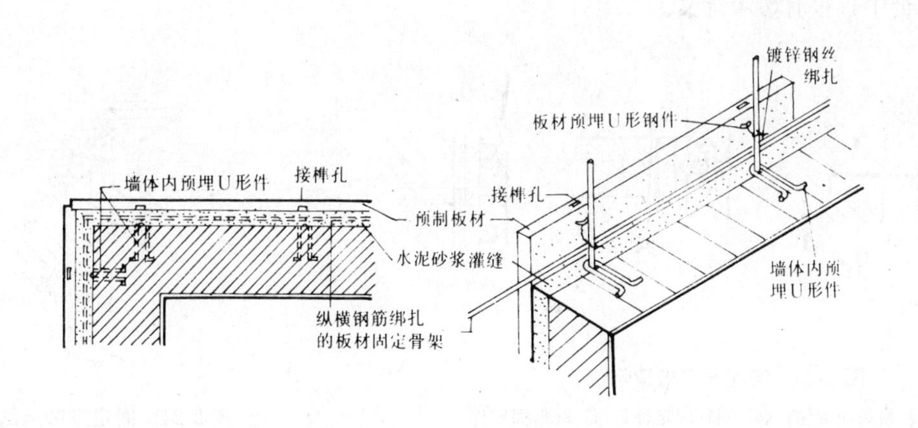


图 2-21　人造石板墙面

面，对于板材，通常采用打孔或在板上预埋 U 形铁件，然后以钢丝绑扎固定的方法；而对于块材，一般采用开接榫口或埋置 U 形铁件，然后通过系墙铁等固定件来连接。

（3）小规格饰面板饰面构造。小规格饰面板，系指主要用于踢脚板、勒脚、窗台板等部位的各种尺寸较小的天然或人造大理石、花岗石、青石板等板材，以及各种小块的预制水磨石板和加工大理石、花岗石时所产生的各种不规则的边角碎料。大规格的面砖（俗称陶板）亦可划入此类。

上述这些小规格的饰面板，通常不采用上面谈到的板材类饰面的那种预埋铁件和连接件来固定的安装方式，而是直接用水泥浆、水泥砂浆等粘贴的方法。在必要的时候，可辅以钢丝（或铁丝、铜丝）绑扎或连接（见图 2-22）。

（4）安装固定构造。板材类饰面的安装，通常都是采用“双保险”的方式进行固定。即是说，在饰面板安装时，既采用水泥砂浆等胶结剂作灌注固定，又通过各种铁件或配用的钢筋网在板材与板材、板材与墙体之间作补充的连接固定措施。通常，在板材与板材之间，是通过钢销、扒钉等相连接。在板材与墙体之间，对厚板用系墙铁等扁条连接件固定；对

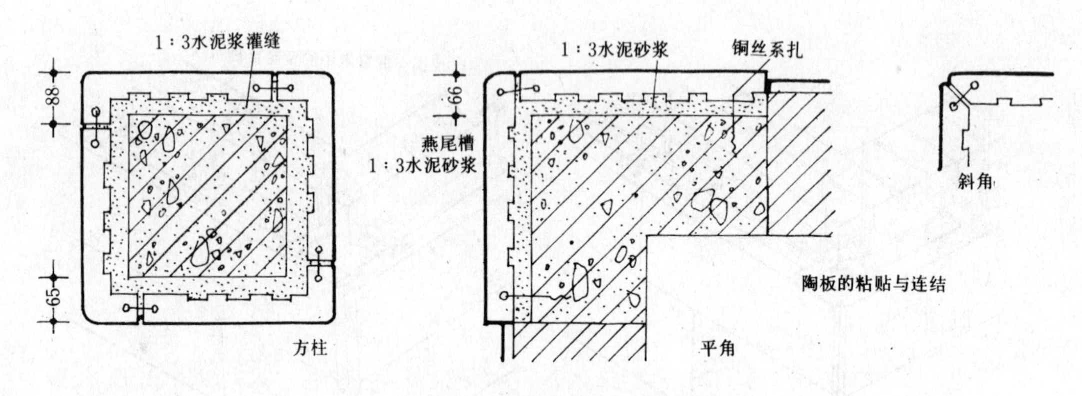


图 2-22 小规格饰面板的粘贴与连结举例

薄板则采用在墙体中预埋 U 形铁件，然后配置钢筋网用铅丝或铜丝系扎固定。

图 2-23 所示的，是一些基本的锚固固定构造方式。图 2-24 所示的是两种变异出来的固定方式，第一种兼有线形和圆杆固定的特点，第二种则兼具扁条和圆杆固定的特点。第二种方法的另一个特点，是在混凝土基层中预埋金属导轨。这种方法在重型固定和现浇混凝土的场合中，很有参考意义。

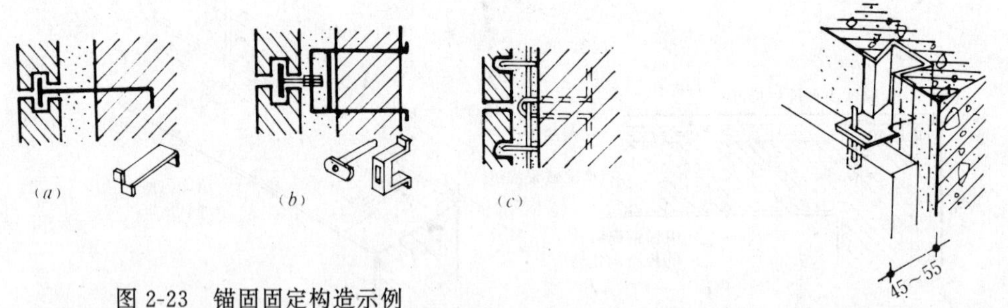


图 2-23 锚固固定构造示例

(a) 扁条固定件；(b) 圆杆固定件；(c) 线形固定件

图 2-24 固定方法示例

(5) 拼缝。饰面板材一般来说都比较厚，因此除少量的薄板以外，选择适当的拼缝形式，也就成为对装饰效果极具影响的一个重要问题。常见的拼缝方式有平接、对接、搭接、L 型错缝搭接和 45°斜口对接等等。图 2-25 所示的就是常见的拼缝处理形式。

(6) 灰缝。板材类饰面，尤其是采用凿琢表面效果的饰面板墙面，通常都留有较宽的灰缝。灰缝的形状，可做成凸形、凹形、圆弧形的等各种各样的形式。并且，为了加强灰缝的效果，常将饰面板材、块材的周边凿琢成斜口或凹口等不同的形式。图 2-26 所示的是常见的灰缝处理方法。灰缝的宽度见表 2-4。

**饰面板的接缝宽度表** 表 2-4

| 项次 | 名 | 称 | 接缝宽度 (mm) |
|---|---|---|---|
| 1 | 天然石 | 光面、镜面 | 1 |
| 2 | | 粗磨面、麻面、条纹面 | 5 |
| 3 | | 天然面 | 10 |
| 4 | 人造石 | 水磨石 | 2 |
| 5 | | 水刷石 | 10 |

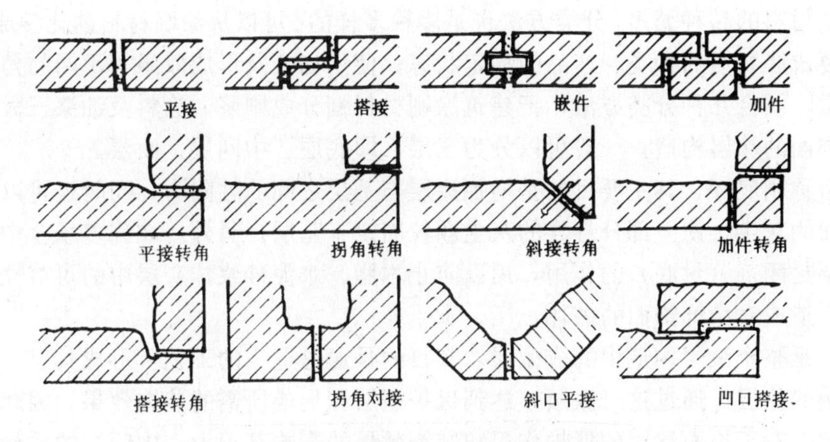

图 2-25　饰面石材的拼缝处理形式

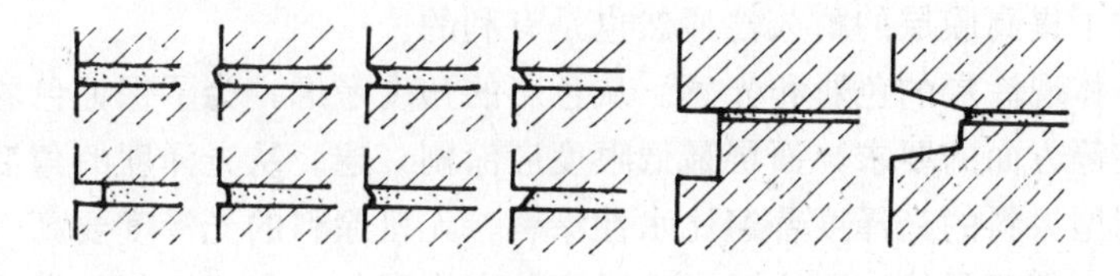
图 2-26　灰缝的形式

## 三、涂刷类饰面

在已做好的墙面基层上，经局部或满刮腻子处理使墙面平整，然后涂刷选定的材料即成为涂刷类饰面。

建筑物的内外墙面采用涂刷材料作饰面，是各种饰面做法中最为简便的一种方式。虽然对于外墙装饰来说，这种饰面做法与贴面砖、做水刷石等相比，有效使用年限较短，但由于这种饰面做法省工省料，工期短，工效高，自重轻，便于维修更新，而且造价相对比较低，因此，涂刷类饰面无论在国内还是在国外，都成为一种传统的饰面方法得到广泛地应用。

涂刷材料几乎可以配制成任何一种需要的颜色，这是它在装饰效果方面的一大优点。这一特点，为建筑师的设计提供了更为灵活多变的表现手段，是其他材料所无法比拟的。例如：天然石材的颜色是有很大的局限性的；人工烧制的饰面材料的色彩，虽然色谱的范围要更为宽广，但也有着一定的局限性，有的颜色是做不出来的，有些颜色虽然在技术上可行，但在经济上是不合理的；至于装饰抹灰的颜色不仅受到所用水泥、骨料颜色的制约，而且还受到实际上可选用的颜料品种的制约等等。

涂刷材料的装饰作用，就外墙饰面来说，主要在于改变墙面的色彩，而不在于改善墙面的质感。这是由于涂刷材料涂层比较薄，一般来说只能形成平滑的涂层，即使采用厚涂料，或是采用拉毛等做法，也只能形成微弱的麻面或小毛面。这种类型的质地，当用于室内时，多少可以起到一些丰富墙面装饰质感的作用；而当用于室外时，只能起到掩盖基层表面瑕疵的作用，不能起到提供建筑立面所需的凹凸程度较大的装饰作用。

建筑涂刷材料的品种繁多，分类方法也是多种多样的。可以从涂刷材料的化学成分、溶剂类型、主要成膜物质的种类、产品的稳定状态、使用场合及形成效果等不同的角度来加以分类。通常，结合几种分类方法，把建筑涂刷材料划分成刷浆、涂料及油漆三大类。

涂刷类饰面的涂层构造，一般可以分为三层，即底层、中间层、面层。

底层，俗称刷底漆，其主要目的是增加涂层与基层之间的粘附力，同时还可以进一步清理基层表面的灰尘，使一部分悬浮的灰尘颗粒固定于基层。另外，在许多场合中，底层漆还兼具基层封闭剂（封底）的作用，用以防止木脂、水泥砂浆抹灰层中的可溶性盐等物质渗出表面，造成对涂饰饰面的破坏。

中间层，是整个涂层构造中的成型层。其目的是通过适当的工艺，形成具有一定厚度的，匀实饱满的涂层。通过这一涂层，达到保护基层和形成所需的装饰效果。因此，中间层的质量如何，对于饰面涂层的保护作用和装饰效果的影响都很大。中间层的质量好，不仅可以保证涂层的耐久性、耐水性和强度，在某些情况下对基层尚可起到补强的作用。为了增强中间层的作用，近年来往往采用厚涂料、白水泥、砂粒等材料配制中间造型层的涂料，这一作法，对于提高膜层的耐久性显然也是有利的。

面层的作用是体现涂层的色彩和光感。从色彩的角度考虑，为了保证色彩均匀，并满足耐久性、耐磨性等方面的要求，面层最低限度应涂刷二遍。从光泽度的角度考虑，一般地说油性漆、溶剂型涂料的光泽度普遍比水性涂料、无机涂料的光泽度要高一些。但从漆膜反光的角度分析，却不尽然。因为反光光泽度的大小不仅与所用溶剂的类型有关，还与填料的颗粒大小、基本成膜物质的种类有关。当采用适当的涂料生产工艺、施工工艺时，水性涂料和无机涂料的光泽度赶上、或超过油性涂料、溶剂型涂料的光泽度是可能的。

（一）刷浆涂饰

1. 石灰浆饰面

石灰浆是将生石灰（CaO）按一定比例加水混合，充分消解（又称熟化）后形成的熟石灰浆 $Ca(OH)_2$。由于石灰浆涂料的耐水性较差，因此仅在气候干燥的地区或者不直接接触雨水的建筑部位，才有较长的有效使用期。根据实践经验，石灰浆涂料在砖墙上的使用效果不如在水泥砂浆面上好，在刚抹完未干的水泥砂浆面上立即刷石灰浆也较好。石灰浆涂层表面的孔隙率高，吸水性强，带有尘埃的雨水很容易被吸入，形成污染。

石灰浆涂料作为室内墙面装饰也是一种古老的做法。为了提高附着力，防止表面掉粉和减少沉淀现象，可加入少量食盐（按生石灰重的7%加入）和明矾，或掺其他粘结料（如107胶水或醋酸乙烯类乳液等，其掺量为20%～30%）。在比较潮湿的部位使用时也有用石灰油浆的，后者有一定的耐水性，可稍用湿布擦拭而不致脱落。在石灰浆中可加入0.5%的蓝淀粉或适量的蓝墨水，可使刷后的墙面更洁白。也可按需要在石灰浆中掺入所需的颜料，混合均匀后即可使用。

建筑外墙装饰用的石灰浆涂料一般还掺入所需要的颜料。由于石灰浆本身呈较强的碱性，因此在配制色浆时，必须选用耐碱性好的颜料，以氧化铁黄、氧化铁红及甲红土子等矿物颜料为宜。过去也有为了改善石灰浆与墙面基层的粘结力而掺入皮胶、猪血、水胶的做法。现在这些胶料已被107胶或聚醋酸乙烯类乳液等高分子聚合物所代替（掺量同上述室内用石灰浆涂料之掺量）。在我国南方有些地区，也有将粘土掺入石灰浆涂料内起调色作用的做法。还有利用生石灰熟化时发热将熟桐油乳化而成“油浆”的传统做法。桐油掺量为生石灰的10%～30%不等，以30%时质量较好。由于桐油分子分布在涂层内，改善了涂层的柔韧性和耐水性，因此油浆比普通石灰浆涂料有较好的耐久性。

石灰浆涂料作为外墙饰面时，耐久性与耐污染性均不好，装饰效果也嫌不足。作为内墙饰面时，因其比较粗糙而不够美观，与基层的粘结力不强，易增灰、掉粉、不耐用。因此总的说来，它是一种低挡的内外墙饰面材料。但是由于货源十分充足，价格又很低，调制、施工、维修和更新都比较方便，因此一直沿用至今。

2. 水泥浆饰面

（1）素水泥浆饰面。用素水泥浆作为涂料使用时，由于涂层薄、水分蒸发快，使水泥不能充分水化产生强度，往往很快粉化、脱落。一个弥补的办法是在抹灰层抹完后立即在未干的面上刷白水泥浆，借助抹灰层的水分一起硬化。素水泥的盖底力不很好，在湿基层上刷浆更不易做到滋润饱满；也不能掺颜料，因为在这种条件下颜色不可能均匀一致；再加上表面素水泥浆膜太厚，涂层非常容易龟裂；所以这种做法只能算是简易的“刷白”措施，效果不很理想。比较合理的办法是掺入其他辅料来解决保水、促凝等问题。

（2）避水色浆饰面。避水色浆原名憎水水泥浆，是在水泥中掺入消石灰粉、石膏、氯化钙等无机物作为保水和促凝剂，另外还掺入硬脂酸钙作为疏水剂以减少涂层的吸水性，延缓其被污染的进程。

根据需要可以适当掺颜料，但大面积使用时颜色往往不易做匀。这种涂料的涂层强度比石灰浆高，但配制时材料成分太多，量又很小，在施工现场条件下不易掌握。硬脂酸钙如不充分混匀，涂层的疏水效果不明显，耐污染效果也不会有显著改进。由于砖墙析出盐碱较一般砂浆、混凝土基层更多，对涂层的破坏作用也就更大，实践表明这种水泥浆用在清水砖墙上效果更差。但若与石灰浆相比较，仍不失为一种进展。

（3）聚合物水泥浆饰面。将有机高分子材料取代上述无机辅料掺入水泥中，形成了有机、无机复合水泥浆。已经在工程上使用的有聚合物水泥浆1号和2号两种做法。两者的区别仅在于1号做法是掺入107胶，掺量为水泥重的20%。2号做法是掺入醋酸乙烯—顺丁烯二酸二丁酯共聚乳液，掺量为水泥重的20%～30%。

聚合物水泥浆涂料的主要组分为：水泥、高分子材料、分散剂、憎水剂和颜料。

高分子材料掺入水泥中，不仅起了保水作用，改善了水泥的和易性，而且提高了粘结强度和抗裂性。在聚合物水泥浆中，加入适量分散剂——六偏磷酸钠（掺量约为水泥重的0.1%）和木质素磺酸钙（掺量约为水泥重的0.3%），以使颜色很好地分散。

聚合物水泥浆涂料比石灰浆和避水色浆的强度高，耐久性也好，施工方便，是进了一步。但其耐久性、耐污染性和装饰效果都还存在着较大的局限性。在大面积使用时也难免会产生颜色深浅不匀的现象。墙面基层的盐、碱析出物，很容易析出在涂层表面而影响装饰效果。因此这种涂料只适用于一般等级工程的檐口、窗套、凹阳台墙面等水泥砂浆面上的局部装饰，以及室内厨房、卫生间等的墙裙部位。

为了克服析出的氢氧化钙造成的颜色不均，可在聚合物水泥砂浆中掺入少量的分散剂——木质素磺酸钙。为改进普通水泥砂浆饰面的耐污染性能，在砂浆中还应加入用硫酸铝中和后的甲基硅醇钠。除在砂浆中掺入上述材料外，还加入适量的耐光、耐碱的矿物颜料，可避免因颜料品种使用不当而出现的褪色问题。

3. 大白粉浆饰面

大白粉浆是以大白粉（也称白垩粉、老粉、白土粉）、胶结料为主要原料，用水调和混合均匀而成的涂料。大白浆的盖底能力较高，涂层外观较石灰浆细腻、洁白，而且货源充足、价格很低，施工和维修更新都比较方便，故较广泛用于室内的墙面及顶棚饰面。过去常用的胶有以龙须菜、石花菜等煮熬而得的菜胶及火碱面胶。为防止大白浆干后掉粉，采用菜胶时可另掺入一些动物胶。火碱面胶是将面粉与水调和后加入火碱（即烧碱），利用火碱在水中溶解时释放出的热量，使面粉“熟”化成为粘稠的糊状物，再将此糊状物与已用水调和的大白粉混合均匀即成涂料。现在采用107胶或聚醋酸乙烯乳液代替菜胶、面胶作为大白浆的胶料，不仅简化了配制手续，而且在一定程度上提高了大白浆的性能。107胶的掺入量约为大白粉的15%～20%；聚醋酸乙烯乳液的掺入量约为大白粉的8%～10%。

为了改善大白浆的和易性和施工性，可以适当掺入羧甲基纤维素，掺入量约为大白粉的0.02%。采用乳液配制的大白浆，掺入少量六偏磷酸钠和草酸，在湿墙上刷浆效果较好，但在过于潮湿的墙面上效果则不理想。

大白浆经常需要配成色浆使用。应注意所用的颜料要有较好的耐碱性，因为刷浆时浆料内的水分会使干燥的抹灰基层表面呈一定的碱性。如颜料的耐碱性差，则会发生咬色、变色等现象。另外，为了使涂层的颜色耐久，也应适当考虑颜料的耐光性。

大白浆一般在局部或满刮腻子后，喷刷二遍或三遍，视室内装饰要求等级而定。

4. 可赛银浆饰面

可赛银是以硫酸钙、滑石粉等为填料，以醋素为粘结料，掺入颜料混合而成的粉末状材料，也称酪素涂料。可赛银浆是在可赛银中加入40%～50%的温水搅拌均匀呈糊状，放置4小时左右，再搅拌均匀，滤去粗碴，根据情况加入适量的清水至施工稠度即可使用的饰面涂料。酪素胶的外文名称是Casein，“可赛银”是根据其音译命名的。

可赛银与大白浆相比，质地更细腻，均匀性更好，色彩更容易取得一致的效果。酪素胶的粘结性能比常用的动、植物胶强，故可赛银浆与基层的粘结力也随之增强，此外它的耐碱和耐磨性也较好，属内墙装饰的中挡涂料。

可赛银浆饰面一般是在已做好的墙面基层上刷两遍可赛银浆即可。

（二）涂料涂饰

建筑涂料一般可分为四类，即溶剂型涂料、乳液 型涂料、硅酸盐无机涂料及水溶性涂料。

1. 溶剂型涂料饰面

溶剂型涂料是以高分子合成树脂为主要成膜物质，有机溶剂为稀释剂，加入适量的颜料、填料及辅料，经辊轧塑化，研磨搅拌溶解而配制成的一种挥发性涂料。

溶剂型涂料用于建筑外墙。一般都有较好的硬度、光泽、耐水性、耐化学药品性及一定的耐老化性。一般地说，它与类似树脂的乳液型外墙涂料相比，由于其涂膜比较致密，在耐大气污染、耐水和耐酸碱性方面都比较有利；但其成分内含有机溶剂挥发污染环境，涂膜透气性差，又有疏水性。使用此类型涂料，一般涂刷两遍，间隔24h。溶剂型涂料一般能在5～8年内保持良好的装饰效果。

溶剂型外墙涂料主要有过氯乙烯涂料、苯乙烯焦油涂料、聚乙烯醇缩丁醛涂料和氯化橡胶涂料。

2. 乳液型涂料饰面

各种有机物单体经乳液聚合反应后生成的聚合物，以非常细小的颗粒分散在水中，形成乳状液，将这种乳状液作为主要成膜物质配成的涂料称为乳液型涂料。当所用的填充料为细粉末时，所得涂料可以形成类似油漆涂膜的平滑涂层，这种涂料称之为乳胶漆，较多地用于室内墙面装饰。若掺有类似云母粉、粗砂粒等粗填料所配得的涂料，能形成有一定粗糙质感的涂层，称之为乳液厚涂料，通常用于建筑外墙装饰。

乳液型涂料与溶剂和油脂不同，它是以水为分散介质，无毒、不污染环境，使用操作十分方便。性能和耐久效果都比油漆好。

乳胶漆和乳液厚涂料的涂膜有一定的透气性和耐碱性，可以在基层抹灰未干透只是达到基层龄期的情况下就进行施工，因此可以缩短工期。在建筑外墙使用乳液型涂料时，为了避免墙面基层吸水太快不便涂刷，或为了使基层吸收一致，也可以在墙面基层表面满刷一遍按 1∶3 稀释的 107 胶水或其他同类乳液水。这样做还能减少万一没有清除干净的粉尘的隔离作用，对涂料与基层的粘结也有利。

乳液型涂料主要有乙－顺乳胶漆、乙－丙乳胶漆及厚涂料、氯－醋－丙乳胶漆和砂胶厚质涂料。这些涂料都适合于建筑外墙饰面，尤其是乳液型厚涂料对墙面基层的轻微弊病有一定的遮盖能力，涂层均实饱满，有较好的装饰质感，可用作大墙面装饰。氯－醋－丙乳胶漆不仅适用于外墙，还适用于室内饰面。用乳胶漆作室内墙面饰面可以洗刷，易于保持清洁，装饰效果好，除可以做成平滑的涂层外，与油漆一样也可做成各种拉毛的凹凸涂层，属于高挡的内墙饰面材料。但是不适用于有裂缝的墙面基层。砂胶厚质外墙涂料由于不掺或少掺颜料，色彩主要靠填料自身的颜色，因此涂层的耐日光照射能力、耐候性都较好，并且有一定的防水作用。涂料采用喷枪喷涂施工，工效高，装饰质感强，可作为住宅建筑和公共建筑的外墙饰面。

3. 硅酸盐无机涂料饰面

硅酸盐无机涂料以碱性硅酸盐为基料，常采用硅酸钠、硅酸钾和胶体氧化硅即硅溶胶，外加硬化剂、颜料、填料及助剂配制而成。目前，市场上所出售的这种涂料商品名称叫 JH80-1 和 JH80-2。

硅酸盐系的无机涂料具有良好的耐光、耐热、耐放射线及耐老化性，加入硬化剂后涂层具有较好的耐水性及耐冻融性，作为外墙饰面，有较好的装饰效果。同时无机建筑涂料原料来源方便，无毒，对空气无污染，成膜温度比乳液涂料低。因此在北方地区使用它可以使施工期相对加长。无机建筑涂料用喷涂或刷涂方法均可施工，它适用于一般建筑外饰面。

4. 水溶性涂料饰面——聚乙烯醇类涂料饰面

聚乙烯醇内墙涂料是以聚乙烯醇树脂为主要成膜物质。用其涂刷墙面时，要求墙面基层必须清扫干净，基层上的麻面孔洞必须用涂料加大白粉配成腻子披嵌。这种内墙涂料其优点是不掉粉，有的能经受湿布轻擦，价格不高，施工也较方便。它是介于大白色浆与油漆和乳胶漆之间的一种饰面材料。

聚乙烯醇类涂料主要有聚乙烯醇水玻璃内墙涂料和聚乙烯醇缩甲醛内墙涂料。聚乙烯醇水玻璃内墙涂料的商品名称是“106 内墙涂料”。其生产工艺简单、价格低廉，且无毒、无味、不燃、施工方便；涂层干燥快，表面光洁平滑，能配成多种色彩，与墙面基层有一定的粘结力，有一定装饰效果。广泛地应用在住宅和一般公共建筑的内墙饰面。聚乙烯醇缩甲醛内墙涂料又称 SJ－803 内墙涂料。它无味、不燃、涂层干燥快，可喷可刷，施工方便，涂膜还有较好的耐湿擦性。涂料的作用不仅限于装饰。用于内墙面时可使表面光洁，易于保持清洁，起反光作用；一些品种可以耐水洗擦，根据需要还可使之起隔气层作用，减少墙体吸收室内空气中的湿气。

（三）油漆涂饰

油漆是指涂刷在材料表面能够干结成膜的有机涂料。用此种涂料做成的饰面即称为油漆饰面。我国古代采用漆树的树脂作涂料，称为“大漆”。以后人工制造的涂料均以干性或半干性植物油脂为基本原料，因此总称油漆。

油漆的分类和命名方法很多。按使用对象分，有地板漆、门窗漆等；按使用效果分，有清漆、色漆等；按使用方法分，有喷漆、烘漆等；按漆膜外观分，则又有有光漆、无光漆、皱纹漆等。目前被普遍接受的是按成膜物进行分类，便如油基漆（包括油性漆和磁性漆两种）、含油合成树脂漆、不含油合成树脂漆、纤维衍生物漆、橡胶衍生物漆等。

油漆墙面可以做成各种色彩，耐水、易于清洗。它可做成平涂漆，也可做成各种图案、纹理和拉毛。油漆拉毛分为石膏拉毛和油拉毛两种。石膏拉毛一般做法是将石膏粉加入适量水，不断地搅拌，待过水硬期后用刮刀平整地刮在墙面垫层上，然后拉毛，干后做油漆。油拉毛是用石膏粉加入适量水不停地搅拌，待水硬期过后注入油料（如光油）搅拌均匀刮在墙面垫层上，然后拉毛，干透后涂油漆。

用油漆做墙面装饰时，要求基层平整、充分干燥，且无任何细小裂纹。油漆墙面一般构造做法是：先在墙面上用水泥石灰砂浆打底，再用水泥、石灰膏、细黄砂粉面两层，总厚度 20mm 左右。最后刷光油漆或调和漆。一般情况下，油漆均涂刷一底二度。

建筑墙面装饰用的油基漆一般都为调和漆。所谓调和漆就是将基料、填料、颜料及其他辅料调制成的漆。它不同于无色透明的清漆。调和漆分油性调和漆和磁性调和漆，后者漆膜的光泽、硬度和强度都比油性调和漆好。

无光漆的色调柔和舒适，不反光，墙面基层微小的疵病不易反映出来，遮丑能力胜于有光漆，当前室内墙面装饰中应用也较广泛。

油漆用于室内有较好的装饰效果，易保持清洁，但涂层的耐久性差，同时对墙面基层要求较高，施工工序繁，工期长。随着涂料工业的发展，将被更合理的墙面装饰材料所代替。

**四、裱糊类饰面**

在我国用纸张、绫罗、锦缎等裱糊墙面，已有悠久的历史。

据文字记载，唐、宋时代的宫廷建筑中，用绢布之类裱贴墙面已非罕见，民间则开始采用手工印花墙纸。明朝学者李渔在他的著作《一家言·居室器玩部》中就有关于用洒金或绘制的纸张裱糊装饰室内的论述。现代室内装修中，裱糊类饰面的材料又有了日新月异的发展，塑料墙纸、塑料墙布品种繁多，通过印花、压花、发泡等工艺可仿制天然材料的纹理和图案，达到以假乱真的地步。此外，还有纤维壁纸、木屑壁纸、金属箔壁纸、皮革、人造革、锦缎等做小面积的装饰，富丽而舒适。

（一）墙纸饰面

壁纸是室内装饰中常用的一种装饰材料，不仅广泛地用于墙面装饰，也可应用于吊顶饰面。它具有色彩丰富、图案的装饰性强、易于擦洗等特点。同时，更新也比较容易，施工中湿作业减少，能提高工效，缩短工期。

墙纸的品种繁多，若按外观装饰效果分类，有印花墙纸、压花墙纸、浮雕墙纸等；从施工方法分有现场刷胶裱贴的，有背面预涂压敏胶直接铺贴的；若从墙纸的基层材料分有全塑料的、纸基的、布基的、石棉纤维或玻璃纤维基的。面层材料多数为聚乙烯或聚氯乙烯。面层花色多种多样，可根据需要选择。

最早用的贴墙纸是纸基、纸面，纸面上可印成各种图案。这种墙纸价格低，但强度和韧性差，不耐水，因而已被塑料墙纸所代替。

塑料墙纸是一种新型的装饰材料，根据其基层材料的不同，可分为全塑的（用得较少）、纸基的（用得最多）、布基的、石棉纤维基层的等不同的种类。塑料墙纸在国际上大致分为三类：普通墙纸、发泡墙纸、特种墙纸。

普通纸基墙纸花色品种多，适用面广，价格低。普通墙纸有单色压 花墙纸和印花压花墙纸。单色压花墙纸可制成仿丝绸、织锦等图案；印花压花墙纸可制成各种色彩图案，并可压出有立体感的凹凸花纹。这类墙纸多用于居住和公共建筑内墙饰面。

发泡墙纸经加热发泡可制成具有凹凸花纹的图案，它是一种用发泡塑胶在纸基上形成的表面柔软、有立体感的墙纸，具有装饰和吸声双重功能。还可制成似浮雕、仿木纹等花色，图样真实，立体感强，有弹性，装饰效果好。发泡墙纸是目前最常用的一种墙纸。

特种墙纸有耐水墙纸、防火墙纸、木屑墙纸、金属箔墙纸、彩色砂粒墙纸等。

耐水墙纸用玻璃纤维毡作基材，适用于卫生间、浴室等内墙饰面。

防火墙纸用石棉纸作基层，并在涂料中掺阻燃剂，具有一定的阻燃、防火性能。适用于防火要求较高的室内墙体饰面。

木屑墙纸是在双层墙纸中加细木屑而成，产生一种粗粒状效果。并可在纸上漆成各种颜色，表面粗犷，别具一格。

金属箔墙纸是用金箔、银箔制在纸基上，具有金色、银色的抛光表面，华贵又富丽的装饰效果异常突出。金属箔纸价格昂贵，一般用于高级公共厅堂。

彩色砂粒墙纸是在基材上散布彩色砂粒，再喷涂胶粘剂，使表面有砂粒毛面，一般作室内局部装饰。

纤维墙纸是用棉、麻、毛、丝等纤维织成墙纸胶贴在纸基上。这种墙纸质感强，并可使之与室内织物协调，以形成气氛高雅、舒适的环境。此外还有天然物料面墙纸，如用树叶、草、木材等制成墙纸，给人以回归大自然的感受。

几年前在墙面装饰上还出现了影画。即把彩色照片放得很大，复制到塑料墙纸上，供裱贴装饰使用。影画画面大，景深远，层次分明，视野开阔，能在室内看到大自然的景观。故常用于家庭客厅、旅馆饭店的迎宾墙面，也可用来烘托餐厅、商场营业厅等处所的环境气氛。这种影画墙纸贴在墙面上时，应上至顶棚，下及地面，四周不宜留边框，这样看上去真实自然。

各种墙纸均应粘贴在具有一定强度、表面平整、光洁、干净、不疏松掉粉的基层上。如水泥砂浆、混合砂浆、石灰砂浆抹面，纸筋灰、玻璃丝灰罩面，石膏板、石棉水泥板等预制板材，以及质量达到标准的现浇或预制混凝土墙体。一般构造方法是：在墙体上做12mm厚1∶3∶9水泥石灰砂浆打底，使墙面平整，再做8mm厚1∶3∶9水泥、石灰膏、细黄砂粉面。干燥后满刮腻子并用砂纸磨平，然后用白胶或107胶粘贴墙纸。近年来市场上又出现一种不干胶墙纸，可直接裱贴在做好的墙面基层或家具表面上。

裱糊墙纸的胶粘剂可用聚醋酸乙烯乳液或聚乙烯醇缩甲醛胶（即107胶），后者目前采用较多。若为透明墙纸，可在胶粘剂中掺入适量白胶。

（二）玻璃纤维墙布和无纺墙布饰面

严格地说，玻璃纤维墙布和无纺墙布都应被称为布基涂塑墙纸。

玻璃纤维墙布是以玻璃纤维布作为基材，表面涂布树脂，经染色、印花等工艺制成的墙布。这种饰面材料强度大，韧性好，耐水、耐火，可用水擦洗，本身有布纹质感，经套色印花后有较好的装饰效果，适用于室内饰面。玻璃纤维墙布的不足之处是它的盖底力稍差，当基层颜色有深浅时容易在裱糊面上显现出来；涂层一旦磨损破碎时有可能散落出少量玻璃纤维，要注意保养。

无纺墙布是采用棉、麻等天然纤维或涤、腈等合成纤维，经过无纺成型、上树脂、印制彩色花纹而成的一种新型高级饰面材料。无纺墙布挺括，富有弹性，不易折断，表面光洁而又有羊绒毛感，其色彩鲜艳，图案雅致，不褪色，具有一定透气性、可擦洗，施工简便。

裱糊玻璃纤维墙布和无纺墙布的方法大体与纸基壁纸类同，不予赘述，不同处有以下四点：其一是玻璃纤维墙布和无纺墙布不需吸水膨胀，可以直接裱糊。如预先湿水反而会因表面树脂涂层稍有膨胀而使墙布起皱，贴上墙后也难以平伏。

其二是这两种材料的材性与纸基不同，宜用聚醋酸乙烯乳液作为胶粘剂。贴玻璃纤维墙布用聚醋酸乙烯乳液：羧甲基纤维素（2.5%）水溶液＝60：40；贴无纺墙布用聚醋酸乙烯乳液：化学浆糊：水＝4：5：1；或聚醋酸乙烯乳液：羧甲基纤维素（2.5%）水溶液：水＝5：4：1。

其三是玻璃纤维墙布和无纺墙布盖底力稍差，如基层表面颜色较深时，应在胶粘剂中掺入10%白色涂料，如白色乳胶漆之类。相邻部位的基层颜色有深浅时，更应注意，以免完成的裱糊面色泽有差异。

其四是裱贴玻璃纤维墙布和无纺墙布，墙布背面不要刷胶粘剂，而要将胶粘剂刷在基层上。因为墙布有细小孔隙，本身吸湿很少，如果将胶粘剂刷在墙布背面，胶粘剂的胶会印透表面而出现胶痕，影响美观。这也是玻璃纤维墙布裱贴，为什么不用107胶做胶粘剂的缘故。淡黄色的107胶，通过表面的细小孔隙，浸到表面，干后会出现一片一片的黄色。

（三）丝绒和锦缎饰面

丝绒和锦缎是一种高级墙面装饰材料，其特点是绚丽多彩，质感温暖，古雅精致，色泽自然逼真。属于较高级的饰面材料，只适用于室内高级饰面裱糊。

其构造方法是：在墙面基层上用水泥砂浆找平后刷冷底子油，再做一毡二油防潮层，然后立木龙骨（断面为50mm×50mm），纵横双向间距450mm构成骨架。把胶合板（五层）钉在木龙骨上，最后在胶合板上用化学浆糊、107胶、墙纸胶或淀粉面糊裱贴丝、绒、锦缎。构造见图2-27。

（四）皮革与人造革饰面

皮革与人造革墙面是一种高级墙面装饰材料，格调高雅，触感柔软、温暖，耐磨并且有消声消震特性。

皮革与人造革饰面一般构造方法是：将墙面先做防潮处理，即用1：3水泥砂浆20mm

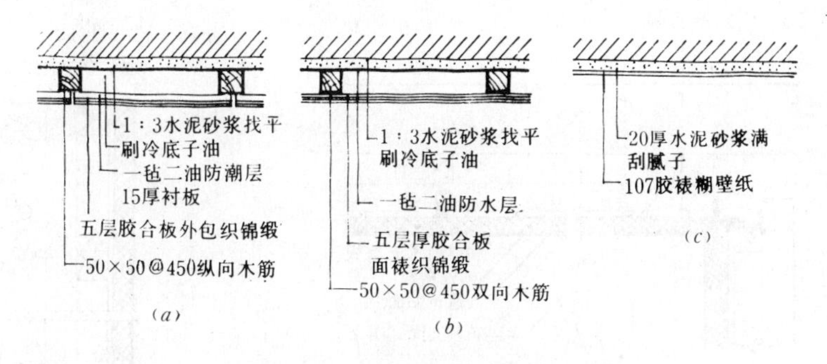


图 2-27 裱糊类墙面构造

(a) 分块式织锦缎；(b) 织锦缎；(c) 塑料墙纸或墙布

厚找平墙面并涂刷冷底子油，再做一毡二油。然后立墙筋，墙筋一般是采用断面为20～50mm×40～50mm的木条，双向钉于预埋在砖墙或混凝土墙中的木砖或木楔之上。在砖墙或混凝土墙上埋入木砖（或木楔）的间距尺寸，同墙筋的间距尺寸一样。一般为400～600mm，按设计中的分格需要来划分。常见的划分尺寸为450mm×450mm见方。墙筋固定好后，将五合板做衬板钉于木墙筋之上。然后，以皮革或人造革包矿棉（或泡沫塑料、棕丝、玻璃棉等）覆于五合板之上，并采用暗钉口将其钉在墙筋上。最后，以电化铝帽头钉按划分的分格尺寸在每一分块的四角钉入即可。

皮革或人造革墙面可用于健身房、练功房、幼儿园等要求防止碰撞的房间，以及酒吧台、餐厅、会客室、客房、起居室等，以使环境优雅、舒适。也适用于电话间、录音室等声学要求较高的房间。

图 2-28、图 2-29 为皮革或人造革墙面构造。

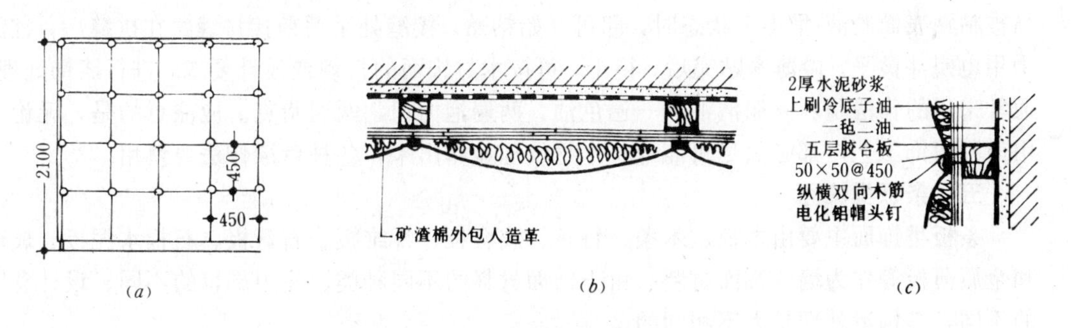


图 2-28 皮革或人造革饰面构造（一）

(a) 局部立面；(b) 剖面；(c) 节点详图

（五）微薄木饰面

微薄木是由天然木材经机械旋切加工而成的薄木片。其特点是厚薄均匀、木纹清晰、材质优良，并且保持了天然木材的真实质感。微薄木是一种新型的高挡室内装饰材料，由于它是天然木材经加工而成的，因此，其表面可以着色，可以涂刷各种油漆，也可模仿木制品的涂饰工艺，做成清漆或腊克等。微薄木的这一特色，使得它更易为人们所接受。目前国内供应的微薄木，是经旋切后再复上一层增强用的衬纸所形成的复合贴面材料，一般规格尺寸为2100mm×1350mm×0.03mm。

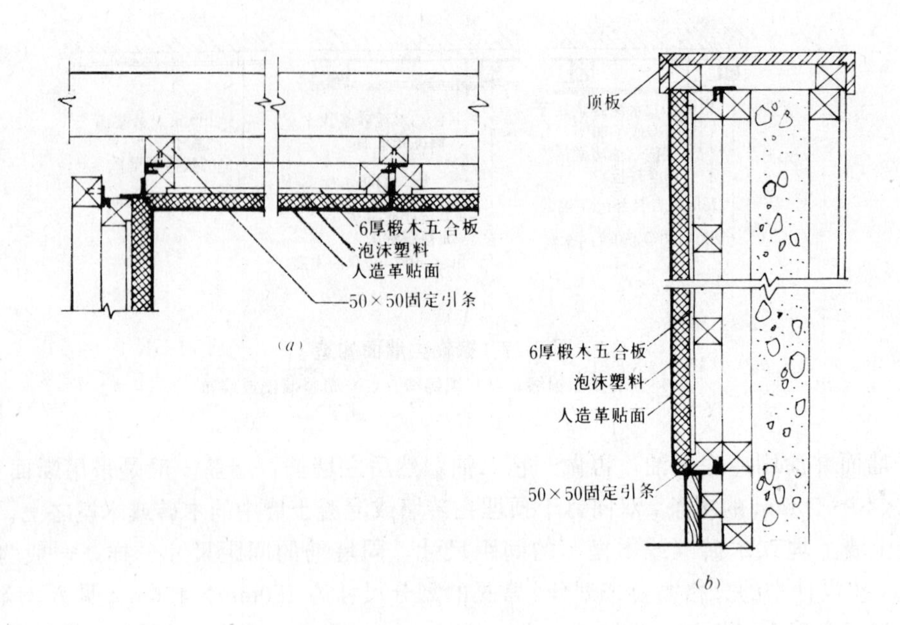


图 2-29 皮革或人造革饰面构造（二）
(*a*) 横剖面；(*b*) 纵剖面

微薄木在粘贴前，应用清水喷洒，然后放在平整的纤维板上晾至九成干，使卷曲的微薄木伸直后方可粘贴。在基层上以 化学浆糊加老粉调成腻子，满批两遍，干后以 0 号砂纸打磨平整，再满涂清油（清漆＋香蕉水）一道。然后在微薄木背面和基层表面同时均匀涂刷胶液（聚醋酸乙烯乳液：107 胶＝70：30)，不宜有漏胶的部位。涂胶后晾置 10～15min，当被粘贴表面胶液 呈半干状态时，即可开始粘贴。接缝处采用衔接拼缝。在拼缝后，宜随手用电熨斗烫平。微薄木贴完后，待干，可按木材饰面的常规或设计要求，进行漆饰处理。通常采用的作法是：一遍清油，一遍色油，两遍泡力司，两遍腊克。应注意的是，无论采用何种漆饰工艺，都必须尽可能地将木材纹理显露出来，各种色漆作法要慎用。

**五、条板类饰面**

条板类饰面主要由木板、木条、竹条、胶合板、纤维板、石膏板、石棉水泥板、玻璃和金属薄板等作为墙体饰面材料。由于饰面材料的不同种类、使用部位的不同、设计意图的不同，其构造处理是大不相同的。

（一）木、竹条板饰面

用木条、木板做墙体饰面，使人感到温暖亲切、舒适，外观如保持本来的纹理和色泽更显质朴、高雅。常用于高级宾馆、住宅等处所内人们容易接触的部位，可做成墙裙（1.0～1.8m）或一直到顶。一般构造方法是：在墙内预埋防腐木砖，在木砖上立墙筋（木骨架）间距 400～600mm（根据面板规格定)，竖向、水平两个方向间距相同，构成木筋网。木筋断面 20～45mm×40～50mm。然后将面板用钉子钉与其上，也可以胶粘加钉接，或用螺丝直接固定。为了防止墙体的潮气使面板变形，应采取防潮构造措施。做法是先将墙面以防潮砂浆抹灰，干燥后刷一遍冷底子油，然后贴上油毡防潮层，必要时在护壁板上、下留透气孔通风，以保证墙筋及面板干燥。也可以通过埋在墙体内木砖的出挑，使面板、木筋和墙面之间离开一段距离，避免墙体潮气对面板的影响。

木护墙、木墙裙等的细部构造处理，是影响木装饰效果及质量的重要因素。通常，板与板的拼接，按拼缝的处理方法，可分为平缝，高低缝、压条、密缝、离缝等方式，如图2-30所示。踢脚板的处理，也是多种多样的，主要有外凸式与内凹式两种处理，当护墙板与墙之间距离较大时，一般宜采用内凹式处理，而且踢脚板与地面之间宜平接，可以参看图2-31。在护墙板与顶棚交接处的收口，以及木墙裙的上端，一般宜作压顶或压条处理，具体构造可参看图2-32所示。至于阴角和阳角处的拐角处理，可采用对接、斜口对接、企口对接、填块等方法，如图2-33所示。

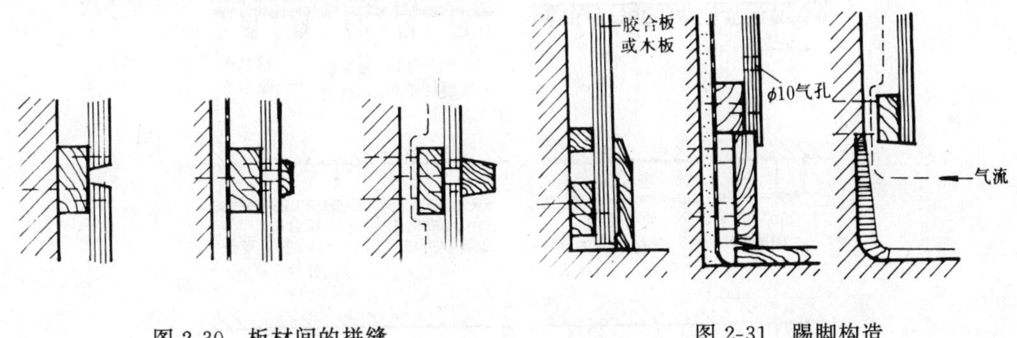


图2-30　板材间的拼缝

图2-31　踢脚构造

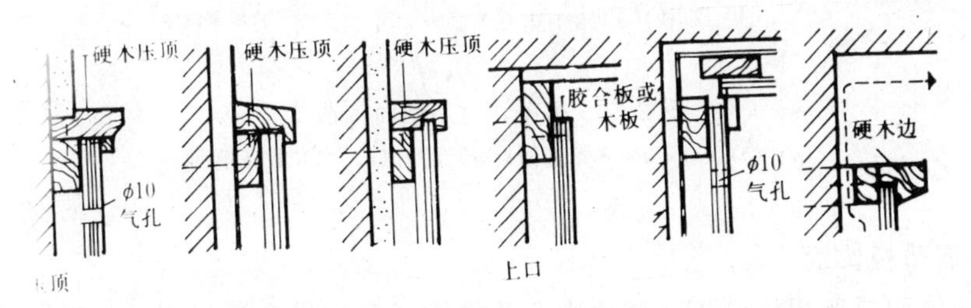


图2-32　上口及压顶处理

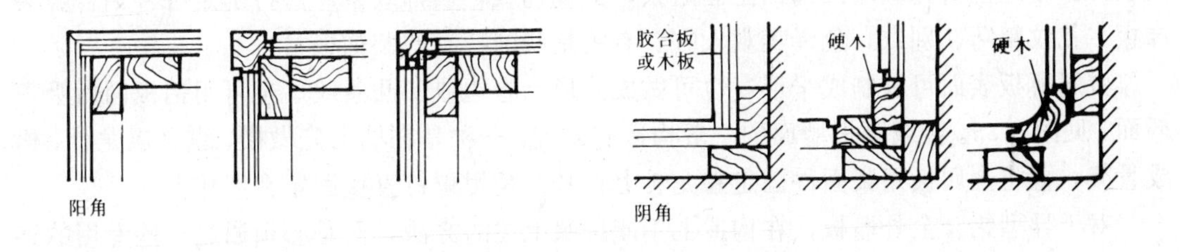


图2-33　阳角和阴角的构造处理

表面粗糙的木板材，如甘蔗板、刨花板等具有一定吸声性能，一般用于观众厅。

竹墙面清新、挺直，有独特的风格和浓郁的地方色彩，使人产生与大自然的联想，用于公共和居住建筑。竹材光洁、坚硬，组织细密，可用来做护壁。一般做法是选用直径均匀的竹材，$\phi$20mm左右，整圆或半圆固定在木框上，再镶嵌在墙面上。大直径的竹材可剖成片，将竹青做面层。

图 2-34 为木条、竹条墙面的一般做法。

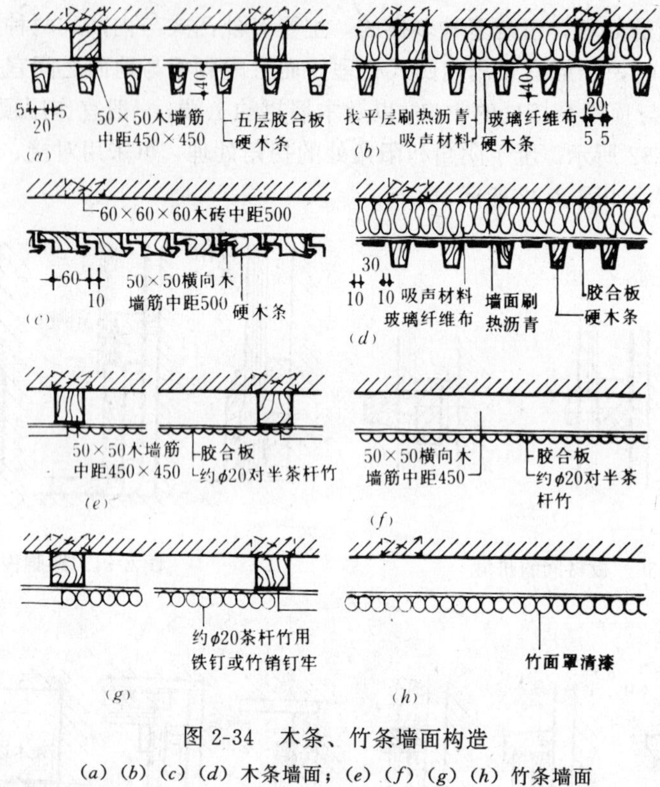


图 2-34 木条、竹条墙面构造

(*a*)(*b*)(*c*)(*d*)木条墙面；(*e*)(*f*)(*g*)(*h*)竹条墙面

（二）金属薄板饰面

金属薄板饰面是利用铝、铜、铝合金、不锈钢、钢材等金属材料经加工制成薄板，也可在这些薄板上做烤漆、喷漆、镀锌、搪瓷、电化覆盖塑料等处理，然后用来做室内外墙面装饰。用这些材料做墙面饰面坚固耐久，美观别致，装饰效果好。特别是各种铝合金装饰板，花纹精巧、别致，色泽美观大方。有的是我国特有的装饰板材。

金属薄板表面可以制成平形，也可做成波形、卷边或凹凸条纹。也可用铝板网做吸声墙面，见图 2-35。金属薄板墙面的一般构造有二种，一种是在墙上先做横、纵金属龙骨，构成骨架，再将金属板用紧固件固定在龙骨上；其二是用螺钉直接固定在墙体上。

对于异型铝合金外墙板，在构造上不能按照上述的方法，而是必须通过一些专用的连接件，将墙板与骨架连成整体。图 2-36 所示的是铝合金蜂窝外墙板的构造固定方法。这种方法，对于各种含有空腔的异型板材，都是比较适用的。图 2-37 所示的是铝合金蜂窝外墙板的阳角处理方法。由图可见，它不仅要更为复杂一些，且需采用专门的铝合金阳角板。阴角处理可仿此进行。图 2-38 所示的是条板墙面的构造。图中所示为上部压顶防水条、滴水及窗台披水条的做法。

（三）玻璃饰面

玻璃饰面是选用平板玻璃、压花玻璃、磨砂玻璃、镜面玻璃等作为饰面的墙面。采用

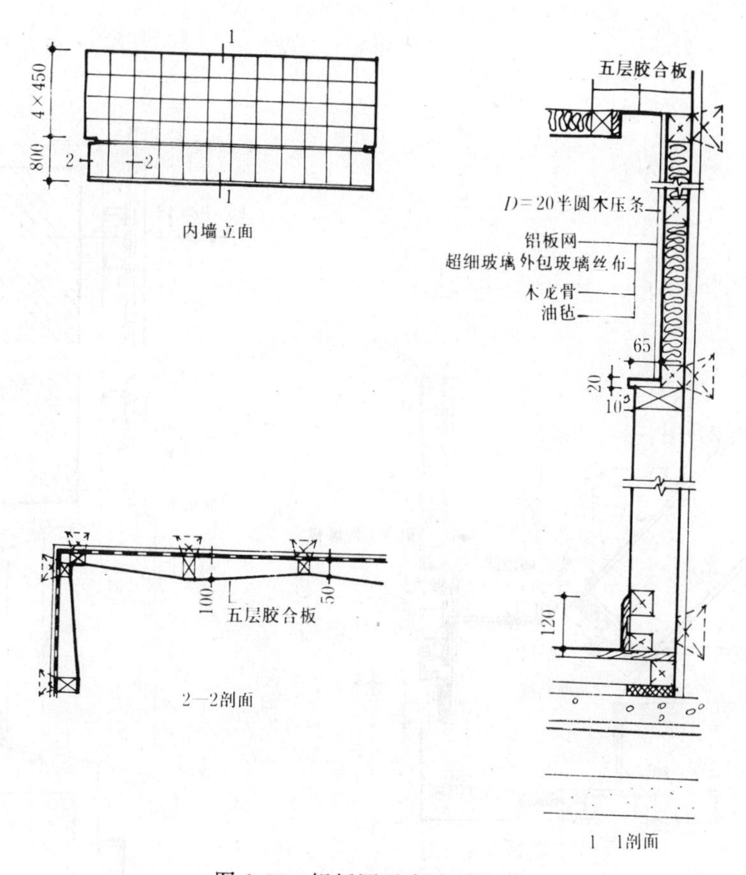


图 2-35　铝板网吸声墙面构造

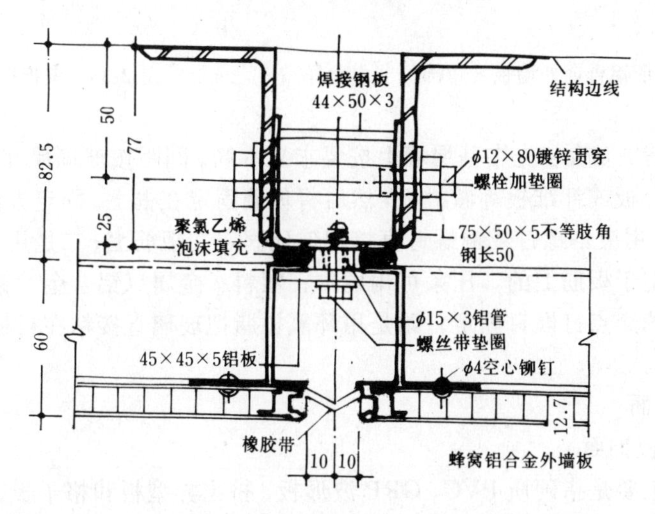


图 2-36　铝合金外墙板安装节点大样

镜面玻璃墙面可以使视觉延伸，扩大空间感，使玻璃墙面美观、清洁，如与灯具和照明结合起来，或光彩夺目、或温馨宁静，形成各种不同的环境气氛与光影趣味。但玻璃饰面容易破碎，故不宜设在墙、柱面较低的部位，或用墙裙、花台、水池等加以保护。

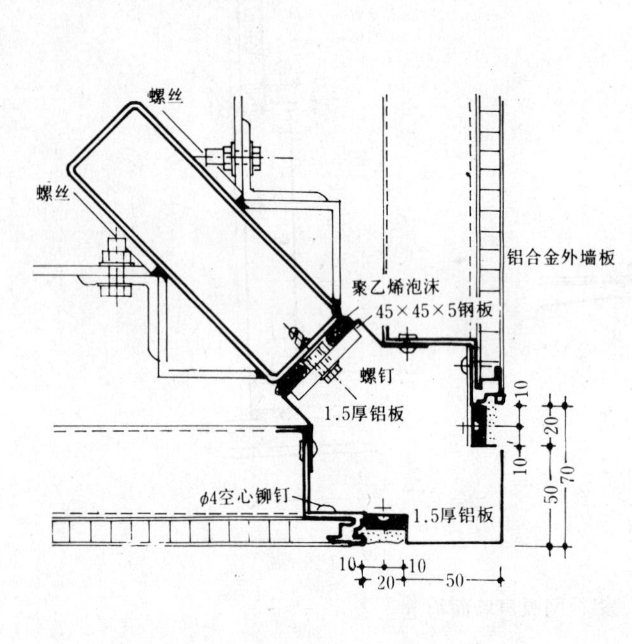


图 2-37　异形铝合金外墙板转角部位节点大样

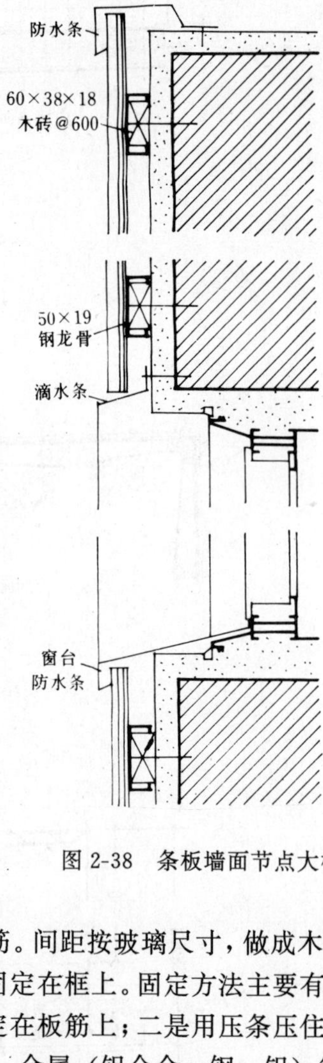

图 2-38　条板墙面节点大样

玻璃饰面构造方法是：先在基层墙上按要求立木筋。间距按玻璃尺寸，做成木框格。在木筋上钉一层胶合板或纤维板等做衬板，然后将玻璃固定在框上。固定方法主要有四种：一是在玻璃上钻孔，用镀铬螺钉或铜螺钉直接把玻璃固定在板筋上；二是用压条压住玻璃，而压条是用螺钉固定于板筋上的，压条可用硬木、塑料、金属（铝合金、钢、铝）等材料制成；三是在玻璃的交点钉嵌钉固定；四是用环氧树脂把玻璃直接粘在衬板上。构造方法见图 2-39 所示。

（四）其他饰面

1. 塑料护墙板饰面

塑料护墙板主要是指硬质 PVC、GRP 波形板、挤出异型板和格子板。这三种板材饰面的构造方法一般是先在墙体上固定好搁栅，然后用卡子或与板材配套专门的卡入式连接件将护墙板固定在搁栅上。这样在护墙板和墙体之间就形成了一个空气夹层，潮气可以通过墙体进入空气夹层，然后通过对流排出。从另一个方面考虑，这个空气夹层的存在，也使得墙体的隔热、隔声等性能得以提高。

2. 石膏板饰面

石膏板是用石膏、废纸浆及其他纤维、聚乙烯醇粘结剂和泡沫剂制成的。有纸面石膏

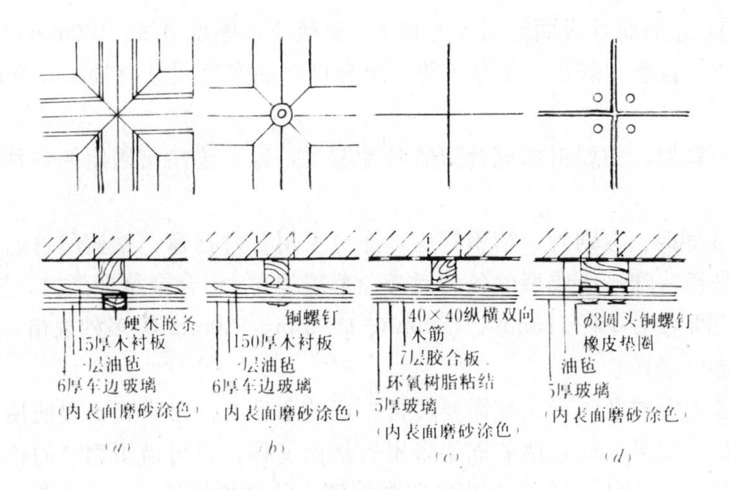


图 2-39　玻璃墙面一般构造

(*a*) 嵌条；(*b*) 嵌钉；(*c*) 粘贴；(*d*) 螺钉

板、纤维石膏板和空心石膏板三种。它具有可钉、可锯、可钻等加工性能，并且有防火、隔声、质轻、不受虫蛀等优点。表面可以油化、喷刷各种涂料及裱糊壁纸和织物。但其防潮、防水性能较差。

石膏板一般构造做法是直接粘贴在墙面上，或钉在龙骨上。墙体在刮腻子前要涂刷防潮涂料。

若做轻质隔墙还可在龙骨间填充吸声材料，用以提高隔墙的吸声性能。

3. 装饰吸声板饰面

装饰吸声板的种类很多，常用的有：石膏纤维装饰吸声板、软质纤维装饰吸声板、硬质纤维装饰吸声板、钙塑泡沫装饰吸声板、矿棉装饰吸声板、玻璃棉装饰吸声板、聚苯乙烯泡沫塑料装饰吸声板、珍珠岩装饰吸声板等等。这些板材都有良好的吸声效果和装饰效果，施工方便，可以直接贴在墙面上或钉在龙骨上。多用于室内墙面。

## 六、玻璃幕墙

“幕墙”通常是指悬挂在建筑物结构框架表面的非承重墙。玻璃幕墙，主要是应用玻璃这种饰面材料，覆盖建筑物的表面。它的自重及受到的风荷载是通过连接件传到建筑物的结构框架上。玻璃幕墙主要由玻璃和固定它的骨架系统 二大部分组成。当然，从广义上说，“幕墙”二字还包括其他各种各样的体系。

大面积的玻璃装饰于建筑物的外立面，使建筑物显得别具一格。光亮、明快、挺拔，较之其他饰面材料，无论在色彩，还是在光泽方面，都给人一种全新的概念。特别是应用热反射玻璃，将建筑物周围的景物、蓝天、白云等自然现象，都映到建筑物的表面，从而使建筑物的外表情景交融、层层交错，大有变幻莫测的感觉。近看，景物丰富；远看，又有熠熠成辉，光彩照人的效果。

玻璃幕墙的饰面玻璃，主要有热反射玻璃（俗称镜面玻璃）、吸热玻璃（亦称染色玻璃）、双层中空玻璃及夹层玻璃、夹丝玻璃、钢化玻璃等品种。另外，各种无色或着色的浮法玻璃也常被采用。从上述玻璃的特性来讲，通常将前三种玻璃称为节能玻璃，将夹层玻璃 、夹丝玻璃及钢化玻璃等称为安全玻璃。而各种浮法玻璃则仅具有机械磨光玻璃的光学性能，两面平整、光洁而且板面规格尺寸较大。玻璃原片厚度有 3～100mm 等不同规格，色彩有无色、茶色、蓝色、灰色、灰绿色等。组合件产品厚度尺寸有 6mm、9mm、12mm 等规格。

玻璃幕墙的骨架，主要有构成骨架的各种型材，以及连接与固定的各种连接件、紧固件组成。

型材可采用角钢、方钢管、槽钢等等，亦可采用各种钢窗、钢板门窗的成型框料，但用得最多的还是经特殊挤压成型的各种铝合金幕墙型材。铝合金幕墙型材，主要有立柱、横挡两种类型。其断面尺寸有 115mm、130mm、160mm、180mm 等多种规格，可根据使用要求、刚度要求进行选择。

当玻璃幕墙需做成圆弧形，或需要转折一定的角度时，常常还需要使用立柱转角型材或横挡转角型材。如果玻璃幕墙的框架采用的是钢窗料，也可借用钢窗的拼樘构造来实现这种曲面或转角处理。图 2-40 所示的是实腹钢侧窗的拼樘构造节点，显然，稍加变化即可使相连的两樘窗户互为一定的角度。最后，顺便说明一点，玻璃幕墙中的圆弧面及曲面，实际上只能通过一系列的短折线来构造。因此，在非作曲面处理不可时，尽可能减小窗樘的尺寸，是保证玻璃幕墙尽可能按需形成曲面的主要条件。

当玻璃幕墙的框架采用的是角钢、槽钢或空腹方钢等钢类型材时，框架与玻璃的固定常需采用一些配件。但这些配件及玻璃固定的构造，不须采用任何专用配件或特殊构造，只须模仿铝合金（或塑料）异型复合墙板固定时的方法来处理。图 2-41 所示的是采用这类型材的固定玻璃的连接件及玻璃收边用的板框，显然，与前述的板材固定时的配件是一样的。

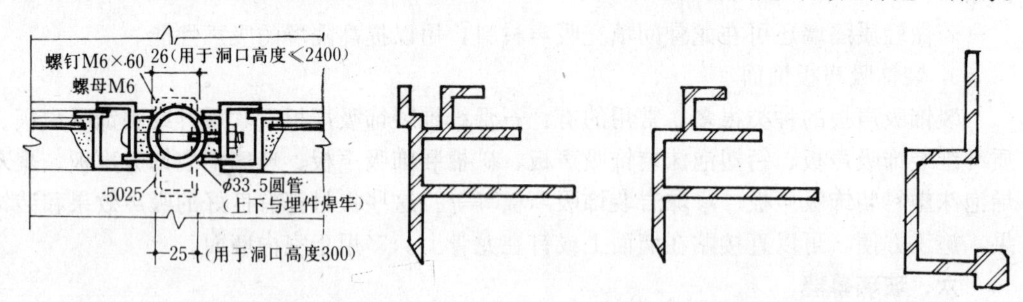


图 2-40　实腹钢窗拼樘节点　　图 2-41　在型钢框架上固定玻璃的配件

玻璃幕墙常用的紧固件主要有膨胀螺栓、铝拉钉、射钉等。连接件大多用角钢、槽钢或钢板加工而成，其形式与断面因使用部位及幕墙结构的不同而不同。玻璃幕墙的结构主要可分为饰面玻璃和固定玻璃的骨架二大部分。由骨架固定并支撑玻璃这种结构形式，是目前大部分玻璃幕墙所采用的结构形式。但也有一些特殊结构形式，例如，玻璃与骨架合为一体的没有骨架的玻璃幕墙，玻璃本身具有承受自重及其他荷载的能力，而不用骨架支托。安装时玻璃直接与主体结构固定。

虽然玻璃幕墙的结构可以概括为二大部分，但在具体构造上，可因主体结构的形式不同，选用不同的骨架及玻璃材料，这样，就有可能造成构造节点有所不同。其突出的问题是在如何固定玻璃的办法上。玻璃的安装，既要安全、牢固，又要简便易行。否则，再稳妥的构造，但现场难于掌握，它的安全度将受到影响。下面按骨架体系的类型分述玻璃幕墙的构造。

（一）型钢框架体系的构造

型钢框架体系是以型钢做玻璃幕墙的骨架，将铝合金框与骨架固定，然后再将玻璃镶嵌在铝合金框内。但也可不用铝合金框，而完全用型钢组成玻璃幕墙的框架。如以钢窗料为框架做成的玻璃幕墙即属此类。

这种类型的玻璃幕墙，由于用型钢组成幕墙的框架，可以充分利用钢结构强度高的特点，使得固定框架的锚固点间距可以增大，更适用于较为开敞的空间，如：门厅、大堂等部位。

为了增强装饰效果，对于型钢框架可采用成形的铝合金薄板外包装饰，表面可经过阳极氧化着色处理，色彩和装饰效果均同铝合金窗框。这种饰面方法，是目前常用的处理办法，除了装饰效果好以外，操作简单，工效也快。型钢框架也可采用将型钢外露部分刷漆的方法，装饰效果也很好。但是要按高级油漆施工工艺去施工。否则，由于漆膜厚度不够，平整度也不够，影响漆膜的观感，装饰效果也将受到严重影响。

用型钢组成的框架，虽然网格尺寸可适当加大，但对主要受弯构件，最大挠度仍宜控制在 5mm 以内，否则将影响玻璃的安装。

如果单块玻璃面积较小，也可只用方钢管作为竖向杆件，然后将铝合金窗直接固定于竖向杆件上。此时竖向杆是主要受力杆件，应通过连结件固定在结构上。

近几年，国内逐步推出了彩色钢板门窗（包括涂色和电解着色），其色彩品种很多，尺寸精确度较高。这种装饰性较强的空腹钢窗的出现，预计将会增加型钢框架体系在玻璃幕墙工程中的应用。

型钢框架体系玻璃幕墙的节点构造，与普通钢门窗或铝合金门窗的安装节点构造并无两样，只不过是将窗户的总面积（或建筑的开口部）扩大了而已。为了节省篇幅，就不重复介绍了。如有需要，可查阅国家建委组织编制的全国通用建筑配件标准图集等资料，也可参阅本书中铝合金墙面中的龙骨固定方法等。需要说明的是，这种玻璃幕墙体系所包括的范围是很广的，不仅可以不采取先在型钢龙骨上固定铝合金窗框，然后再按装玻璃的方法，而且可以完全以实腹或空腹钢窗料来构成，也可以不用任何成型的钢窗料，而完全以角钢、槽钢、工字钢及钢板等来构成，因此可使造价大为降低。

（二）铝合金型材框架体系的构造

铝合金型材框架体系是以铝合金型材作为玻璃幕墙的框架，将玻璃镶嵌在框架的凹槽内。这种结构体系的玻璃幕墙的最大特点在于框架型材本身兼有龙骨及固定玻璃的双重作用，即在龙骨上已加工有固定玻璃的凹槽，而不用另行安装其它配件。这样使骨架和框架合为一体，一根杆件，可以同时满足二个方面的要求。这种结构类型是玻璃幕墙目前应用最多的一种形式。至于铝合金型材的断面尺寸，应根据使用部位和抗风压能力经过结构计算和方案比较后方能确定。

铝合金型材框架体系玻璃幕墙的构造从以下几方面来分述：

1．立柱的安装构造

铝合金玻璃幕墙型材中的立柱与主体结构之间的连接，应采用连接板来固定，连接板大多数采用的是角钢。固定时一般用二根角钢，将角钢的一条肢与主体结构相连，另一条肢与立柱相连，如图 2-42 所示。角钢与立柱间的连接，宜采用不锈钢螺栓，以避免在接合部因两种金属间的电化学腐蚀而引起结构的破坏。

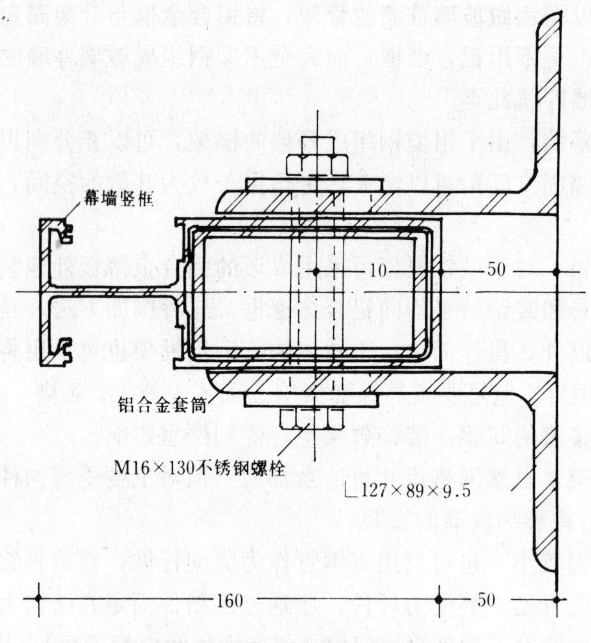


图 2-42　立柱固定节点构造

对于大面积的玻璃幕墙来说都存在需将骨架构件接长的问题，尤其是竖向杆件。对型钢一类的骨架来说，这种接长处理是比较容易的，只须对接即可。但对铝合金框架来说，由于其是薄壁空腹构件，则不能简单的以对接处理，而需采用一些专用的连接件。目前用得比较多的方法是，以空腹方钢（或将二根角钢对焊成方钢管）分别穿入需连接的两根杆件的端部，然后以不锈钢螺栓固定，如图 2-43 所示。

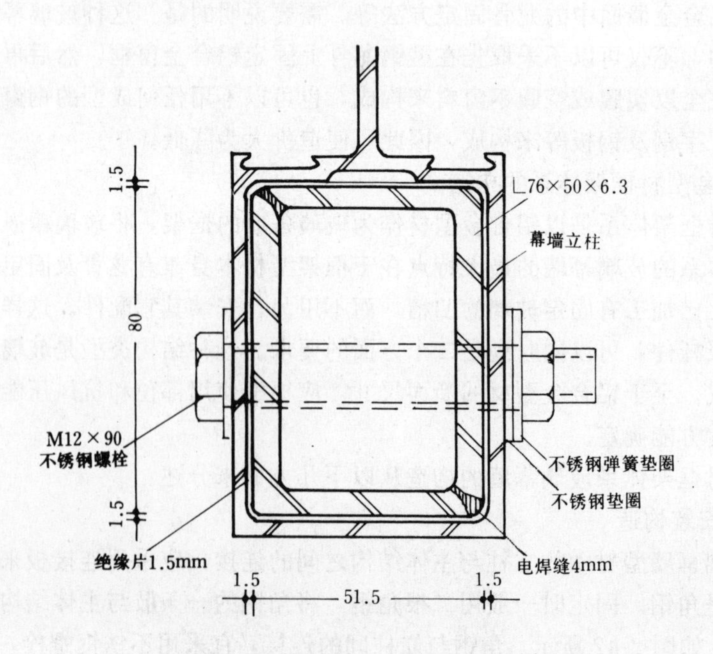


图 2-43　铝合金立柱接长法示意

2. 玻璃的安装构造

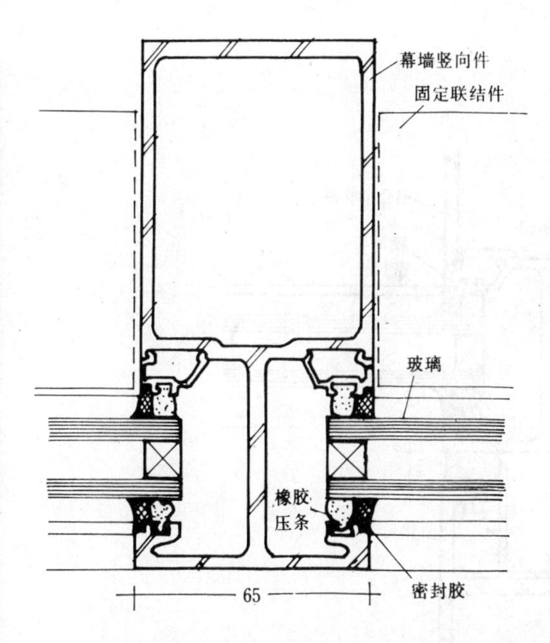


图 2-44 双层中空玻璃在立柱上的安装构造

在铝合金立柱上固定玻璃，其构造主要包括玻璃、压条和封缝三个方面。压条常用的有铝合金压条或橡胶压条。其基本的安装构造，如图 2-44 所示。

在横档上安装玻璃时，其构造与在立柱上安装玻璃的构造稍有不同。这种差异主要表现在玻璃的下方加设了定位垫块。另外，横档上支承玻璃的部位是倾斜的，其目的是为了便于排除因密封不严而流入凹槽内的雨水，外侧用一条盖板封住。因此，定位垫块的制作必须与此部位的斜度相适应。图 2-45 所示的是在横档上安装玻璃的构造。

必须注意的是，由于玻璃是脆性材料，而且幕墙的面积较大，为了避免玻璃因温度而形变导致玻璃幕墙的破裂，玻璃幕墙上玻璃的安装与固定，应采取可动固定的方式来安装。即封缝材料应采用弹性密封材料，而不宜采用传统的玻璃腻子，并且在玻璃的周边应留有一定的间隙。这从图 2-44 和图 2-45 中可以看出，在玻璃与立柱之间，即玻璃与上方横档之间留有一定间隙，以适应玻璃的变形需要。在玻璃与下方横档之间加设了垫块，这是为了避免玻璃直接与坚硬的金属发生碰撞，而以弹性材料来过渡，起缓冲的作用。当然，如前所述，该垫块还兼定位之用。

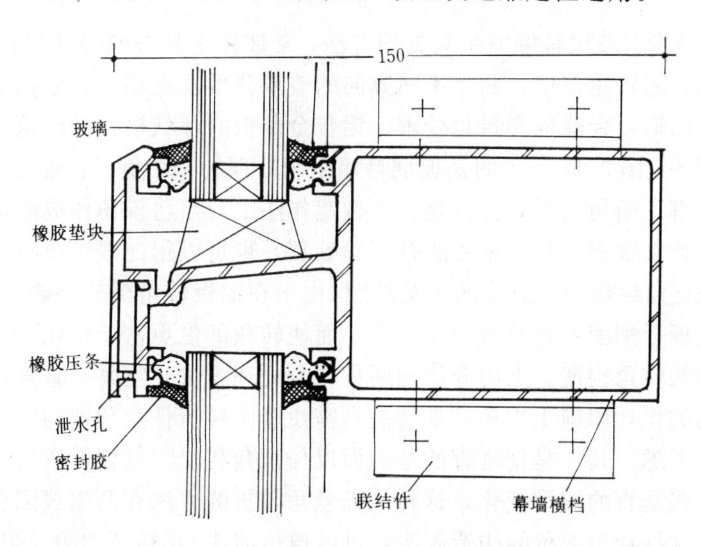


图 2-45 铝合金横档上玻璃的安装构造

3. 转角部位的构造处理

玻璃幕墙转角部位的构造处理有多种多样的形式，下面分类予以介绍。

(1) 阴角的构造。玻璃幕墙的阴角处理方法，亦称作 90°内转角的构造处理。它是将两根立柱呈垂直布置，立柱之间的间隙，外侧用封缝材料进行密封，内侧则以成形薄铝板饰面，其构造做法如图 2-46 所示。

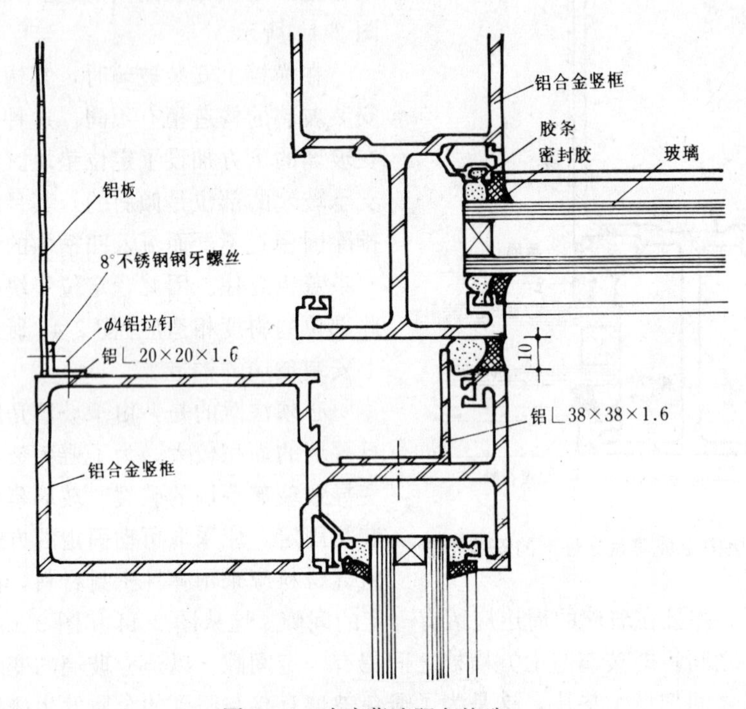


图 2-46　玻璃幕墙阴角构造

(2) 阳角的构造。玻璃幕墙的阳角处理方法，常被称作 90°外转角的构造处理，这种情况多出现在建筑物的转角部位，两个不同方向的玻璃幕墙垂直相交。它也是将两根立柱呈垂直布置，然后以铝合金薄板作封角处理。铝合金薄板的形状根据对建筑立面的不同要求可以是多种多样的。图 2-47 所示的是玻璃幕墙阳角处理的一个例子，通过转角过渡的铝合金板，使该角具有了阳角的形式。但是，在构造作法上，与将该角作成阳角的直角封板处理方法，并没有什么区别。这里采用的是直角处理，也可以用曲线铝板将两个方向的幕墙相连。图 2-48 是直角封板处理方法的示意简图，由于在铝板转角部分将端部的直角切去，然后用二条铝合金板分别固定在幕墙的结构上，而使转角部位更富于变化、更趋自然。

(3) 任意角的转角构造。上面介绍的两种转角处理方法，均是在直角情况下的处理方法。但玻璃幕墙的设计和施工中还常常会碰到需使墙面转折任意角度的问题，这种问题可分作两个方面来考虑。其一是使垂直的幕墙面以任意角相交，这样做所得到的效果相当于在立面上作了一些垂直的线型变化，这种从任意角转折的方法在凸出式阳台、玻璃暖廊等部位用得较多。这种转角部位的构造做法，可以模仿前述 90°转角中阴、阳角的处理方法，即以铝合金板为过渡实现转角。在转角部位，分别用立柱在两个方向固定，然后再用铝合金板收口，如图 2-49 所示。但目前用得较多的方法，尤其是在专业性玻璃幕墙公司的施工中，是利用各种按设计要求专门加工的转角件来完成转角。即将立柱按设计中的要求加工成具有规定弯曲角度的立柱，其它一切均按前述的方法处理即可。这种方法的优点是施工

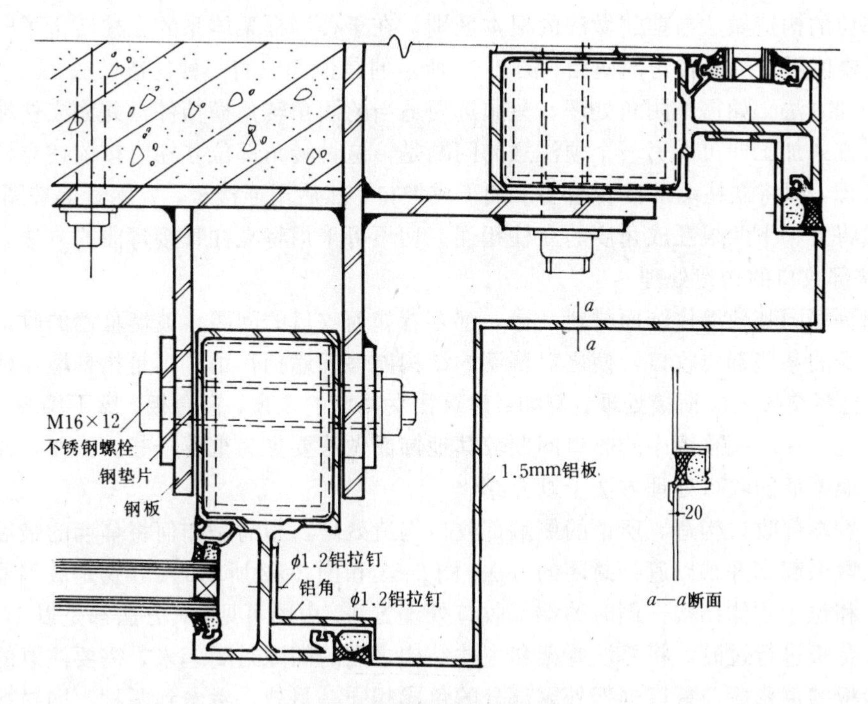


图 2-47 玻璃幕墙阳角构造

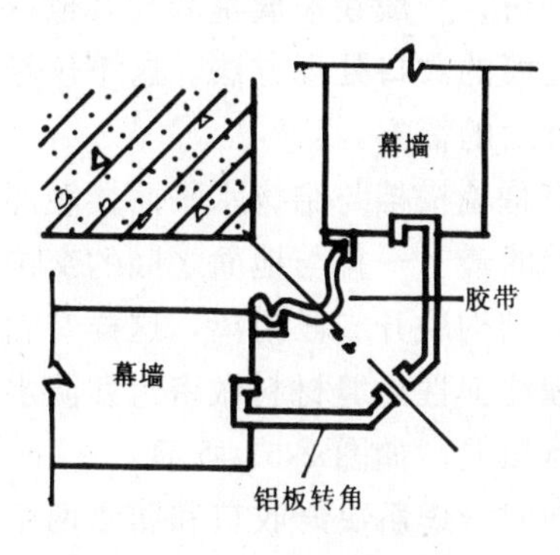


图 2-48 直角封板转角构造示意

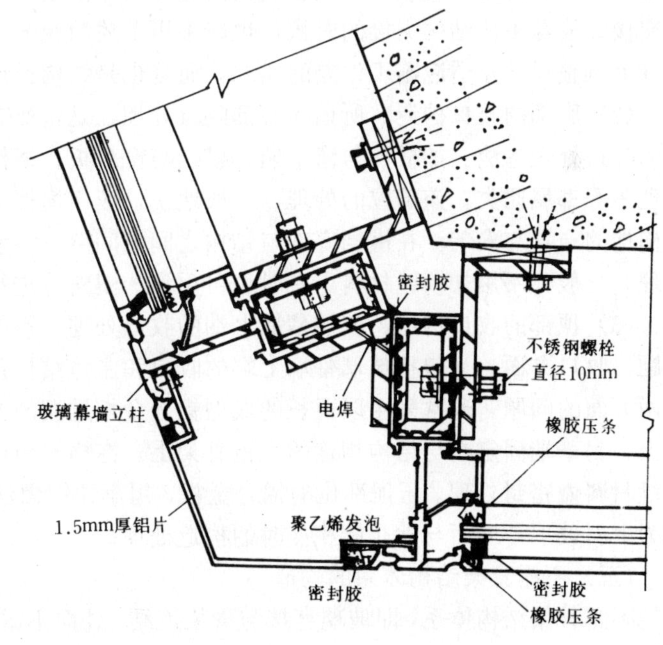


图 2-49 任意角度阳角转角构造

迅速、简便，质量容易保证。

另外一种情况，是在幕墙面上的某一水平部分需向室内一侧凹入或向室外一侧凸出时所碰到的。这样做法所得到的效果，相当于在立面上作了一些水平线型的变化。从局部效果来说，使幕墙面不仅兼具窗与墙的功用，而且还在某种意义上与采光顶棚等兼容起来，使人无法确认该部位到底应算作是窗、是墙、还是采光顶，因此具有很特殊的装饰效果。这种转角部位的构造做法与前述做法的根本区别，在于幕墙框架体系的立柱转折了一定的角度，并且要使用专门的转角部横档。图 2-50 所示的是该部位的一种构造做法，图中所示的是阳角处理方法，如需作阴角处理，只须选用适当的阴角转角横档件，并将立柱端部按阴角相交的方式加工即可。另一个须注意的问题是，这种转角部位立柱应按前述立柱接长的方法来处理，即将立柱端部按转角要求加工成坡口，然后用连接板、方钢管等按图 2-43 所示的方式将上、下两根互成角度的立柱相连。切不可采用将立柱直接弯曲的方法。

4. 端部收口的构造处理

玻璃幕墙同其他墙体饰面材料一样，都存着如何收口的问题。玻璃幕墙的收口，一是指幕墙本身的某些部位收口，使之对幕墙的结构能够起遮挡作用；二是指幕墙在建筑物洞口、两种材料交接处的衔接处理。例如：建筑物女儿墙的压顶、窗台板、窗下墙等部位。而且一般来说，在玻璃幕墙中的收口问题较其他饰面做法要更为重要一些。下面，通过一些例子对玻璃幕墙的收口处理方法予以介绍。

（1）侧端部收口构造。所谓的侧端部收口构造处理，指的是如何将幕墙的最后一根立柱与结构联系起来并加以遮挡封闭的方法。图 2-51 和图 2-52 所示的，分别是玻璃幕墙位于结构前方和位于主体结构一侧时的端部收口处理方法。由图可见，其方法都是以 1.5mm 厚成型铝合金板进行过渡，将幕墙骨架和主体结构之间的间隙封闭起来。需要注意的是，成型铝合金板的色彩应与幕墙框架外露部分的色彩相同。另外，考虑到两种不同材料间收缩值不一致的影响，在饰面铝合金板与立柱之间、饰面铝合金板与主体结构之间均应以弹性封缝材料作密封处理。最后，须特别指出的是，即使条件许可，一般在玻璃幕墙与其他材料交接、或与主体结构交接的时候，也应采用上述的脱开过渡的收口处理方法。这不仅是设计上调整尺寸及适应施工误差的需要，而且也是结构设计上的需要。

（2）底部的收口构造。所谓的底部收口处理，是指所有幕墙横档与结构水平面接触部位的收口处理方法。如横档与窗下墙、横档与窗台板、横档的最下一排与地面之间的交接处理等等都属此类。该部位的处理，一般地说，应使横档与结构脱开一段距离，这样有利于横档的布置与安装。在横档底部与结构之间的间隙，可灌注弹性封缝材料做密封和防水处理。一般，不用加填缝材料。有时也可用泡沫塑料等进行填缝。如图 2-53 所示。

（3）顶部的收口构造。玻璃幕墙上端的收口处理，需同时考虑解决好收口和防水两个问题。收口方面，又包括玻璃幕墙上端的收口和主体结构顶部（如女儿墙压顶）的收口处理两方面的问题。通常采用以通长的成型铝合金板过渡的方法，铝合金板的一端固定在横档上，另一端固定在与结构相连的型钢骨架上。在横档与成型铝合金板相交处，应以弹性封缝材料做密封处理。压顶部位的铝合金板，用不锈钢螺丝固定在型钢骨架上。图 2-54 所示为上斜玻璃幕墙面与女儿墙相接时的构造处理。

（三）不露骨架结构体系的构造

不露骨架结构体系，即玻璃直接与骨架连结，外面不露骨架。这种类型的玻璃幕墙，最大特点在于立面既不见骨架，也不见窗框。所以，使得玻璃幕墙的外表显得更加新颖、简洁。而且，在用料方面既不使用特殊的铝合金框架型材，也不使用铝合金窗框，只采用了型钢骨架和铝合金（钢亦可）边框料。从某种意义上来说，这种结构形式可能是玻璃幕墙结构形式的一个发展方向。该种类型的玻璃幕墙，之所以在立面看不见骨架及铝合金框，关键在于玻璃的固定方法。它和以往传统的玻璃安装方法有所不同，不是将玻璃镶嵌到窗框

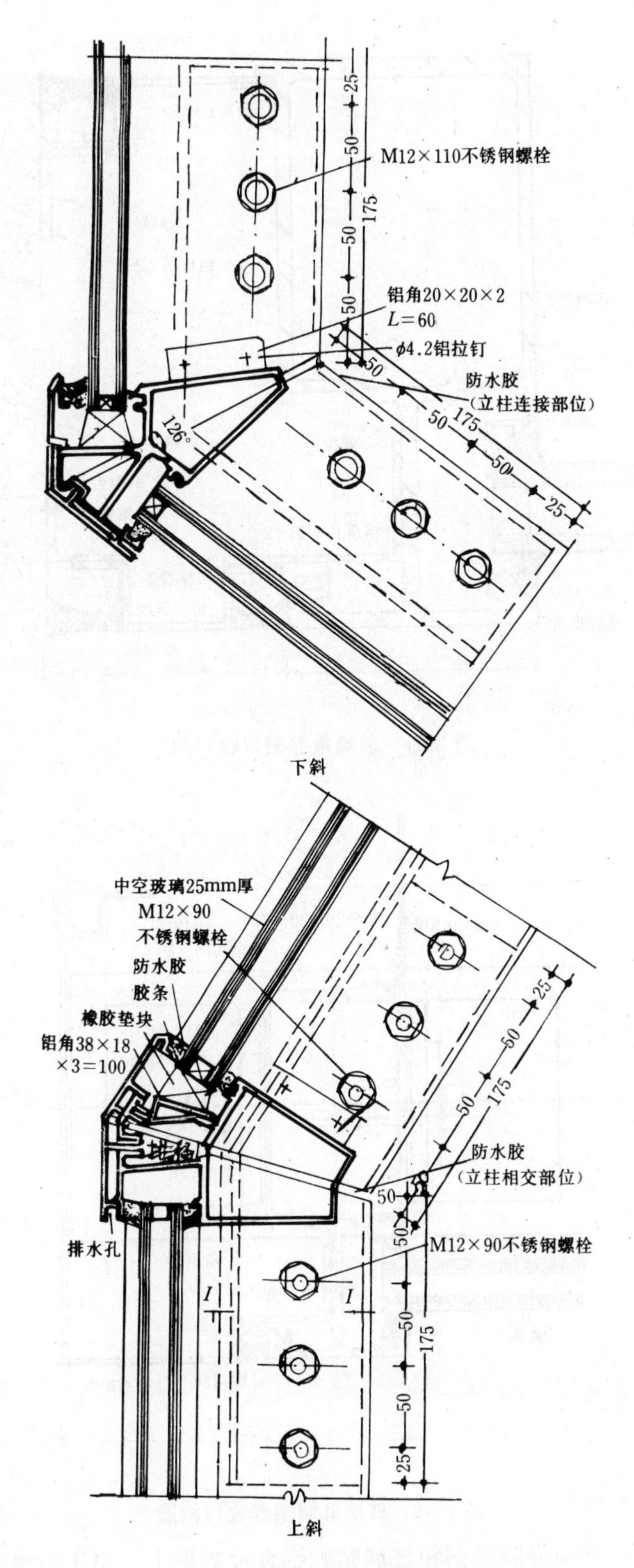


图 2-50　倾斜幕墙面的转角构造

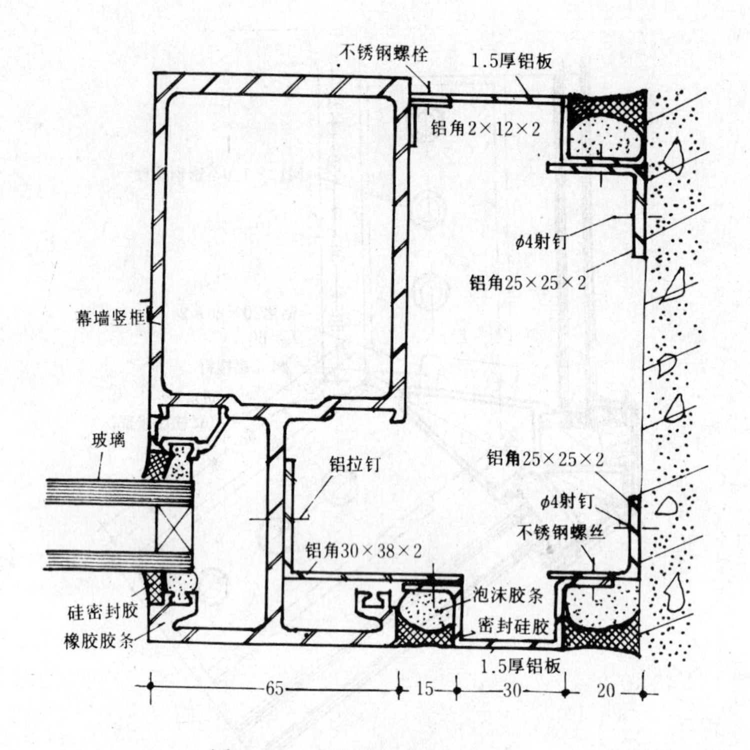


图 2-51　玻璃幕墙洞口收口构造

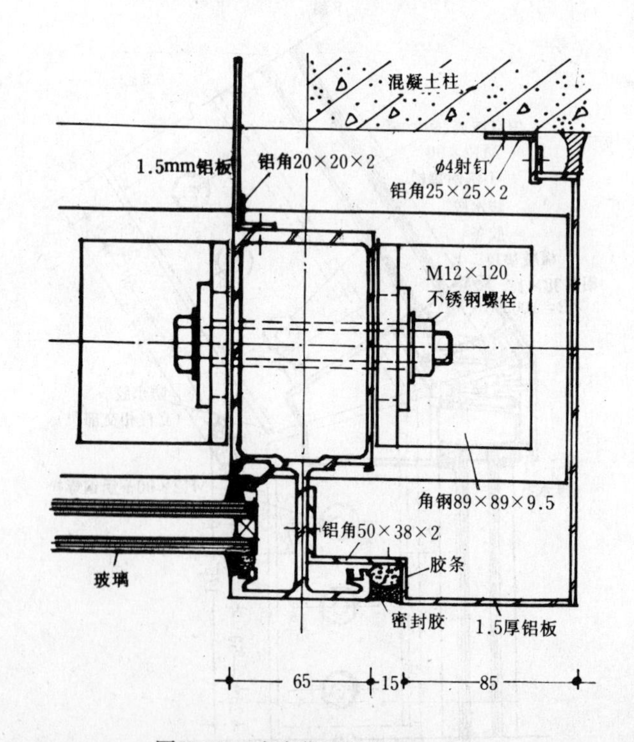


图 2-52　玻璃幕墙端部收口构造

的凹槽内，而是用一种高强胶粘剂将玻璃粘到铝合金封框上。由于封框在玻璃的背后，所以从立面上看不到封框。

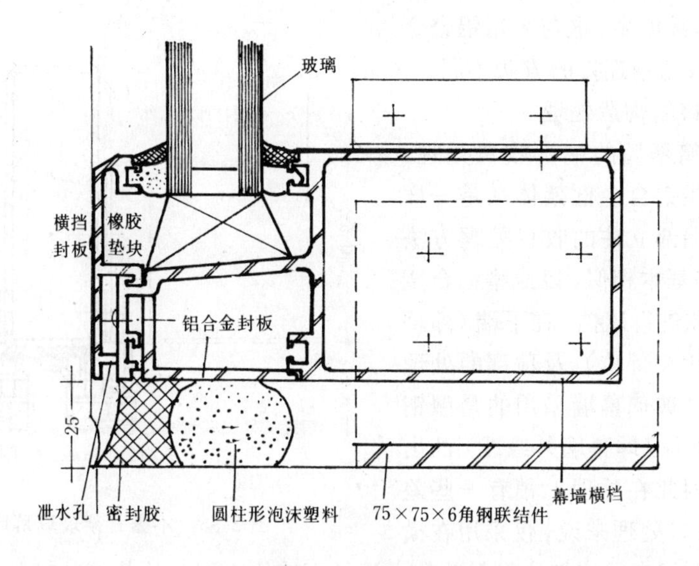


图 2-53　横档与结构间的收口处理

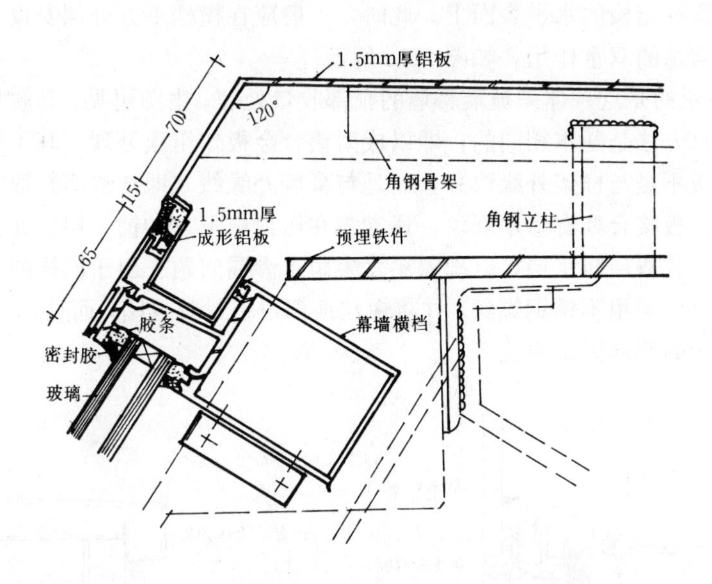


图 2-54　玻璃幕墙上斜面与女儿墙压顶收口处理

玻璃用胶粘剂直接粘固在骨架上，而不用封闭的窗框，这是对玻璃幕墙安装技术的重大改革。这样，不仅简化了玻璃安装的程序，而且在牢固程度方面，因为四边采用了连结板而得以加强。当然，骨架所使用的材料，既可以采用型钢，也可以采用铝合金型材。一般来说型钢骨架强度高，价格相对便宜，应优先考虑。至于骨架的室内一面，如果采用型钢骨架，可对外露部分以成形铝合金薄板饰面，或采用漆饰的方法来处理。

1. 基本构造

不露骨架结构体系的基本构造方法，是以特别的连接件将铝合金封框与骨架相连，然后用胶粘剂将玻璃粘结固定在封框上。图 2-55 是这种体系的基本构造示意。从该图中还可看出以型钢作幕墙框架时，横竖杆件的连接除可以采用焊接、以螺栓固定等方式外，也可采用以特制的穿插件连接的方法。此种方法安装简便，而且由于横向杆件是担在连接件上的，所以固定非常可靠。这与采用铝合金框架时以角铝或角钢连接的方法不同。

2. 端部收口的构造处理

该体系玻璃幕墙的端部收口处理，在原则上与前述铝合金框架体系是一样的。尤其是在端部立柱的收口处理方法上，与前述更是基本相似，以成型铝合金板对骨架及间隙进行遮挡。在下端（即幕墙横档与结构相交部位）及顶部的处理方面，由于此种玻璃幕墙采用的是型钢骨架，而且玻璃面（即幕墙外缘线）凸出于框架之外，因此在处理上稍有一些差异。就底部的收口处理来说，仅采用在横档与水平结构面相交部位加注密封胶的方法是不够的，因为从幕墙玻璃外缘线上滴落下来的雨水仍会积留在结构的水平表面上。此时，一般应在横档下方外侧安设一条铝合金披水板，起盖缝和防水的双重作用，如图 2-56 所示。

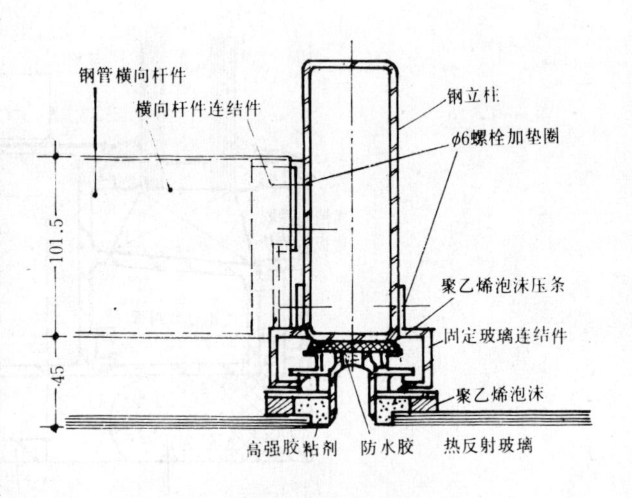


图 2-55　不露骨架玻璃幕墙构造

图 2-57 所示的是这种体系玻璃幕墙的顶部收口处理。由图可见，其收口处理的方法与前述的顶部收口方法是基本相同的，即以成型铝合金板作压顶处理。其不同之处主要反映在铝合金压顶板不是与框架外缘取齐，而是与幕墙外缘线（即玻璃面）取齐这一点上。另外，为防止压顶板接合处有渗水现象，通常需在压顶板下方加铺一层三元乙丙橡胶防水带作补充防水，构成双层防水层，以确保不发生雨水渗漏问题。出于同样的考虑，固定压顶板用的螺丝不仅应采用不锈钢螺丝，并将螺丝顶部用密封胶封闭，而且，在可能的条件下，应采用如图所示的侧向固定方法。

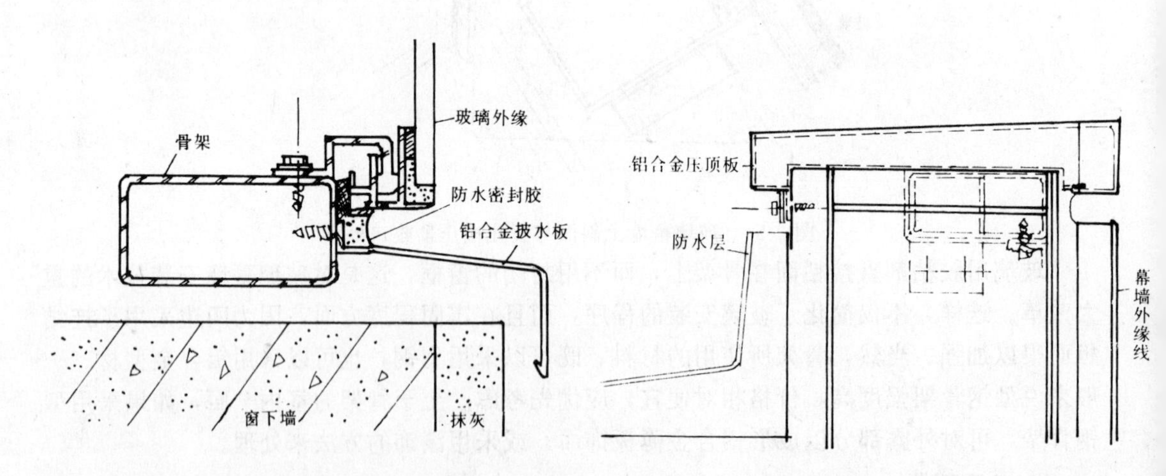


图 2-56　不露骨架玻璃幕墙下端处理方法　　图 2-57　不露骨架玻璃幕墙顶部收口构造

(四) 没有骨架的玻璃幕墙的构造

上述介绍的三种类型的玻璃幕墙，均属于用骨架支托玻璃、固定玻璃的结构体系。而没有骨架的玻璃幕墙，玻璃本身既是饰面构件，又是承重构件。由于没有骨架，整个玻璃幕墙必须采用通长的大块玻璃，这样就使得幕墙的通透感更强，视线更加开阔，而立面也越发简洁。

这类玻璃幕墙，有点类似于大的落地窗，但其装饰效果与构造和落地窗相比均有较大差别。一般多用于建筑的首层较为开阔的部位。这种类型的玻璃幕墙多采用悬挂式结构，即以间隔一定距离设置的吊钩或特殊的型材从上部将玻璃悬吊起来。吊钩及特殊型材一般是以通孔螺栓固定在槽钢主框架上，然后再将槽钢悬吊于梁或板底之下。另外，为了增强玻璃的刚度，还需在上部加设支撑框架，在下部设支撑横档。

玻璃的固定有三种方式。具体如图 2-58 所示。

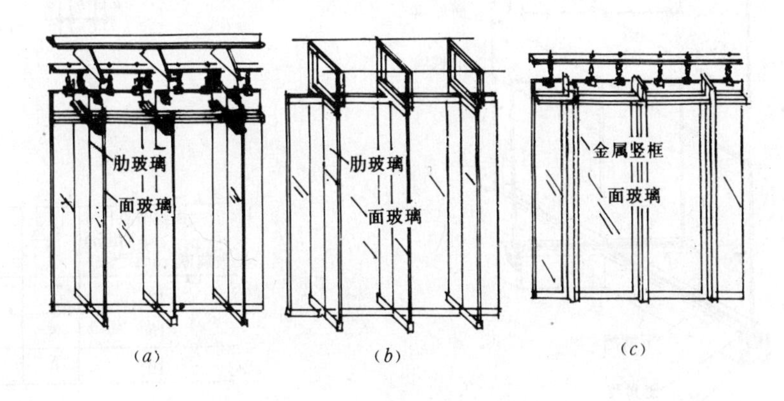


图 2-58　玻璃固定形式

(*a*) 种固定，是用悬吊的吊钩，将肋玻璃及面玻璃固定。这种方式多用于高度较大的单块玻璃。

(*b*) 种固定，用特殊型材，在玻璃的上部将玻璃固定。室内的玻璃隔断多用此种方式。

(*c*) 种固定，不设肋玻璃，而是用金属竖框来加强面玻璃的刚度。

图 5-59 是 (*a*) 种固定的构造节点。

面玻璃与肋玻璃相交部位，宜留出一定的间隙。间隙用硅酮系列密封胶注满。间隙尺寸可视玻璃的厚度而略有区别，具体尺寸详见图 2-60。

这种悬挂式玻璃幕墙除了设有大面积的面部玻璃外，一般还需加设与面部玻璃相垂直的肋玻璃。其作用是加强面玻璃的刚度，从而保证玻璃幕墙整体在风压作用下的稳定性。肋玻璃的材质同面玻璃的材质一样，都是透明材料，其宽度很小，一般只有十几到几十个厘米，所以对玻璃幕墙的整体效果没有影响。

至于面玻璃与肋玻璃的相交处理，有图 2-61 所述三种构造形式。在图 2-61 之中，(*a*) 种构造是肋玻璃设于面玻璃两侧，(*b*) 种构造是肋玻璃安置在面玻璃的一侧，(*c*) 种构造是肋玻璃穿过面玻璃，以整块玻璃设在面玻璃的两侧。无论是哪一种构造，在面玻璃与肋玻璃的交接处，均应留有一定的间隙，此间隙用硅酮系的封缝料封闭，兼作粘结固定和填缝之用。

上述的三种构造方式，从大玻璃墙面的通透感及景物观赏的角度分析，并无大的差异。至于在设计中应选用何种构造形式，应根据玻璃幕墙面单块玻璃的面积大小、面玻璃的厚

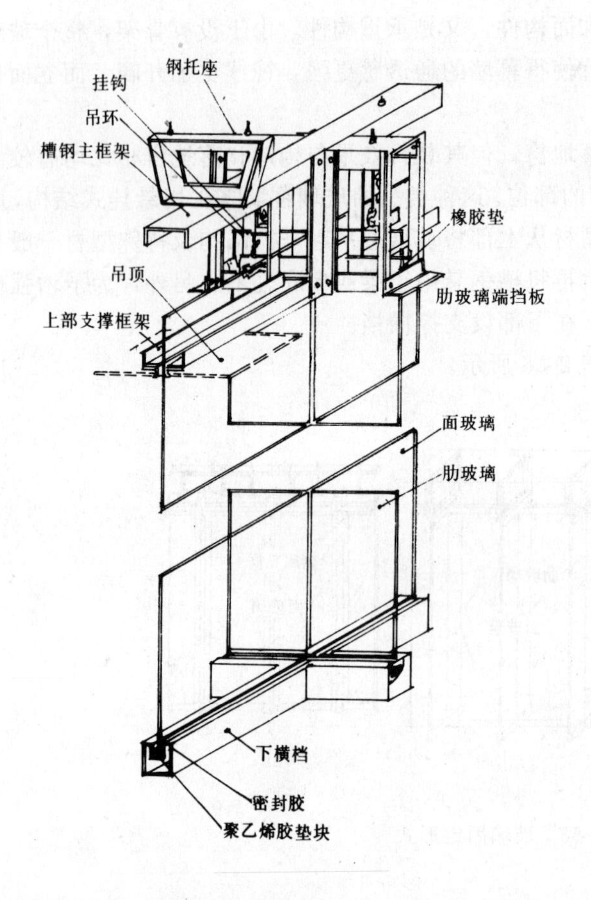


图 2-59 结构玻璃安装构造

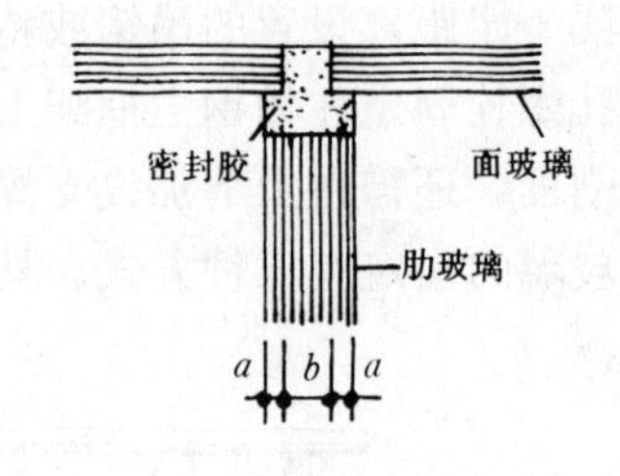


| 肋玻璃厚(mm) \ 密封节点尺寸(mm) | a | b | c |
|---|---|---|---|
| 12 | 4 | 4 | 6 |
| 15 | 5 | 5 | 6 |
| 19 | 6 | 7 | 6 |

图 2-60 玻璃相交部位处理

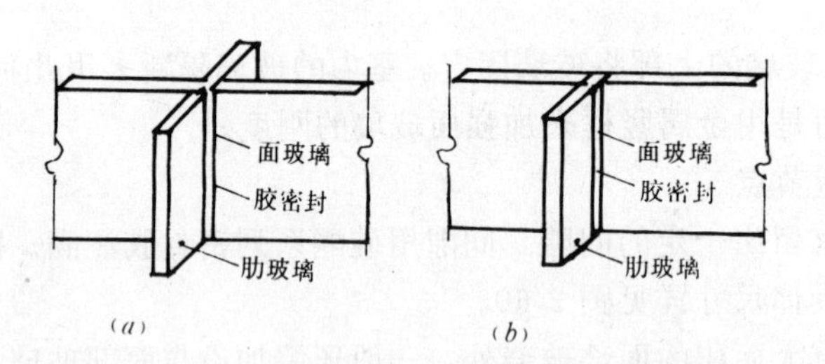


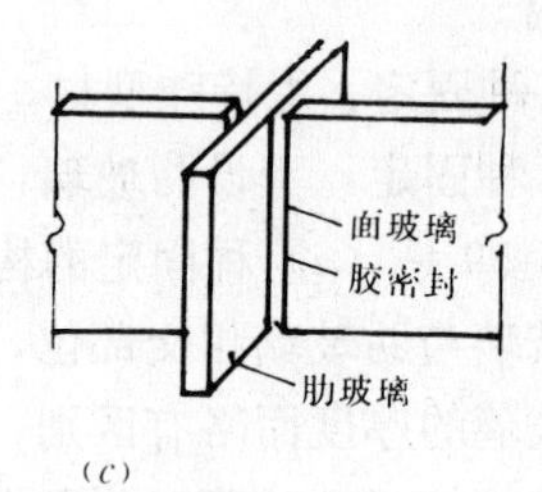


图 2-61 肋玻璃与面玻璃的交接处理

(a) 肋玻璃在两侧；(b) 肋玻璃单侧；(c) 肋玻璃穿过面玻璃

度、肋玻璃的宽度及厚度等具体情况来决定。

此种类型的玻璃幕墙所使用的玻璃，多为钢化玻璃和夹层钢化玻璃。至于单块玻璃面积的大小，可根据具体的使用条件来决定。但单块玻璃的面积往往较大，否则就失去了这种玻璃幕墙的特点。在玻璃幕墙高度已定的情况下，玻璃的厚度、单块玻璃面积的大小、肋玻璃的宽度及厚度等等，均应通过计算来确定。

（五）局部构造

1. 沉降缝部位构造处理

沉降缝、伸缩缝是主体结构设计的需要。玻璃幕墙在此部位的构造节点，应适应主体结构沉降、伸缩的这一现实。另外，从建筑物装饰的角度讲，又要使沉降缝、伸缩缝部位美观。如果从防水的角度要求，这些缝的处理应具有理想的防水性能。所以，这些部位往往是幕墙构造处理的重点。

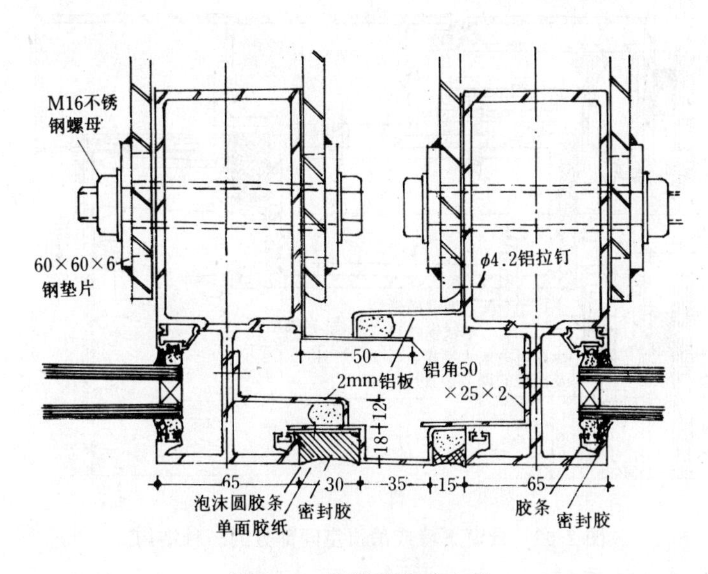


图 2-62　沉降缝构造大样

图 2-62 是沉降缝构造大样。在沉降缝的左右分别固定两根立柱，使幕墙的骨架在此部位分开，为此形成两个独立的幕墙骨架体系。关于防水处理，采用内外二道防水做法，分别用成形的铝板固定在骨架的立柱上，在铝板的相交处用密封胶封闭处理。

图 2-62 所示的沉降缝构造大样，只是一种处理办法，并不是唯一的处理办法。至于如何处理好，应根据幕墙的结构类型具体考虑。但不管何种方案，在此部位均应解决好沉降、伸缩、防水、美观等问题。

2. 玻璃幕墙活扇的设置构造

玻璃幕墙大部分或者绝大部分是固定玻璃扇，有的甚至全部是固定玻璃扇。但有时也设置一部分可开启的景窗和紧急情况下作为排烟、排气、意外事故等使用的排气窗。

景窗的开启构造要稳妥，常用竖铰链窗、立轴旋转窗和顶轴平开窗。其构造与一般平开窗的构造基本相同，由框与扇组成，但在开启的构造上往往采用较耐用的竖铰、立轴等处理形式。

景窗的窗下墙或吊顶空间部分，在构造上可有二种做法。一种是用保温材料进行填充，(多用岩棉)，最外侧用镀锌铁皮封堵，如图 2-63 所示。至于窗下墙部分装饰如何处理，同室内装饰一同考虑。

另一种做法是在室内一侧，离开玻璃一段距离，安装一层蔽挡板，最外侧再用保温材料板材进行封堵，构造如图 2-64 所示。

玻璃幕墙如果采用吸热玻璃、透明浮法玻璃，因室内外两侧都可见，在室内较难处理。一旦处理，室外便清晰可见，对幕墙的整体效果有影响。象这类玻璃幕墙，一般只好是上下通透的大玻璃，为防止磕碰，宜加设安全扶手。有些部位还要加设栏杆，如楼梯踏步等部位。由于幕墙离开楼板一段距离，所以，为了防止人在行走时不方便和踢到玻璃表面，地面部分应有踢脚板。

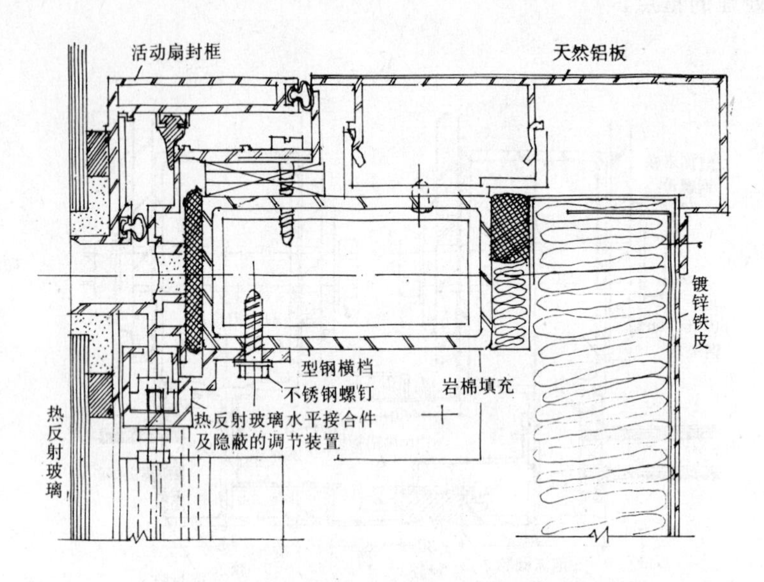


图 2-63　景窗下墙或吊顶空间部分的一种结构

排气窗一般单扇面积较小，其布置可以在大块的固定扇上面设置一个小的开启窗，也可以在幕墙的转角或其他单扇较小部位设置一部分排气窗。这种形式的排气窗多采用上悬窗。上悬窗由框和扇两部分组成，其开启构造如图 2-64、图 2-65 所示。

## 七、其他类型墙体饰面

### （一）清水砖墙

清水砖墙是指墙体砌成以后，不用其他饰面材料，在其表面仅做勾缝或涂透明色浆所形成的砖墙体。清水砖墙是一种传统的墙体装饰方法，具有淡雅凝重的独特的装饰效果，而且其耐久性好，不易变色，不易污染，也没有明显的褪色和风化现象，直至今日清水砖墙仍不失为一种很好的外墙装饰方法。即使是在新型墙体材料及工业化施工方法已经居于主导地位的西方发达国家，清水砖内、外墙仍在墙面装饰方法中占有一席重要的地位。

适宜于砌筑清水砖墙的砖，要求质地密实、不易破碎、表面光洁、完整无缺、色泽一致、尺寸稳定、形状规则。其性能应该是表面晶化，吸水率低，抗冻效果好。我国传统建筑中采用磨砖，但这种每块砖都要经手磨的方法今天已经不可能大面积应用了。近年来国外生产了一些用于清水砖墙装饰的砖，如人工石料干压成的毛细孔砖等。在国内，目前尚无专门生产的用于清水砖墙装饰的砖。相比之下，缸砖、城墙砖等用于清水砖墙是适宜的。另外，各类砖中的过火砖也都是可用的。规格尺寸多种多样的空心砖，只要符合上述要求，亦可用于清水砖墙饰面。

清水砖墙勾缝，多采用 1∶1.5 的水泥砂浆，砂子的粒径以 0.2mm 为宜。根据需要可以在勾缝砂浆中掺入一定量颜料。还可以在砖墙勾缝之前涂刷颜色或喷色，色浆由石灰浆加入颜料（氧化铁红、氧化铁黄或青砖本色）、胶粘剂（一般为乳胶，按水重的 15%～20%

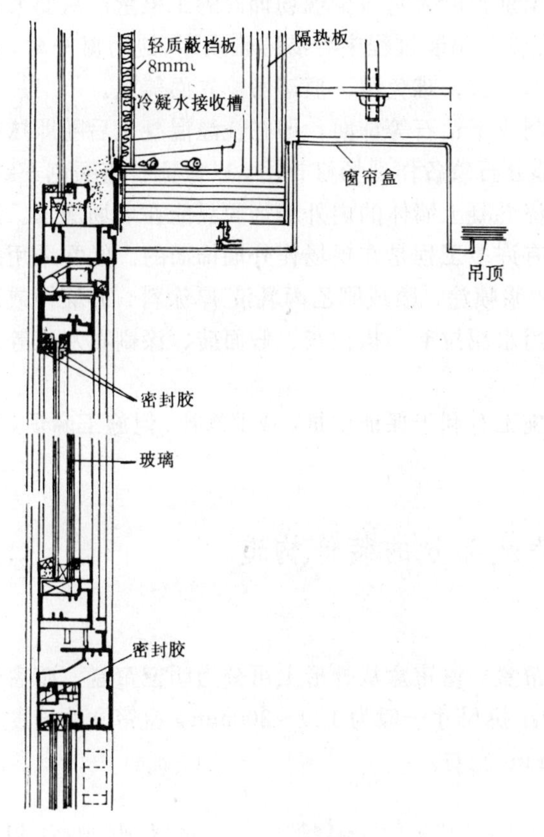


图 2-64 排气空窗纵剖面构造

掺用)构成。清水砖墙的灰缝的处理形式,主要有凹缝、斜缝、圆弧凹缝、平缝等形式,若为钩凹缝,则凹入应不小于4mm。

（二）混凝土墙体饰面

随着建筑工业化的发展,新型墙体日益增多。各种砌块、预制混凝土壁板、滑升模板和大模板现浇混凝土等多种墙体已在工程中大量应用,显著改变了现场手工砌砖的落后面貌。

混凝土的强度高、耐久性好,又是塑性成型材料,只要配比及工艺合理、模板质量符合要求,完全可以做到墙面平整,不须抹灰找平,也不需要饰面保护。如进一步将其做成装饰混凝土更是形式多样。

根据我国目前的具体情况,多数混凝土墙体由于装饰的需要,还必须满外墙作饰面,有的混凝土墙体由于表面平整度差,还需满抹底灰找平,没有充分利用这种新型墙体带来减少饰面工程量的可能性。要改变这种局面,除逐步采用装饰混凝土做法外,还应尽量提高混凝土壁板饰面的预制程度。

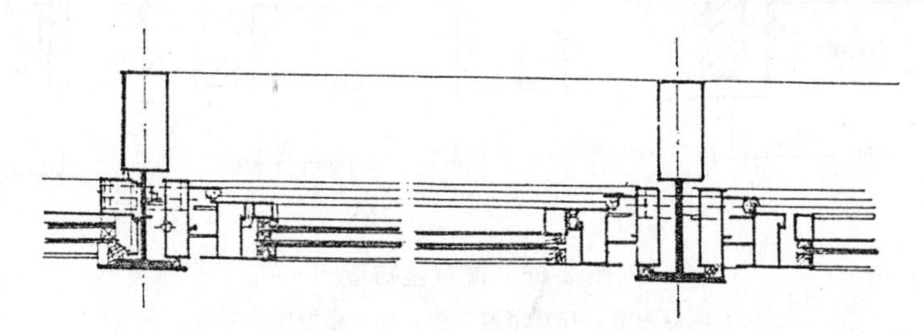

图 2-65 排气窗横剖面构造

(1) 装饰混凝土饰面。所谓装饰混凝土就是利用混凝土本身的图案、线型或水泥和骨料的颜色、质感而发挥装饰作用的饰面混凝土。装饰混凝土主要可分为清水混凝土和露骨料混凝土两类。混凝土经过处理,保持原有外观质地的为清水混凝土;反之将表面水泥浆膜剥离露出混凝土粗细集料之颜色、质感的为露骨料混凝土。当模板采用木板时,在混凝土表面能呈现出木材的天然纹理,自然、质朴。还可用硬塑料等做衬模,使混凝土表面呈现凹凸不平的图案,有很好的艺术表现力。模板的接缝设计要与总体构图吻合,否则会显得零乱、破碎。混凝土的浇筑质量要求较高,表面不得有蜂窝和麻面,这就对混凝土配合比和浇筑方法有特定的要求。

（2）预制饰面。采用预制饰面的混凝土壁板能大量减少现场饰面的工程量。从而大幅度地提高工效。但预制饰面混凝土壁板在运输及吊装过程中容易磕碰损坏，进行修补时，比较麻烦费工，而且颜色难于做到与原色均匀一致；难免留下痕迹影响立面美观。

预制饰面的混凝土壁板表面还可以预制成干粘石等饰面，即在浇灌混凝土后随即抹粘结砂浆、粘石碴等。采用这种壁板应预留部分石碴备作现场修补用，以保证石碴颜色一致。

（3）现制饰面。大模板、滑升模板现浇混凝土墙体的内外墙饰面只能在现场施工。预制混凝土壁板除前述预制饰面做法外，还有许多工程是在现场作外墙饰面的。经常采用的有干粘石、喷粘石、喷石屑、聚合物水泥砂浆喷涂、喷或刷乙丙乳液 厚涂料、硅酸钾或硅溶胶无机建筑涂料等外墙饰面。同时还采用水泥拉毛、扒拉灰、假面砖、涂刷石灰浆等饰面做法。

现浇混凝土墙体的内外墙饰面在现场施工有利于保证质量，减少修补，但施工麻烦，工效较低。

## 第三节　墙体特殊部分的装饰构造

### 一、窗帘盒

用来隐蔽和吊挂窗帘的装饰构件叫窗帘盒：窗帘盒从外形上可分为明窗帘盒、暗窗帘盒和带照明窗帘盒（见图 2-66）。窗帘盒的出挑尺寸一般为 120～200mm，窗帘盒的长度一般为：洞口宽度＋300mm 左右，每侧 150mm 左右。

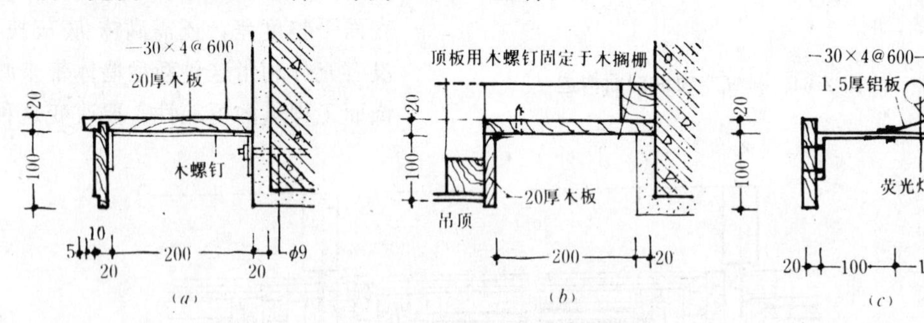


图 2-66　窗帘盒构造

（a）明窗帘盒；（b）暗窗帘盒；（c）带照明窗帘盒

窗帘盒内吊挂窗帘的构造，分为以下三种：

（1）软线式。选用 φ4mm（14 号）铅丝，两头加元宝螺丝调节的吊挂窗帘方式，适用于 1000～1200mm 宽的窗口。

（2）棍式。采用 φ10mm 钢筋、铜棍或铝合金棍的吊挂窗帘方式，此种方式具有良好的刚性，适用于 1500～1800mm 宽的窗口。跨度超过上述尺寸时，中间应增加支点。

（3）轨道式：采用铜或铝制成的小型轨道，轨道上安装小轮来吊挂和移动窗帘的方式，此种方式使用比较方便，可用于跨度较大的窗口。

窗帘盒一般支承在窗过梁的上部，多采用 20mm 厚木板制作。

### 二、暖气罩

暖气散热器多设于窗前。暖气罩多与窗台板等连在一起。常用的布置方法有窗台下式、沿墙式、嵌入式和独立式。暖气罩既要能保证室内均匀散热，又造型美观，具有一定的装饰效果。

暖气罩常用的做法有以下几种：

(1) 木制暖气罩。采用硬木条，胶合板等作成格片状，也可以采用上下留空的形式。木制暖气罩舒适感较好（见图 2-67）。

(2) 金属暖气罩。采用钢或铝合金等金属板冲压打孔，或采用格片等方式制成暖气罩。具有性能良好、坚固适用的特点（见图 2-68）。

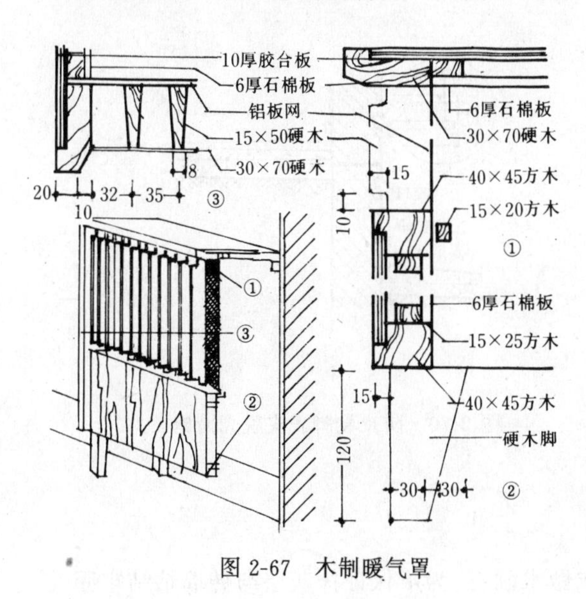


图 2-67　木制暖气罩

## 三、壁橱

壁橱一般设在建筑物的入口附近、边角部位或与家具组合在一起。壁橱深一般不小于 500mm。壁橱主要由壁橱板和橱门构成，壁橱门可平开或推拉，也可不设门而只用门帘遮挡。橱内有抽屉、搁板、挂衣棍和挂衣钩等组成。壁橱的构造应解决防潮和通风问题，当壁橱兼作两个房间的隔断时，应有良好的隔声性能。较大的壁橱还可以安装照明灯具。

## 四、勒脚

外墙接近室外地坪处的表面部分叫勒脚。由于该部位墙面经常受地面水、雨、雪的侵袭，还容易受外界各种机械

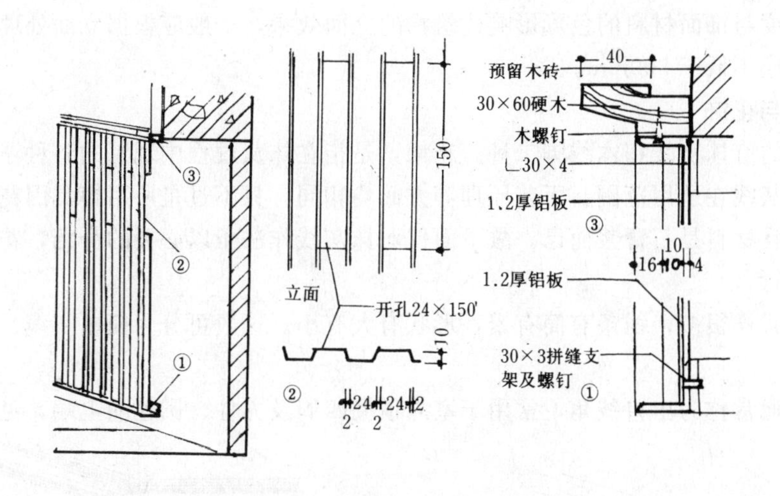


图 2-68　金属暖气罩

力碰撞，如不加保护，很可能使墙体受潮、墙身受损，使室内抹灰脱落，影响建筑物正常使用和耐久性。因此勒脚常用如下几种构造处理方法：

(1) 在勒脚部位墙身加厚 60～120mm，再抹水泥砂浆或做水刷石；

(2) 在勒脚部位墙身镶砌天然石材；

（3）在勒脚部位镶贴石板、面砖等坚固耐久的材料；

（4）在勒脚部位抹 20～30mm 厚 1：2.5 水泥砂浆或做水刷石饰面。

勒脚的做法见图 2-69。

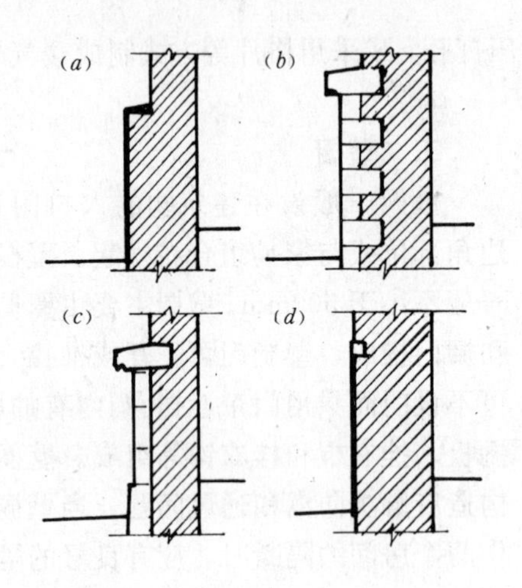


图 2-69　勒脚的做法

(a) 墙身加厚；(b) 镶砌块石；(c) 石板或面砖贴面；(d) 水泥砂浆抹面

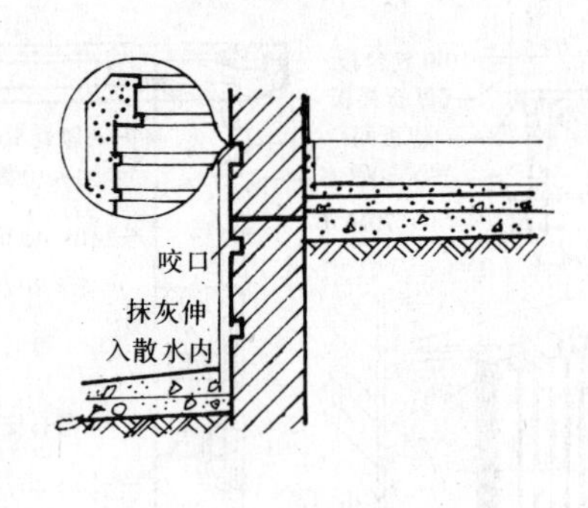


图 2-70　防止勒脚表皮脱壳措施

一般民用建筑较多采用水泥砂浆抹面或做水刷石。为了保证抹灰层与砖墙粘结牢固，防止表皮脱壳，可在墙面上留槽使抹灰嵌入，如图 2-70 所示。勒脚的抹灰要伸入散水。

勒脚的高度与饰面材料的色彩影响建筑物的立面效果，一般应根据立面处理决定，从防护目的考虑应不低于 500mm。

**五、线脚与花饰**

线脚常用的有抹灰线和木线脚二种。花饰，是指在抹灰过程中现制的各种浮雕图形。

花饰与抹灰线在适用范围、工艺原理等方面均相同，只不过是所用模具因花型不同而有很大变化，且材料是石膏浆而已。故下面仅对抹灰线作法予以必要的介绍，花饰制作可模仿此工艺进行。

抹灰线的式样很多，线条有简有繁，形状有大有小。一般可分为简单灰线、多线条灰线。

简单灰线通常称为出口线角，常用于室内顶棚四周及方柱、圆柱的上端，见图 2-71。

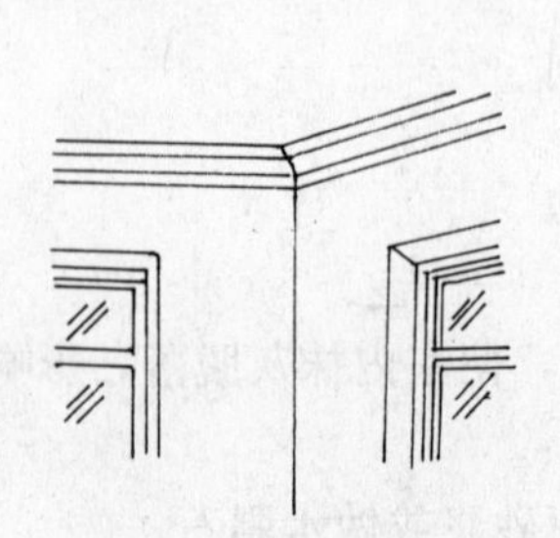

图 2-71　墙面与顶棚交接处的简单灰线

图 2-72　多线条灰线

多线条灰线，一般指具有三条以上、凹槽较深、开头不一定相同的灰线。常见于房间的顶棚四周、舞台口、灯光装置的周围等，其形式见图 2-72。

木线脚主要有檐板线脚、挂镜线脚等（见图 2-73）。木线脚根据室内装饰要求不同而简繁不一。简单的可采用挂镜线脚，而复杂的则可采用檐板线脚或二者兼具。

檐板线脚可分为冠顶饰板、上檐板、下檐板、挡板及压条等（见图 2-74）。

木线脚的各种板条一般都固定于墙内木榫或木砖上。

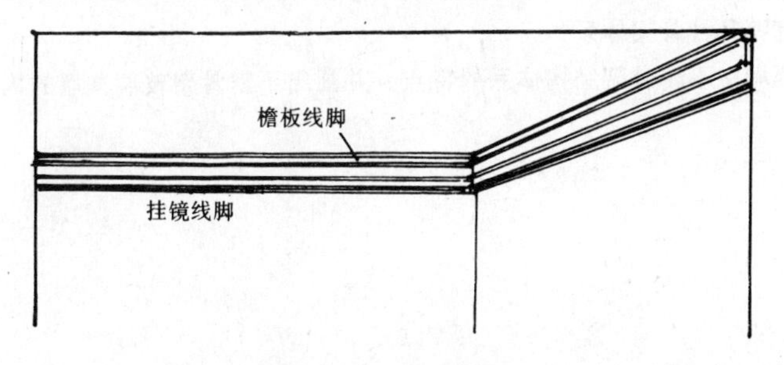


图 2-73　木线脚

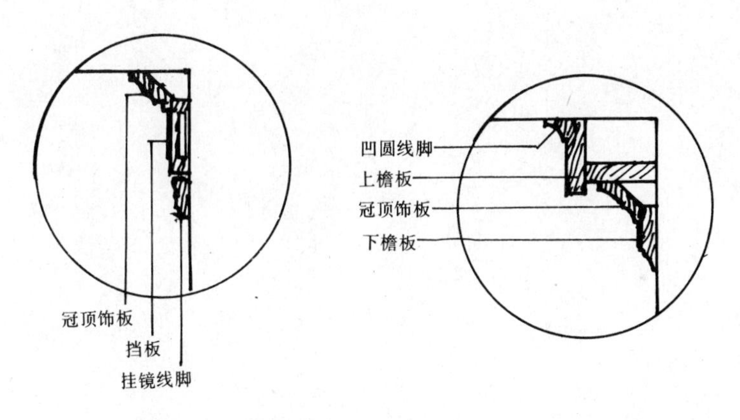


图 2-74　木线脚檐板及挂镜线

## 复习思考题

1. 墙体饰面有哪些功能？
2. 墙面装饰按其所用的材料和施工方法可以分为哪几类？
3. 简述一般饰面抹灰的构、作用及作法。
4. 常用的装饰抹灰饰面有哪些？
5. 简述石碴类饰面的构造作法。
6. 简述面砖饰面的构造及作法。
7. 简述玻璃马赛克饰面的构造及作法。
8. 简述人造石材饰面板饰面的构造及作法。
9. 天然石材贴面的构造作法通常有几种？
10. 用简图说明用螺栓固定和金属卡具固定饰面石材的构造作法。
11. 用简图说明板材类饰面在与墙角、顶棚、地面等交接处的细部构造。
12. 板材类饰面的固定构造中“双保险”的固定方式是指什么？
13. 简述涂刷类饰面的涂层构造及作用。

14. 裱糊类饰面常用的有哪几种？试述它们的特点。

15. 简述裱糊墙纸的构造作法。

16. 简述丝绒和锦缎饰面的构造作法

17. 简述皮革和人造皮革饰面的构造作法。

18. 简述木护墙、木墙裙的一般构造作法。

19. 用简图说明铝合金蜂窝外墙板的构造固定方法。

20. 简述玻璃饰面的构造作法。

21. 玻璃幕墙有哪几种骨架体系？

22. 试述玻璃幕墙中不露骨架结构体系的特点。并画出不露骨架玻璃幕墙的构造草图。

# 第三章　楼地面装饰构造

楼地面是底层地面和楼层地面的总称。楼地面饰面，通常是指在普通的水泥地面、混凝土地面、砖地面以及灰土垫层等各种地层的表面上所加作的饰面层。

建筑物的地坪、楼板一般是由承担荷载的结构层和满足使用要求的饰面层两个主要部分组成。有的房间为了找坡、隔声、弹性、保温或敷设管线等功能上的要求，在中间还要增加垫层。

基层承受面层传来的荷载，因此，要求基层应坚固、稳定。实铺地面的基层是回填土，回填土在回填时，应分层夯实回填，一般每铺 300mm 厚应夯实一次。空铺地面的基层即为构造层楼板。楼面的基层是楼板。

垫层是承受和传递面层荷载的构造层，根据需要选用不同的垫层材料，分刚性和柔性(非刚性)两类。刚性垫层的整体刚度好，受力后不易产生塑性变形。刚性垫层一般采用C7.5～C10 混凝土，此种垫层多用于整体面层下面和小块的块料面层下面。非刚性垫层一般由松散的材料组成，如砂、炉渣、矿渣、碎石、灰土等。多用于块料面层下面。

楼地面的面层是供人们生活、工作、生产直接接触的构造层次，也是地面承受各种物理化学作用的表面层，因此，根据不同的使用要求，面层的构造也各不相同，但无论何种构造的面层都应具有耐磨、不起尘、平整、防水、有一定弹性和吸热少的性能。

## 第一节　楼地面饰面的功能与分类

### 一、楼地面饰面的功能

楼地面饰面的功能，通常也可以分为三方面，即保护楼板或地坪、保证使用条件、满足一定的装饰要求。

1. 保护楼板或地坪

建筑楼地面的饰面层，在一般情况下是不承担保护地面主体材料这一功能的。但在类似加气混凝土楼板，以及较为简单的首层地坪做法等情况下，因构成地面的主体材料的强度比较低，此时，就有必要依靠面层来解决诸如耐磨损、防磕碰以及防止水渗漏而引起楼板内钢筋锈蚀等问题。

2. 保证使用条件

建筑物的楼地面所应满足的基本要求，是具有必要的强度、耐磨损、耐磕碰和表面平整光洁、便于清扫等等。对于楼面来说，还要有能够防止生活用水的渗漏的性能，而对于首层地坪而言，一定的防潮性能也是最基本的要求。当然，上述这些基本要求，因建筑的使用性质的不同，部位的不同等而会有很大的差异。此外，标准比较高的建筑，还必须考虑以下一些功能上的要求。

(1) 隔声要求。隔声要求包括隔绝空气声和隔绝撞击声两个方面。当楼地面的质量比较大时，空气声的隔绝效果较好，且有助于防止因发生共振现象而在低频时产生的吻合效应等等。撞击声的隔绝，其途径主要有三个，一是采用浮筑或所谓夹心地面的做法；二是脱开面层的做法；三是采用弹性地面。前两种做法构造施工都比较复杂，而且效果也不如弹性地面。近年由于弹性地面材料的发展，为撞击声的隔绝创造了条件，前两种做法也就较少采用了。

(2) 吸声要求。这一要求，对于在标准较高、使用人数较多的公共建筑中有效的控制室内噪声，具有积极的功能意义。一般来说，表面致密光滑、刚性较大的地面做法，如大理石地面，对于声波的反射能力较强，基本上没有吸声能力。而各种软质地面做法，却可以起比较大的吸声作用，例如化纤地毯的平均吸声系数达到55%。

(3) 保温性能要求。这一要求，涉及到材料的热传导性能及人的心理感受两个方面。从材料特性的角度考虑，水磨石地面、大理石地面等都属于热传导性较高的材料，而木地板、塑料地面等则属于热传导性较低的地面。从人的感受角度加以考虑，就是要注意人会以某种地面材料的导热性能的认识来评价整个建筑空间的保温特性这一问题。因此，对于地面做法的保温性能的要求，宜结合材料的导热性能、暖气负载与冷气负载的相对份额的大小、人的感受以及人在这一空间的活动特性等因素来给以综合的考虑。

(4) 弹性要求。当一个不太大的力作用于一个刚性较大的物体，如混凝土楼板时，根据作用力与反作用力的原理可知，此时楼板将作用于它上面的力全部反作于施加这个力的物体之上。与此相反，如果是有一定弹性的物体，如——橡胶板，则反作用力要小于原来所施加的力。因此，一些装饰标准较高的建筑的室内地面，应尽可能的采用具有一定弹性的材料作为地面的装饰面层。至于一般性的住宅、办公、教学等建筑，如因经济条件限制，不可能采用弹性地面时，也应尽可能采用具有一定视弹性的材料来做地面，这样做将会使人感觉比较舒适。

3. 满足装饰方面的要求

地面的装饰，是整个装饰工程的重要组成部分，要结合空间的形态、家具饰品等的布置、人的活动状况及心理感受、色彩环境、图案要求、质感效果和该建筑的使用性质等诸因素予以综合考虑，妥善处理好楼地面的装饰效果和功能要求之间的关系。地面因使用上的需要一般不作凹凸质感或线型，但铺陶瓷锦砖、水磨石、拼花木地板的地面或其它软地面，表面光滑平整且都有独特的质感，在装饰上起很大的作用。

**二、楼地面饰面的分类**

楼地面饰面的种类很多，可以从不同的角度来进行分类。

从材料的角度，可以把楼地面饰面分为水泥地面、混凝土地面、木地面等类型。

从楼地面饰面装饰效果的角度，可以划分为美术地面、席纹地面、拼花地面等等。

现制水磨石楼地面、预制水磨石楼地面则是从施工工艺的角度进行的划分。

按对楼地面饰面的使用要求的不同还可分为耐腐蚀地面、防水地面等。

本书中对于楼地面饰面的分类，采用一种混合分类的方法。把构造处理上具有不同特征的楼地面归成整体式地面、块材式地面、木地面及铺贴式楼地面四个大类，在每一个大类之中，再按照所采用材料的不同及施工做法的差异，划分为几个小类。最后，为适应实际装饰工程的需要，适当编入了室外道路路面的内容。

## 第二节　楼地面饰面的基本构造

楼地面是建筑物中使用最频繁的部位，它的质量如何，对整幢建筑影响最大。楼地面构造基本上可以分为两部分，即：基层与面层。对基层的要求，视不同类型的面层而有所区别。但无论何种面层，均需要基层具有一定的强度及表面平整度。基层是楼地面的重要组成部分，抓面层施工质量，应从基层质量抓起，否则易造成先天不足。

**一、整体式楼地面**

（一）水泥砂浆楼地面

这种地面是以水泥砂浆为面层材料，其主要做法有两种，即单层和双层做法。单层做法是只在面层抹一层15～25mm厚1：2.5水泥砂浆；双层做法是先抹一层10～12mm厚的1：3水泥砂浆找平层，再抹5～7mm厚1：1.5～2水泥砂浆抹面层。

有防滑要求的房间地面，可将水泥砂浆面层做成各种纹样，以增大摩擦。

（二）细石混凝土楼地面

这种地面强度高，干缩值小，与水泥砂浆地面相比，它的耐久性和防水性更好，且不易起砂，但厚度较大，一般为35mm。细石混凝土可以直接铺在夯实的素土上或100mm厚的灰土上，也可以直接铺在楼板上作为楼面，它不需要先做找平层。

细石混凝土又称豆石混凝土，它是由1：2：4的水泥、砂和小石子（粒径为0.5～1cm）配制而成的C20混凝土。防水要求高的房间，还可以在楼面中加做一层找平层，然后在找平层上做一毡二油或二毡三油防水层，四周卷起100mm高。在其上面再铺细石混凝土，厚度为50mm。

大面积施工时，应用四面涂刷沥青的20mm宽的木条将地面分隔成和垫层变形缝一致的方格，缝内填沥青，也可以用煤焦木屑板代替木条。为了提高其表面的光洁度，可撒1：1的干拌水泥砂压实抹光。

（三）菱苦土楼地面

这种地面是用菱苦土、木屑、氧化镁溶液、滑石粉及矿物颜料掺配，铺抹在垫层上，压光、养护、磨光打蜡而成。菱苦土与木屑之比为1：2，厚为12～15mm。如采用分层做时，上层厚度为8～10mm，下层厚度为10～12mm，下层菱苦土与木屑之比为1：4（图3-1）。

菱苦土地面应采用刚性垫层，一般情况下，可采用混凝土垫层。楼层面层采用菱苦土地面时，可以直接做在钢筋混凝土楼板上，若是楼板面不平时，可用1：3水泥砂浆作找平层，然后在其上再铺菱苦土面层。

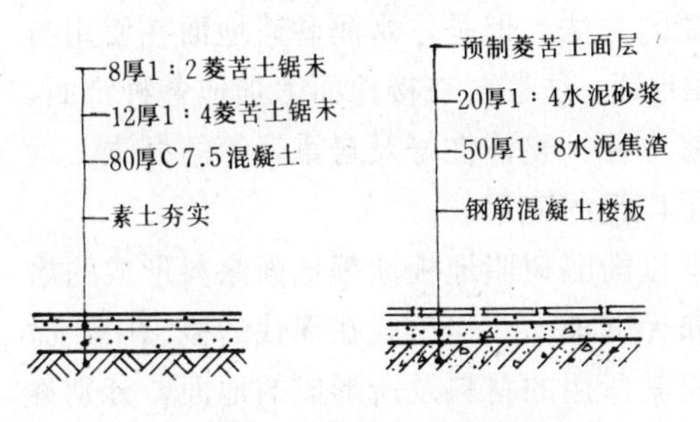

图3-1　菱苦土地面构造

菱苦土地面保温性能较好，有一定弹性，耐火，不导电，不易起尘，而且有能钉、易施工等优点，适用于人们经常活动的房间及有弹性要求的房间。但不耐水，故不宜用在有水或各种液体经常作用及地面温度经常处于36℃以上的房间。

（四）现浇水磨石楼地面

现浇水磨石楼地面是在水泥砂浆垫层上按

设计分格抹水泥石子浆，硬化后磨光露出石碴并经补浆、细磨、打蜡后制成。水磨石楼地面整体性能好，坚固、光滑、耐磨、美观、不易起灰、易于清洁、防水，一般用于大厅、走廊、卫生间等处。

现浇水磨石如果按其面层的效果，可分为普通水磨石和美术水磨石。面层用青水泥掺石子所制成的水磨石，称之为普通水磨石；而美术水磨石，是以白水泥或彩色水泥为胶结料，掺入不同粒径、形状和色彩的石子所制成的，由于现浇美术水磨石往往通过不同色彩的组合，以及图案的布置来求得较为丰富的变化，因此具有更为令人满意的艺术效果。

现浇水磨石楼地面的构造一般是：厚度随石子粒径大小而变化，石子粒径大时可厚些，粒径小时可薄些。当石子粒径为 4～12mm 时，厚度为 10～15mm 即可。面层配合比为 1∶1.5～2.5 的水泥石子，底层用 10～20mm 厚 1∶3 水泥砂浆找平（见图 3-2）。在找平层上常设铜条、铝条或玻璃条，用以划分面层，以防止面层开裂。分格条的厚度，通常为 1～3mm，宽度根据面层的厚度而定，长度不限。铝合金条在使用前应刷光油或调和漆作为保护层，它与玻璃分格条通常用于普通水磨石，而铜分格条则主要用于美术水磨石。分格条用水泥砂浆窝牢在找平层上。

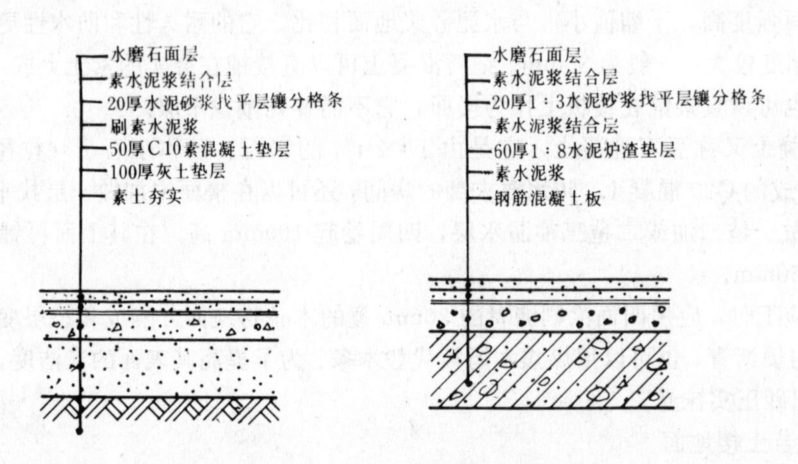


图 3-2 现浇水磨石楼地面构造

现浇水磨石在施工过程中，湿作业量大，工期也由于工序多而花费的时间长。但是现浇水磨石地面，可按设计要求机动地选择色彩及图案。现浇水磨石地面由于上述一系列优点，尽管存在着工序多、工期长、湿作业量大等不足，然而在目前的地面做法中，仍获得较为广泛地使用。

（五）涂布楼地面

以水泥砂浆抹面作为楼地面，固然是最为简捷的方法。但是，水泥砂浆地面在使用与装饰质量方面都存在着明显的不足。为了改善水泥地面，往往要在楼地面上加作各种饰面。采用涂层作饰面是一种施工简便、造价较低、维修方便，整体性好及自重轻等的办法。近年来无论是国内还是国外，各种涂布地面都得到了广泛的应用。

涂布楼地面在通常的分类中包括两个方面，即以酚醛树脂地板漆等地面涂料形成的涂层地面，以及由合成树脂及其复合材料构成的涂布无缝地面。但是，在现代的概念中，涂布地面往往用以特指涂布无缝地面，而前一类则将其所用的材料及所形成的地面，分别称为地面涂料和涂料地面。

1. 涂料地面

地面涂料的种类较多，如地板漆、过氯乙烯地面涂料、苯乙烯地面涂料等。

地板漆应用较早、较广，也是木地板常用的保护漆，这种涂料耐磨性差，使用时可直接在平整光滑的木基层上涂刷即可。

过氯乙烯地面涂料具有一定的抗冲击强度、硬度、耐磨性、附着力和抗水性，此种涂料施工方便、涂膜干燥快。过氯乙烯涂料地面的具体作法是在基层处理平整、光滑、充分干燥的情况下，在上面涂刷一道过氯乙烯地面涂料底漆，隔天再用过氯乙烯涂料按面漆：石英粉：水＝100：80～100：12～20的比例将基层孔洞及凸凹不平的地方填嵌平整，然后再满刮石膏腻子（比例为面漆：石膏粉＝100～80：80）2～3遍，干后用砂纸打磨平整，清扫干净，然后涂刷过氯乙烯地面涂料面漆2～3遍，养护一星期，最后打蜡即成。

经过氯乙烯地面涂料涂布后的楼地面，光滑美观，不起尘砂，易于保持清洁。它适用于住宅建筑、实验室以及某些对地面要求清洁而人流又不大的车间、仓库等建筑中。

苯乙烯地面涂料是以苯乙烯焦油为基料，经选择熬炼处理，加入填料、颜料、有机溶剂等原料配制而成的溶剂型地面涂料。这种地面涂料粘结较强，涂膜干燥快，有一定的耐磨性和抗水性，还具有一定的耐酸、碱的性能。用该涂料涂布楼地面施工方便、经济。使用时其具体作法基本上与过氯乙烯地面涂料的涂刷相同，只是披刮腻子可用比例为1：1的焦油清漆加熟石灰粉。因涂料中含苯类溶剂，施工中应采取一定劳动保护措施，加强室内通风。

该涂料适用于化工车间、电子仪表车间、医院病房和民用住宅等建筑的楼地面。

2. 涂布无缝地面

涂布无缝地面根据胶凝材料可以分为两大类：一类是单纯以合成树脂为胶凝材料的溶剂型合成树脂涂布地面，如环氧树脂涂布地面、不饱和聚酯涂布地面、聚氨酯涂布地面等均属此类地面。另一类是以水溶性树脂或乳液与水泥复合组成胶凝材料的聚合物水泥涂布地面，这种地面耐水性优于单纯的同类聚合物涂层，同时粘结性、抗冲击性也优于水泥涂料，且价格便宜。目前国内采用的聚醋酸乙烯乳液水泥涂布地面、聚乙烯醇甲醛胶水泥涂布地面等均属此种地面。

涂布地面一般采用涂刮方式施工，涂层较厚，硬化后能形成整体无接缝的地面，故易清洁，并耐磨、弹韧，抗渗、耐腐蚀等，物理力学性能也较良好。

溶剂型合成树脂涂布地面适用于卫生或耐腐蚀要求较高的地方。如实验室、医院的手术室、食品加工厂、船舶甲板等。

聚合物水泥涂布地面系水性，无毒，施工方便，故用于住宅地面较多。

## 二、块材式楼地面

块材式楼地面，是指以陶瓷锦砖、瓷砖、缸砖、水泥砖、以及预制水磨石板、大理石板、花岗石板等板材铺砌的地面。其特点是花色品种多样，经久耐用，易于保持清洁。但一般来说，具有造价偏高，工效偏低的缺点。这一类的地面属于中、高档做法，应用十分广泛。但是在应用中应注意这类地面系刚性地面，不具有弹性、保温、消声等性能。因此虽然装饰等级比较高，但必须要充分考虑其材性特点而使用。通常，用于人流较大、耐磨损、保持清洁等方面要求较高的，或经常比较潮湿的场合。但一般来说，除在南方较炎热的地区外，不宜用于居室、宾馆客房，也不适宜用于人们要长时间逗留、行走、或需要保持高度安静的地方。

(一) 陶瓷锦砖、瓷砖、缸砖楼地面

陶瓷锦砖(又称马赛克)、瓷砖、缸砖均为高温烧成的小型块材，它们共同的特点是表面致密光滑、耐磨、防水性好，一般不会变色。这类材料一般是铺贴在整体性和刚性均较好的细石混凝土或预制板的基层上，其传统作法是在找平层上作10～20mm厚1∶3～4水泥砂浆，然后用水泥砂浆嵌缝，以增加其表面粘结力。瓷砖等较大的块背面另刮素水泥浆，然后粘贴拍实。陶瓷锦砖(马赛克)整张铺贴后，用滚筒压平，待砂浆硬化后，用草酸洗去牛皮纸，然后再用水泥擦缝。

陶瓷锦砖、瓷砖、缸砖铺贴除上述做法外，在不需要垫层找泛水和基层表面平整的情况下，可以在基层表面清扫、湿润，先刷厚1～2mm掺20%107胶的水泥砂浆，然后用掺5%～10%107胶的水泥浆直接粘贴。这种做法与前者相比，掺107胶后的水泥砂浆保水及防止开裂的性能好，故不须作较厚的砂浆层、且粘结强度高、便于施工、容易铺平(见图3-3、图3-4、图3-5)。

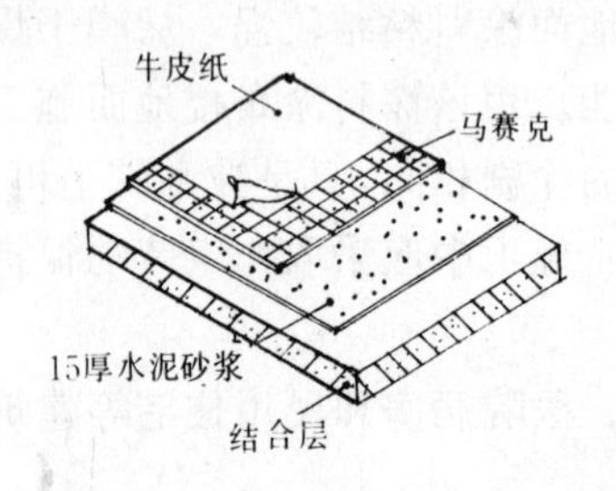


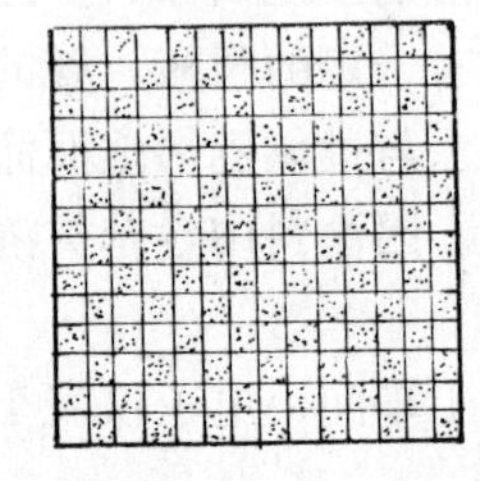

图 3-3 马赛克楼地面

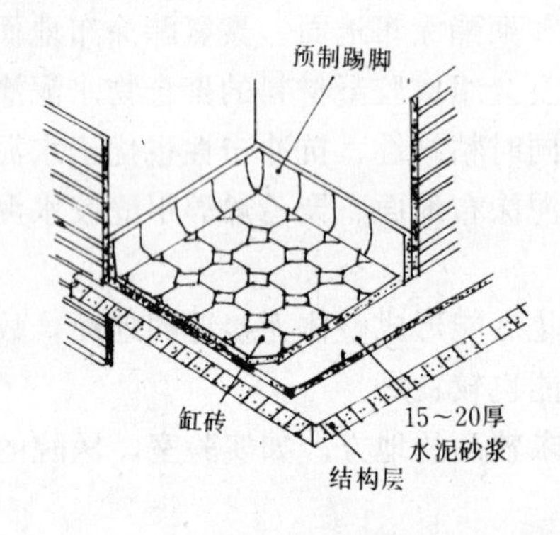


图 3-4 缸砖楼地面

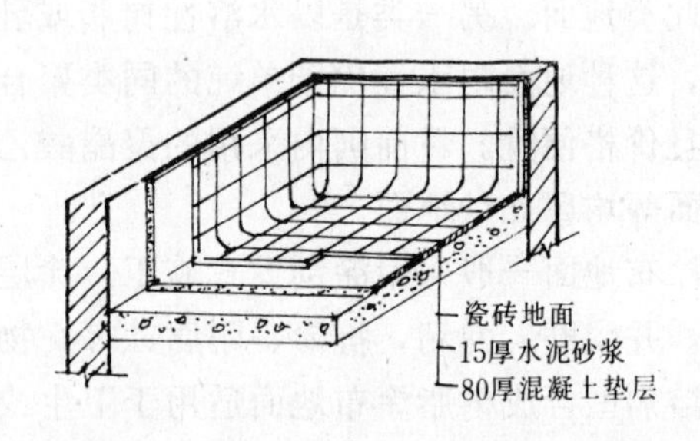


图 3-5 瓷砖楼地面

(二) 预制水磨石板、水泥砂浆砖、混凝土预制块楼地面

这类预制块具有质地坚硬、耐磨性能好等优点，是具有一定装饰效果的大众化地面饰面材料。它们与基层粘贴的方法有两种：一种做法是在板下铺一层20～40mm厚砂子，板缝用水泥砂浆灌实。此做法施工简单方便、易于更换，但不易平整。尺寸较大、较厚的预制块适用于此法铺贴。另一种做法是在找平层上粘贴10～20mm厚1∶3水泥砂浆，在其上铺贴块材，再用1∶1水泥砂浆嵌缝。这种做法较前者平整，粘贴牢靠(见图3-6、图3-7)。

(三) 大理石板、花岗岩板楼地面

大理石、花岗岩是从天然岩体中开采出来的，经过加工成块材或板材，再进行粗磨、细磨、抛光、打蜡等工序，就成了高级装饰材料，一般用于宾馆的大厅或要求高的卫生间、公共建筑的门厅、休息厅、营业厅等房间楼地面。

大理石板、花岗岩板一般为 20～30mm 厚，每块大小一般 300mm×300mm～500mm×500mm。铺贴时先在刚性平整的垫层上抹 30mm 厚 1∶3 水泥砂浆，然后在其上铺贴大理石板，并用纯水泥浆填缝。还可以利用大理石的边脚料，进行碎拼大理石，其价格较整块大理石便宜。图案、色彩选择适当，装饰效果也不错。

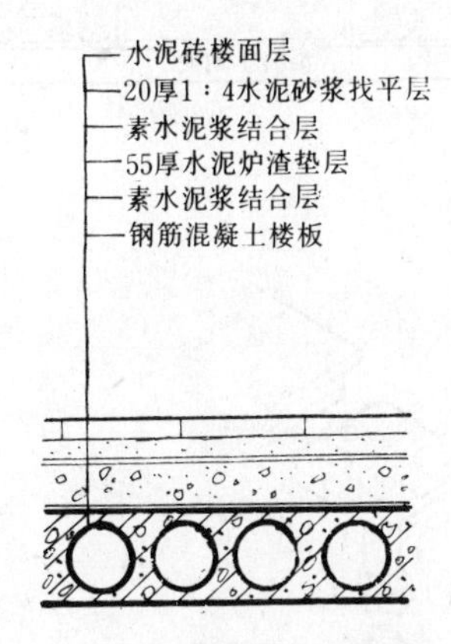


图 3-6　水泥砖楼地面构造做法示意

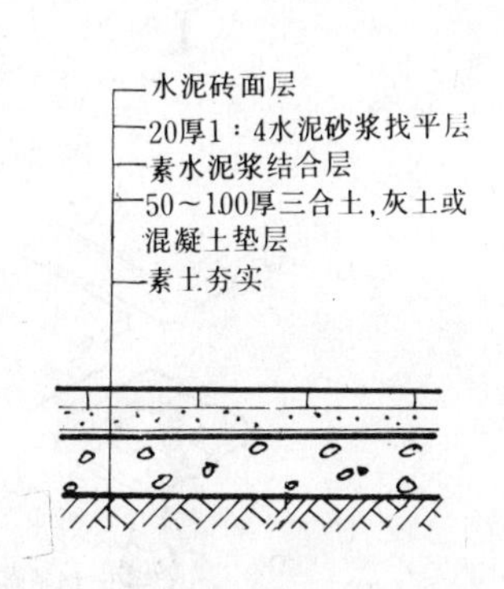


图 3-7　水泥砖首层地面构造做法示意

图 3-8 和图 3-9 所示的分别是在楼层和地层上面铺贴大理石板或花岗岩板饰面的构造做法。图 3-10 所示的是大理石及花岗岩踢脚板安装的构造做法。

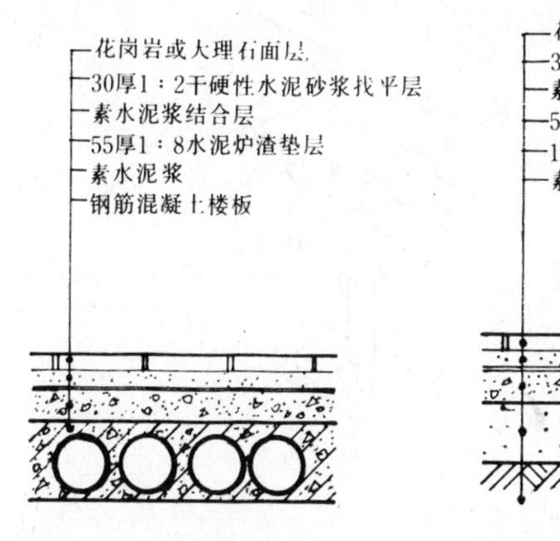


图 3-8　块材装饰楼地面构造做法示意

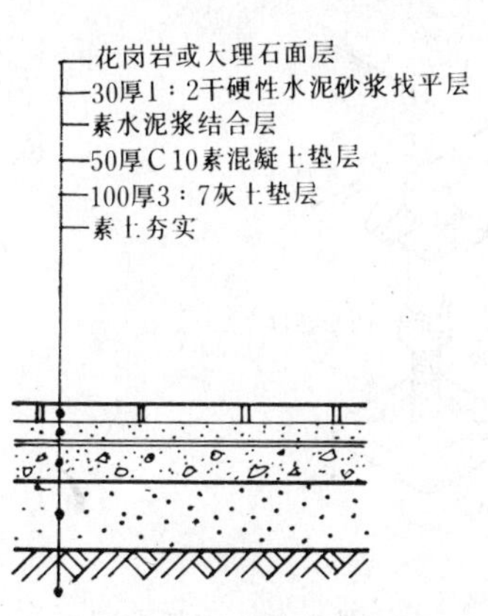


图 3-9　块材装饰首层地面构造做法示意

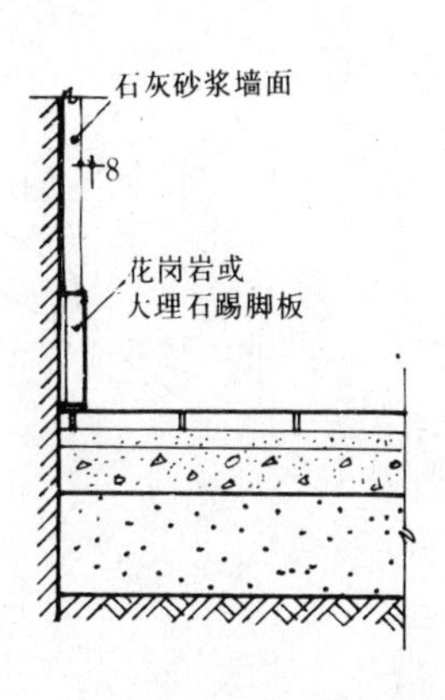


图 3-10　踢脚板安装示意

（四）活动夹层地板

活动夹层地板是一种新型的楼地面结构，是由以各种装饰板材（如以特制刨花板为基材，表面覆以高压三聚氰胺优质装饰板）经高分子合成胶粘剂胶合而成的活动木地板、抗静电特性的铸铅活动地板和复合抗静电活动地板等，配以龙骨、橡胶垫、橡胶条和可供调节的金属支架等组成（见图 3-11）。因其具有安装、调试、清理、维修简便，其下可敷设多条管道和各种导线并可随意开启检查、迁移等优点，广泛应用于计算机房、通讯中心、电化教室、展览台、剧场舞台等建筑。

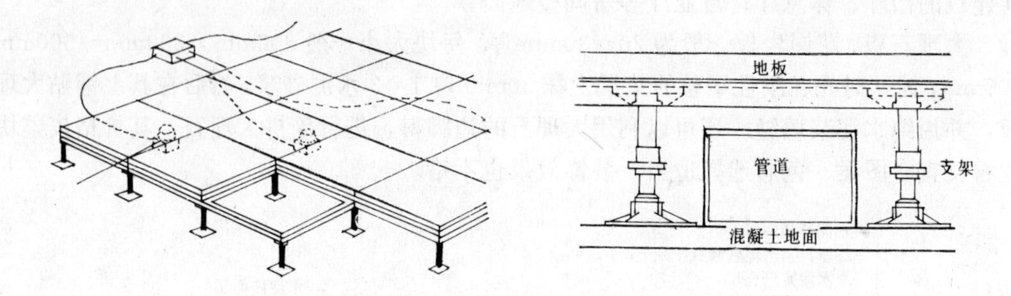


图 3-11 活动夹层地板的组成

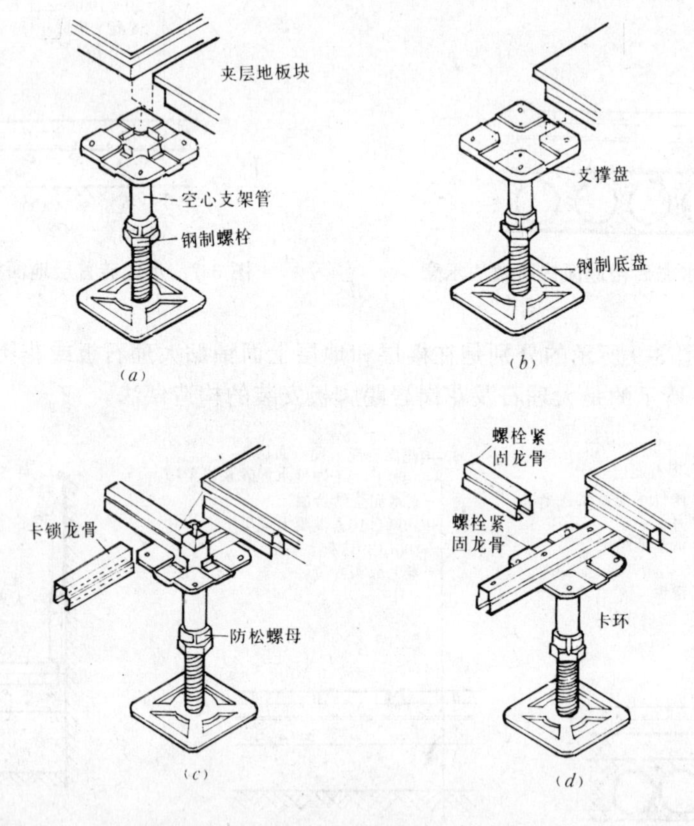


图 3-12 支架类型

(*a*) 拆装式支架；(*b*) 固定式支架；(*c*) 卡锁搁栅式支架；(*d*) 刚性龙骨支架

活动夹层地板典型板块尺寸为 457mm×457mm；600mm×600mm；762mm×762mm。支架有拆装式支架、固定式支架、卡锁搁栅式支架、刚性龙骨支架四种（见图 3-12）。

拆装式支架是用于小面积房间的典型支架。从基层到装饰地板的高度可在 50mm 范围内调节，并可连接电器插座。

固定式支架无龙骨，每块板直接固定在支撑盘上。用于普通荷载的办公室、非电子计算机房等其他房间。

卡锁搁栅式支架将龙骨卡锁在支撑盘上，使用这种搁栅便于任意拆装。

刚性龙骨支架是将 1830mm 的主龙骨跨在支撑盘上，用螺栓直接固定。一般可用于陈放质量较大设备的房间。

**三、木楼地面**

木楼地面一般是指楼地面表面由木板铺钉或硬质木块胶合而成的地面。其特点是有弹性、耐磨、不起灰、易清洁、不泛潮、蓄热系数小及不老化。常用于高级住宅、宾馆、剧院舞台等建筑的楼地面。

木楼地面基本构造由面层和基层组成。

面层是木楼地面直接承受磨损的部位，也是室内装饰效果的重要组成部分。从板条规格及组合方式上，木楼地面可分为条板面层和拼花面层。常用的条板规格为 50～150mm 宽。拼花地面是用较短的小木板条，通过不同方向的组合，创造出多种条样的拼板图案。

基层的作用主要是承托和固定面层，通过钉或粘的办法，达到牢固的目的。基层可分为木基层和水泥砂浆（或混凝土）基层。木基层有架空式和实铺式二种，水泥砂浆（或混凝土）基层，一般多用于薄木地板地面。薄木地板是采用胶粘剂将薄板粘于水泥砂浆（或混凝土）基层上。

有些特殊要求的木楼地面，如舞台及比赛场地木地面，对减震及整体弹性要求比一般木楼地面要高，要想达到使用要求，往往做成弹性木地面及弹簧木地面。

（一）粘贴式木楼地面

粘贴式木楼地面是在钢筋混凝土结构层上（或底层地面的素混凝土结构层上）做好找平层，再用粘结材料将木板直接贴上制成的。通常的做法是：在结构层上用 15mm 厚 1∶3 水泥砂浆找平，上面刷冷底子油一道，然后做 5mm 厚沥青玛琋脂（或其他胶粘剂），最后粘贴长条硬木企口板、拼花小木块、或硬质纤维板。

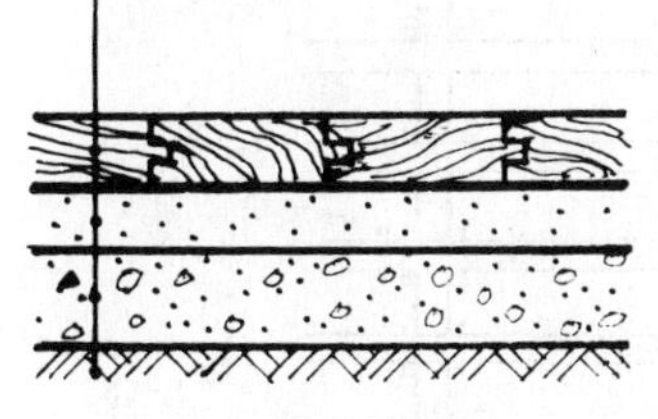


图 3-13　粘结式实铺木地板构造（首层）

长条硬木企口板一般厚 18～23mm，板宽为 30～50mm（见图 3-13）。

拼花小木块构成拼花地板是一种硬木地板，小块木条可以在现场拼装，也可以在工厂预制成 200mm×200mm～400mm×400mm 的板材，然后运到工地粘贴或铺钉。拼花形式根据设计图案而定。

硬质纤维板地面是利用木材碎料或其他植物纤维为主要原材料，经过加工制成 3～6mm 厚经切割裁剪成一定规格的板材，再按图案铺设而成的地板。这种地板有树脂加强，又是热压工艺成型的，因此质轻高强，收缩性小，克服了木材的易于开裂、翘曲等缺点，且又保持了木地板的某些特性，同时取材广泛，各种软硬木材的下脚料都可采用，成本又较便宜，是以下脚料代替木材的一个途径。

硬质纤维板地面的铺设有暗钉法和粘贴法两种形式。暗钉法是在垫层上先铺一层木屑水泥砂浆找平层，然后按图案尺寸把纤维板铺钉在木屑水泥找平层上，钉帽要砸扁冲入板内。拼缝用水泥砂浆填补，清扫干净、打蜡。粘贴法采用的胶粘剂有石油沥青、聚氨酯、聚醋酸乙烯乳胶、酪素胶等。

粘贴式硬木地板构造要求铺贴密实、防止脱落，为此要控制好木板含水率，基层要清洁。木板还应做防腐处理。

粘贴式硬木地板占空间高度小，较经济，但弹性较差。

（二）实铺式木楼地面

实铺式木地板是将木搁栅直接固定在基层上，而不用象架空式木地板那样，用地垅墙架空。实铺式木地板，用于地面标高已达到设计要求的场合。它是与架空式木地板相比较而存在的。

实铺式木基层较为简单。一般多采用涂满沥青或防腐油的梯形截面的木搁栅（俗称燕尾龙骨）。木搁栅的间距一般是400mm。在搁栅与搁栅之间，为增强整体性，通常应设横撑，中距1200～1500mm。木搁栅可通过在现浇楼地面或在预制楼地面上的垫层、找平层混凝土中预埋的镀锌铅丝、细钢筋螺栓等进行固定。为使木搁栅达到设计标高，在必要时，可以在搁栅之下加设垫块。其方法如图3-14所示。当然，在要求比较高的地面中，为满足减震及整体弹性的要求，往往还要加设弹性橡胶垫层，其方法如图3-15所示。至于木搁栅、横撑、垫块（或埋件）在设置时的相对位置关系，可参见图3-16。另外，为了减少人在地板上行走时所产生的空鼓声、改善保温隔热效果，通常还应在搁栅与搁栅之间的空腔内填充一些轻质材料，如干焦渣、蛭石、矿棉毡、石灰炉渣等。

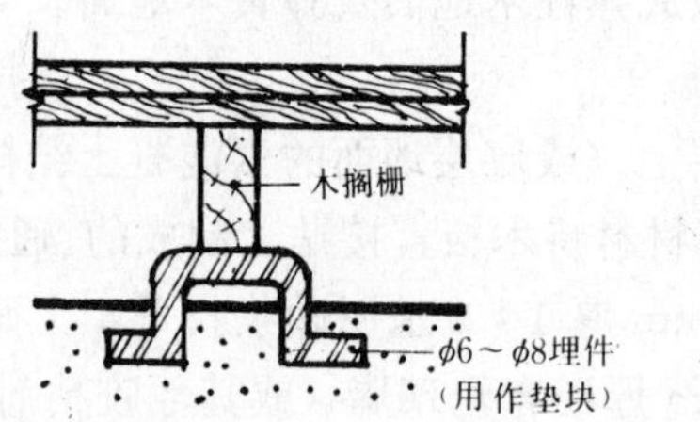


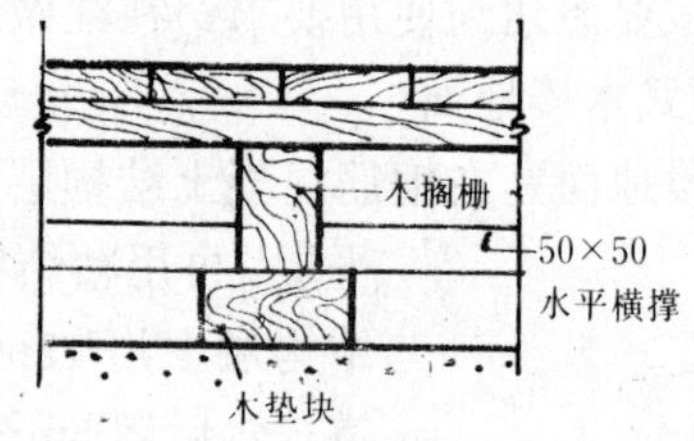


图3-14　垫块设置示意

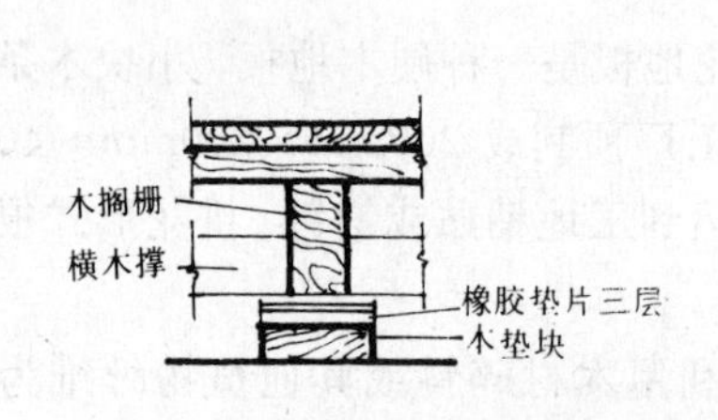


图3-15　橡胶垫块弹性木楼地面构造

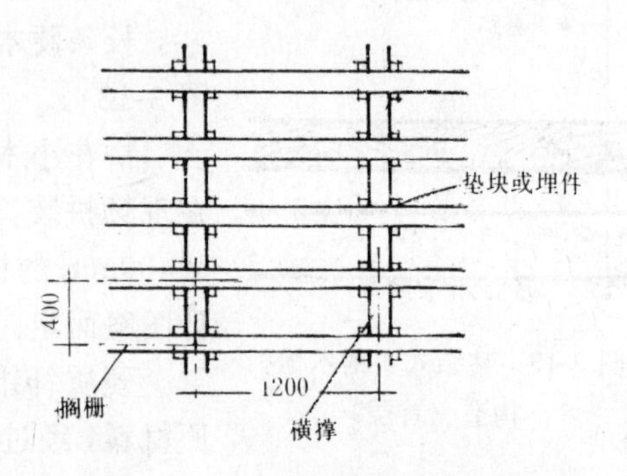


图3-16　木基层各部件位置示意

目前，木楼地面的做法，以实铺式木地面为多。实铺式木地面，亦可有单层条式、双层条式以及双层拼花等不同的面层形式。下面的介绍，主要围绕双层拼花面层实铺木地面来进行。

实铺式木地面在设置搁栅并填充保温、隔声材料后，待其干燥，按一定角度铺钉毛地板，然后再与毛地板成一定角度铺钉面层板条而成。必须注意的是，在毛地板与面层地板之间，宜铺设一层油纸或沥青油毡，以起防潮、隔声、缓冲等作用。其构造方法见图3-17。

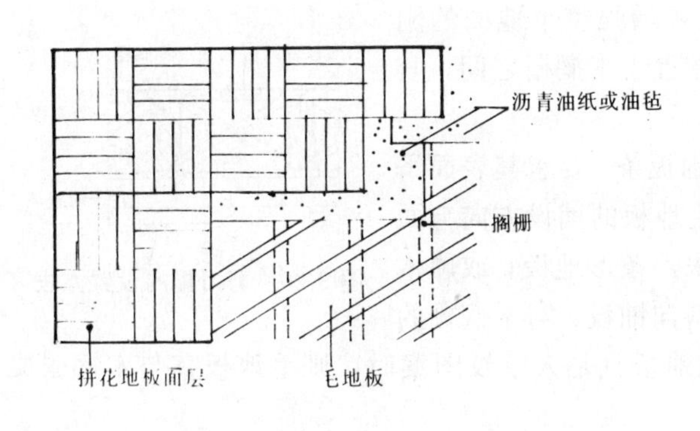


图 3-17　双层拼花地板构造示意

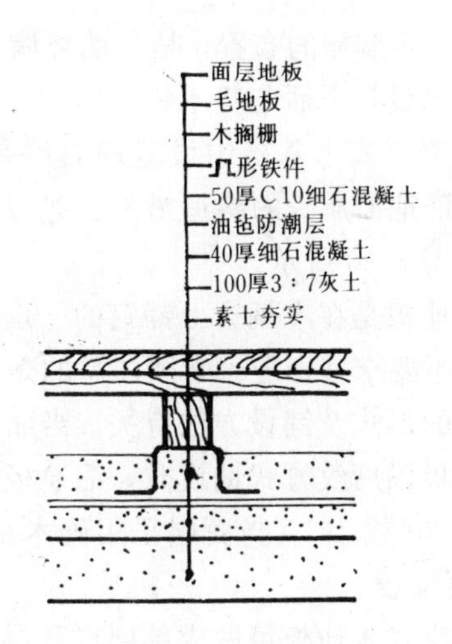


图 3-18　实铺式木地板构造（首层）

面层的固定有钉接和粘结两种。

图 3-18 所示的是在首层地坪上实铺式木地面的构造做法。

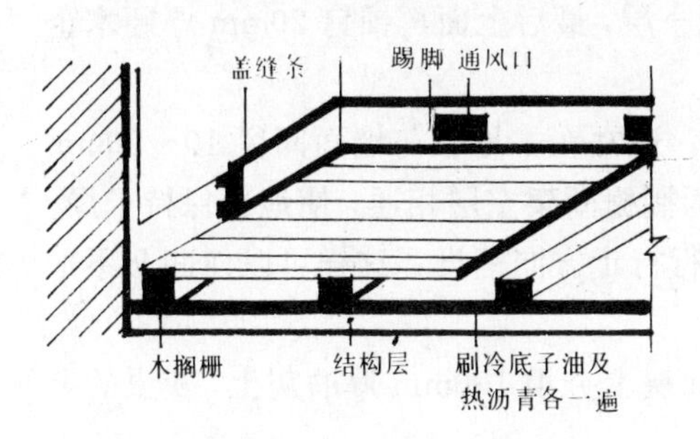


图 3-19　实铺木地面

在木地板与墙的交接处，应用踢脚板及压缝条加以封盖。为了使潮气散发，可在踢脚板上开孔通风。木搁栅与砖墙接触的部位也应进行防腐处理（图 3-19）。

（三）架空式木楼地面

架空式木地板主要用于面层由于使用的要求，距基底距离较大的场合，通过地垅墙或砖墩的支撑，使木地面达到设计要求的标高。另外，在建筑的首层，为减少回填土方量，或者由于管道设备的架设和维修，需要有一定的敷设空间时，通常也可考虑采用架空式木地面。

架空式木基层，包括地垅墙（或砖墩）、垫木、搁栅、剪刀撑及毛地板几个部分。

地垅墙一般采用红砖砌筑，其厚度应根据架空的高度及使用条件来确定。垅墙与垅墙之间的间距，一般不宜大于 2m。在地垅墙上，要预 留通风孔洞，使每道垅墙之间的架空层及整个木基层架空空间与外部之间均有良好的通风条件。一般垅墙上应在砌筑时留 120mm×120mm 的孔洞，外墙应每隔 3～5m 开设 180mm×180mm 的孔洞，墙洞口加封铁丝网罩。如果该架空层内敷设了管道设备，需兼作维修空间时，则还需考虑预留进人孔。

砖墩所起的作用与地垅墙是一样的，所不同的是，砖墩的布置要同搁栅的布置相一致。

在地垅墙（或砖墩）与搁栅之间，一般用垫木连接。垫木的厚度，一般为 50mm。垫木与地垅墙的连接，通常采用以 8 号铅丝绑扎的方法，铅丝应预先埋设在砖砌体之中。在大多数情况下，垫木应分段直接铺放于搁栅之下，也可采用沿地垅墙通长布置的方法。垫木与砖砌体接触面干铺油毡一层。

另外，近年来有许多地方以混凝土垫板来替代垫木。方法是在地垅墙（或砖墩）上部现浇一条混凝土圈梁（或压顶），并在这层混凝土内预埋“几”形铁件（或 8 号铅丝）。

木搁栅的作用是固定和承托面层。其断面尺寸的选择应根据地垅墙（或砖墩）的间距来确定。木搁栅的布置，是与地垅墙（或砖墩）成垂直方向安放。其间距一般为 400mm 左右，在铺设找平后与垫木钉牢即可。另外，木搁栅和垫木在使用前应进行防腐处理。

在架空式木基层中设置剪刀撑是一种增强整个地面的刚度、保证地面质量的构造措施。剪刀撑布置于木搁栅之间，其方法如图 3-20 所示。

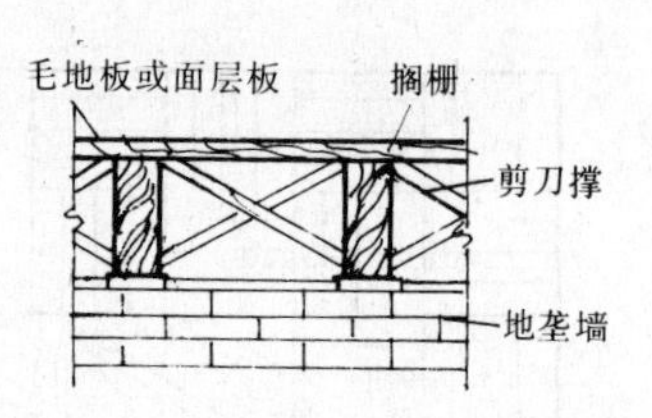


图 3-20 剪刀撑的设置方法

毛地板是在木搁栅上铺钉的一层窄木板条。要求其表面平整，但不要求其密缝。必须注意的是，毛地板的铺设方向与面层地板的形式及铺设方法有关。当面层采用条形地板，或硬木拼花地板以席纹方式铺设时，毛地板宜斜向铺设，与木搁栅的角度为 30°或 45°。当面层采用硬木拼花地板且是人字纹图案时，则毛地板宜与木搁栅成 90°垂直铺设。

架空式木地板可做成单层或双层。

单层架空木地板的构造是：在预先固定好的梯形截面小搁栅上钉 20mm 厚（净尺寸）硬木企口板，板宽一般为 70mm。

双层架空木地板的构造是：在预先固定好的梯形截面小搁栅上铺一层毛板，毛板可用杉木或松木，20～25mm 厚。在毛板上铺油毡或油纸一层，最后上面再铺钉 20mm 厚硬木企口长条地板或拼花地板，板宽一般为 30～50mm。

架空式木地板要做好防腐和架空层的通风处理。通常在木地板与墙面间留 10～20mm 空隙，踢脚板或地板上做出通风洞或通风篦子，与两搁栅间架空层相通，使地板保持干燥。

铺长条地板宜平行光线方向铺设，走道则应平行行走方向铺设，这样可以使凹凸不平处不显露，并方便清扫和减少磨损。

为了防止土中潮气上升和生长杂草，应在地基面层上夯填 100mm 厚的灰土，灰土的上皮应高于室外地面。

（四）弹性木地板

弹性木地板因为弹性好，故在舞台、练功房、比赛场等处广泛采用。弹性木地板构造上分衬垫式和弓式两种。衬垫式是用橡皮、软木、泡沫塑料或其他弹性好的材料做衬垫，衬垫可以做成一块一块的，也可以做成通长条形的。

弓式有木弓、钢弓两种。

木弓式弹性地板是用木弓支托搁栅来增加搁栅弹性，搁栅上铺毛板、油纸，最后铺钉硬木地板。木弓下设通长垫木，垫木用螺栓固定在结构层上。木弓长约 1000～1300mm，高度可根据需要的弹性通长试验确定。

（五）弹簧木地板

弹簧木地板由于使用了弹簧而弹性更好。图 3-21 所示为弹簧地板构造。弹簧地板可与电气开关连用。人进去后，地板加荷载下沉电流接通，电灯开启，人离开后，地板复原切断电流，电灯自动熄灭。

（六）木踢脚板

设置木踢脚板，是墙、地两个面相交处的构造处理。这不仅可以增加室内美观，同时也克服了墙面下部易遭磕碰及弄污的问题。从构造上说，处理好踢脚板，主要解决二个问题，一是踢脚板的固定，二是踢脚板与地面相交处的艺术处理。具体构造见图 3-22。

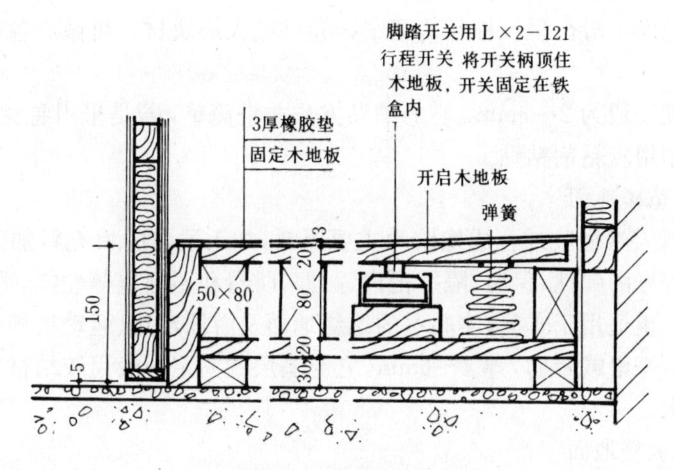


图 3-21　弹簧地板构造

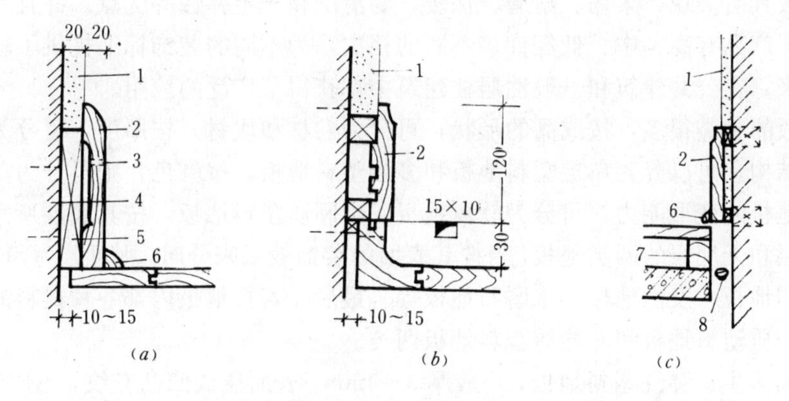


(a)　(b)　(c)

图 3-22　木踢脚板构造

(a) 木踢脚板作法之一；(b) 木踢脚板作法之二；(c) 木踢脚板在变形缝处作法

1—内墙粉刷；2—20×150 木踢脚板；3—ϕ6 通气孔；4—预埋木砖，120×120×60；5—木垫块；6—木压条，15×15 (a 图)，15×20 (c 图)；7—木搁栅；8—沥青胶泥及金属调整片

木踢脚板是常用的一种踢脚板，比较讲究的房间均采用，木楼地面最合适的踢脚板材料，当然是木踢脚板，所选用的材质及色彩、纹理最好与面层相协调。常用的规格为 150mm×20～25mm（宽×厚）。其他方面要求同面层。

在木踢脚板与地面相交处，一般采用压木条或在转角处安圆角成品木条，具体形状如图 2-22 所示。

木踢脚板的色彩应同木楼地面。

**四、铺贴式楼地面**

铺贴式楼地面是指以地面覆盖材料所形成的楼地面饰面。例如油地毡、橡胶地毡、聚氯乙烯塑料地板、化纤地毯等楼地面。

（一）油地毡楼地面

油地毡是以植物油、树脂等为胶结料，加入填料、颜料及催化剂，经胶化、捏合、成型并复合在沥青油纸或麻布上，再经烘干等工序而制成，这种楼地面饰面具有一定弹性和耐热、耐磨性，光而不滑。呈红棕色的宽窄幅卷材或大小块材，可做成各种图案，用于居住和公共建筑。

油地毡的厚度一般为2～3mm。它的铺贴方法非常简单，若是采用卷材一般为钉结，不用胶粘剂，块材则用胶粘剂粘贴。

（二）橡胶地毡楼地面

橡胶地毡是以天然橡胶或合成橡胶为主要原料，加入适量的填充料加工而成的地面覆盖材料。它具有较好的弹性、保温、隔撞击声、耐磨、防滑和不导电等性能，适用于展览馆、疗养院等公共建筑。也适用于车间、实验室的绝缘地面及游泳池边、运动场等防滑地面。

橡胶地毡表面平滑或带肋，厚4～6mm。它与基层的固定一般用胶结材料粘贴的方法粘在水泥砂浆基层上。

（三）塑料地板楼地面

塑料地板楼地面是指用聚氯乙烯树脂塑料地板作为饰面材料铺贴的楼地面。

塑料地板具有美观、柔韧、耐磨、保暖、易清洗和一定弹性等优点。并且，根据不同的使用需要，产品有高、中、低等许多不同的档次，为不同的装饰标准提供了较大的选择余地，近年来，在公共建筑和一般性居住建筑中都获得了广泛的应用。

塑料地板的种类很多，按成品的形状，可分为卷材和块材。按厚度，可分为厚地板和薄地板。按结构，可以分为单层塑料地板和多层塑料地板。按颜色，则可分为单色和复色两种。若按地板的变形能力，可分为软质地板、半硬质塑料地板。按其底层所用材料，又可分为有底层和无底层的两类地板。当按其表面的装饰效果来分时，则可分为印花地板、压花地板、压印地板、发泡地板、水磨石地板等。最后，若按地板内部各种材料的分散特性分，可分为均质塑料地板和非均质塑料地板两类。

国外目前多生产弹性塑料地板，一般厚3～4mm，表面压成凹凸花纹，主体感强。弹性垫层一般采用泡沫塑料、玻璃棉、合成纤维毡等。它们的弹性好、吸水冲击力强、防滑、耐磨、耐火烫，适用于体育馆、豪华商店及旅馆。

我国现在主要生产单层、半硬质塑料地板。半硬质塑料地板厚2mm左右，可用胶粘剂粘贴在基层上。适用于宾馆、医院、实验室、净化车间、住宅等居住和公共建筑。另外，半硬质聚氯乙烯石棉塑料地板厚1.6～2mm，也可粘贴于水泥地面、木地面上。

聚氯乙烯塑料地面的铺贴常采用胶粘剂与其基层固定。胶粘剂可使用氯丁胶、白胶、白胶泥（白胶与水泥配比为1∶2～3），脲醛水泥胶、8123胶、404胶等。

（四）地毯楼地面

地毯楼地面是指用地毯作为饰面材料的楼地面。

地毯是一种高档的地面覆盖材料，具有吸声、隔声、防滑、弹性与保温性能好，脚感舒适、美观等特点，同时施工及更新方便。它可以用在木地板上，也可以用于水泥等其他地面上。所以地毯被广泛的用于宾馆、饭店、住宅等各类建筑之中。

地毯按其材质来分，主要有：羊毛地毯、混纺地毯、化纤地毯、剑麻地毯、橡胶绒地毯、塑料地毯等。按照编织结构，地毯可分为手工编织地毯、簇绒地毯、无纺粘合地毯、编织地毯等多种类型。

地毯的铺设方法分为固定与不固定两种。不固定铺设方法在此从略。

地毯的固定办法有二种。一种是用倒刺板固定，另一种用胶粘结固定。如果采用倒刺板固定，一般是在地毯的下面，加设一层垫层。垫层有波纹状的海绵波垫和杂毛毡垫二种。波纹垫一般是泡沫塑料，厚度在 10mm 左右。加设垫层，增加了地毯地面的柔软性、弹性和防潮性，并易于铺设。

1. 整体式地毯用倒刺板条固定

倒刺板一般采用五合板或加厚三合板，可以自行制作。方法十分简单，只须在胶合板上平行地钉两行钉子即可。一般，宜使钉子按同一方向与板面成 75°角。倒刺板的具体尺寸要求可见图 3-23。

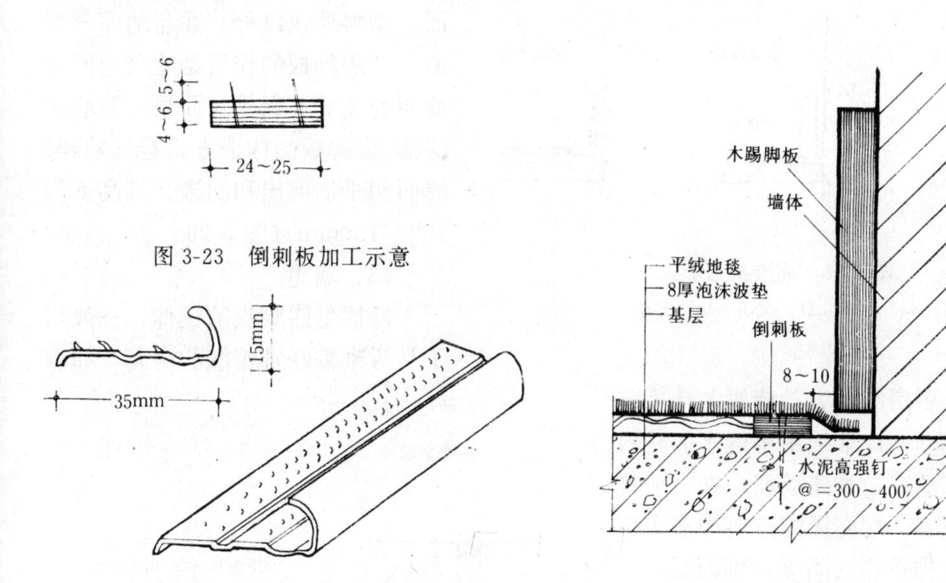


图 3-23　倒刺板加工示意

图 3-24　铝合金“L”形倒刺收口条

图 3-25　倒刺板、踢脚板的固定及与地毯的关系

倒刺固定板条也可采用市售的产品。目前市售的多为“L”形铝合金倒刺收口条，如图 3-24 所示。这种铝合金倒刺收口条兼具倒刺收口双重作用，既可用于固定地毯，也可用在两种不同材质的地面相接的部位，或是在室内地面有高差的部位起收口的作用。

倒刺板的固定，通常是沿墙四周的边缘，间距 400mm 顺长布置。踢脚板和倒刺板的固定及与地毯、地毯垫层的关系如图 3-25 所示。显然，踢脚板要兼作地毯的收口处理。

2. 整体式地毯粘结固定与铺设

当用胶粘固定地毯时，地毯一般要具有较密实的基底层。常见的基底层是在绒毛的底部粘上一层 2mm 左右的胶，有的采用橡胶，有的则用塑胶，有的则使用泡沫胶层。不同的胶底层，对耐磨性影响较大。有些重度级的专业地毯，胶的厚度 4～6mm，而且在胶的下面再贴一层薄毡片。

局部铺设地毯一般采用的固定方法有两种：一种是粘贴法，将地毯背面的四周与地面用胶粘剂粘贴；另一种作法是铜钉法，将地毯的四周与地面用铜钉加以固定。

地面卷材的铺贴，可模仿壁纸的裱糊及拼缝方法来处理。不同的是，在地面卷材的背侧不用刷胶。在实际中，对不同的基层，也应有一些相应的措施。例如在金属基层上（如船舱甲板上），应加设橡胶垫层。而在首层地坪上铺设时，则必须加做防潮层。

另外，需要补充说明的是，当有其他固定方法可资利用时，在设计中应尽量考虑不采用粘贴固定的方式。因为粘贴固定封闭了地面潮气，容易导致卷材的局部破损。

## 第三节　楼地面特殊部位的装饰构造

### 一、踢脚板

踢脚板是楼地面和墙面相交处的构造处理。它所用的材料一般与地面材料相同，（除土砖地面、陶瓷锦砖地面、混凝土地面、塑料地板以外）并与地面一起施工。踢脚板的作用是遮盖地面与墙面的接缝，保护墙面根部及墙面清洁。踢脚板的构造方式有三种：与墙面相平、突出和凹进。其高度为100～150mm（图 3-26）。

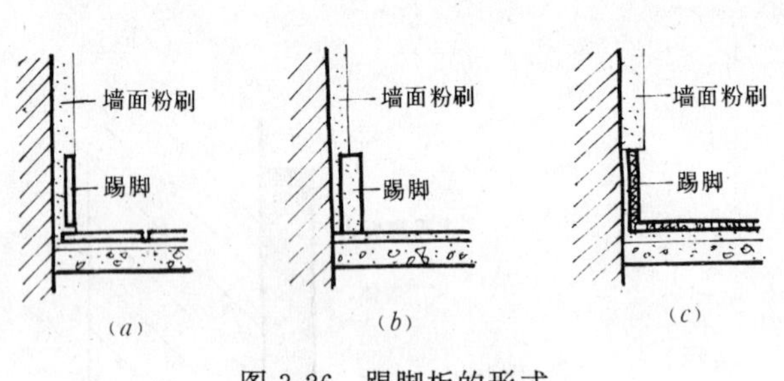


图 3-26　踢脚板的形式
(*a*) 相平；(*b*) 突出；(*c*) 凹进

### 二、墙裙

墙裙是踢脚板的延伸，一般用于易污染需经常擦洗的房间，如厕所、盥洗室、厨房等地方。墙裙的高度一般为 900～1000mm，常采用不透水的材料做。水泥砂浆墙裙、油漆墙裙，在一般建筑物中用得较多。在高级的建筑中多采用瓷砖墙裙，其构造作法同墙体饰面。

### 三、变形缝

楼地面的变形缝一般对应建筑物的变形缝设置，并贯通于楼地面各层，缝宽在面层不小于 10mm，在混凝土垫层内不小于 20mm。变形缝从构造上既要与基层脱开，又要求面层覆以盖缝材料；从结构上讲要保证合理的位置和可靠的强度；从地面装饰的角度讲也要结合图案和分格考虑。所以，对变形缝要精心处理，特别是对抗震缝，要求更高一些。

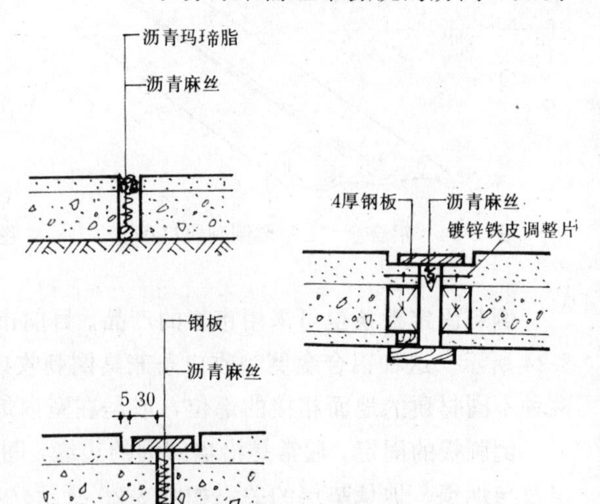


图 3-27　地面变形缝的构造

整体面层地面和刚性垫层地面，在变形缝处断开，垫层的缝中填充沥青麻丝，面层的缝中填充沥青玛琋脂或加盖金属板、塑料板等，并用金属调节片封缝。盖缝板应不妨碍构件之间的自由伸缩和沉降。对于沥青类材料的整体面层地面、块料面层地面可以只在混凝土垫层中或楼板中设置变形缝。铺在柔性垫层上的块料面层地面，不需设置变形缝（图 3-27）。

图 3-28 为楼地面变形缝的几种构造做法。

图 3-29 为楼地面抗震缝的几种构造做法。

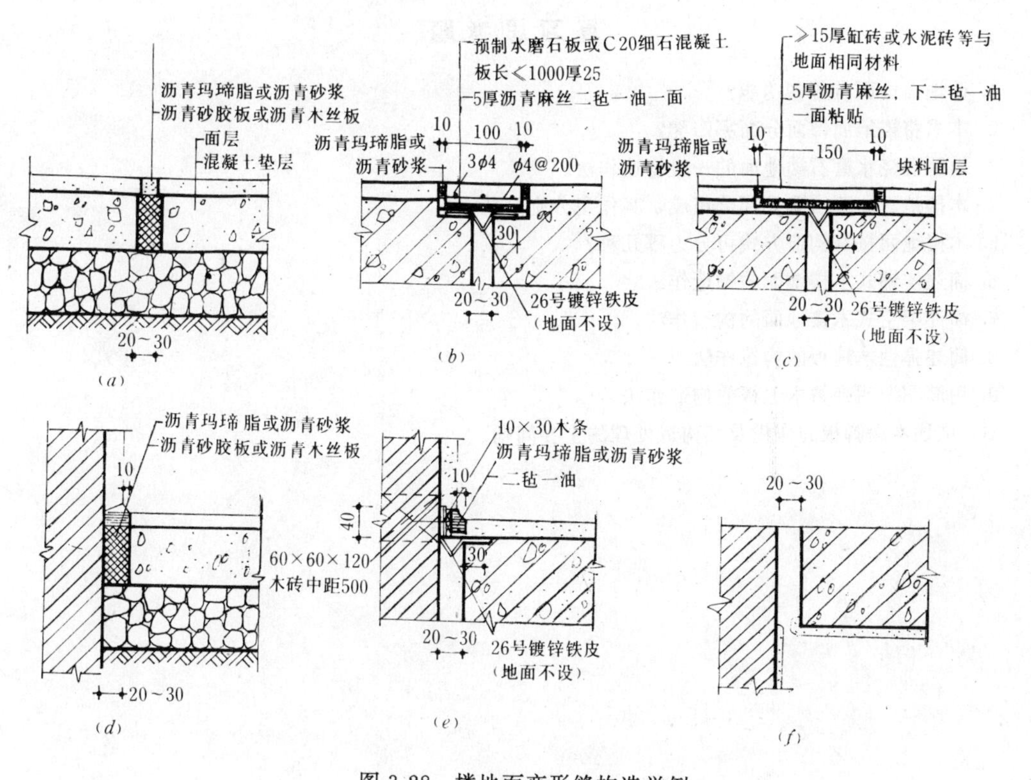


图 3-28　楼地面变形缝构造举例

(*a*) 地面；(*b*) 楼地面；(*c*) 楼地面；(*d*) 地面；(*e*) 楼地面；(*f*) 平顶

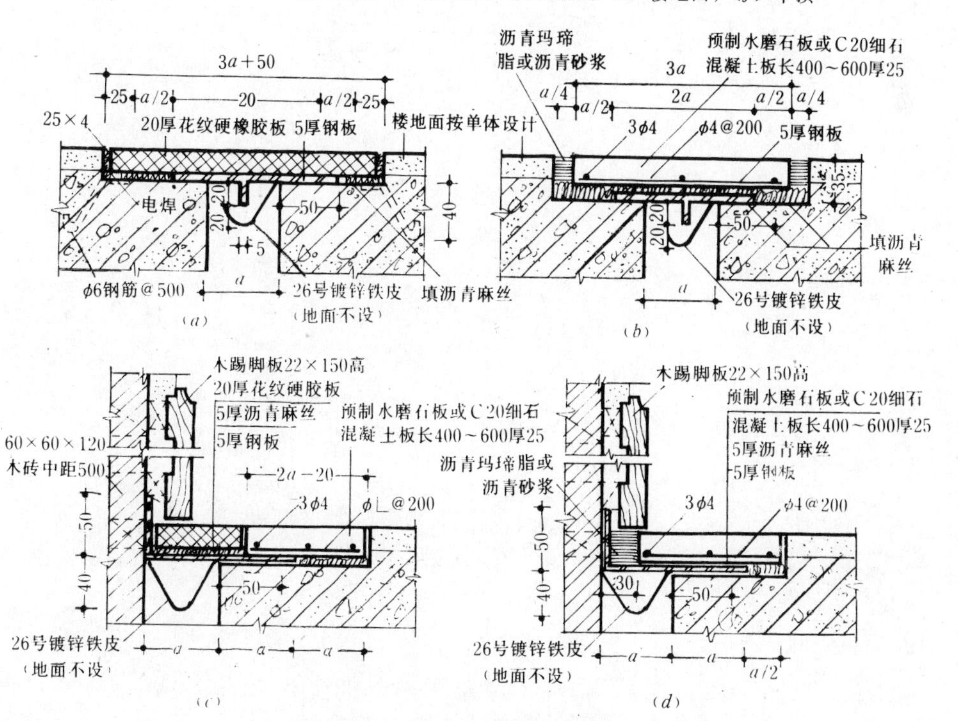


图 3-29　楼地面抗震缝构造举例

(*a*) 楼地面；(*b*) 楼地面；(*c*) 楼地面；(*d*) 楼地面

## 复习思考题

1. 楼地面饰面有哪些功能？
2. 本书将楼地面饰面分面哪四类？
3. 简述现浇水磨石楼地面的一般构造作法。
4. 木楼地面主要由哪几部分组成，其作用分别是什么？
5. 木楼地面按其构造方式可分为哪几种？
6. 简述实铺式木楼地面的构造作法。
7. 简述架空式木楼地面的构造作法。
8. 简述弹性木地板的构造作法。
9. 用简图说明弹簧木地板的构造作法。
10. 试述木踢脚板的作用及其构造处理的主要问题。

# 第四章　顶棚装饰构造

顶棚也称天棚、天花板。在单层建筑中，它位于屋顶承重结构的下面；在多层或高层建筑中，它位于上一层楼板的下面。顶棚是室内空间的顶界面，顶棚装饰工程是建筑装饰工程的重要组成部分。顶棚的构造设计与选择应从建筑功能、建筑声学、建筑照明、建筑热工、设备安装、管线敷设、维护检修、防火安全等多方面综合考虑。

## 第一节　顶棚装饰的功能与分类

### 一、顶棚装饰的功能

顶棚是室内装饰的一个重要组成部分，它是除墙面、地面之外，用以围合成室内空间的另一个大面。因此，室内装饰的风格与效果，与顶棚的造型、顶棚装饰构造及材料的选用之间有着十分密切的关系。顶棚选用不同的处理方法，可以取得不同的空间感觉，有时还可以延伸和扩大空间感，对人的视觉起导向作用。因此，顶棚的装饰处理对室内景观的完整统一及装饰效果有很大影响 。

顶棚的处理不仅对室内的装饰效果、艺术风格有影响，而且可以遮盖照明、通风、音响、防火等方面所需要的设备管线，同时具有一定的保温、隔热、吸声或反声等效能。因此，顶棚装饰是技术要求比较复杂、难度较大的装饰工程项目，必须结合建筑内部的体型，装饰效果方面的要求，经济条件、设备安装情况，技术要求及安全问题等各方面来综合考虑。顶棚的构造设计和选择也必须考虑到自重、适用、美观、经济。

### 二、顶棚装饰的分类

顶棚装饰根据不同的功能要求可采用不同的类型。

顶棚的分类可以从不同的角度来进行。

(1) 按其外观分类，有平滑式顶棚、井格式顶棚、分层式顶棚等。

(2) 按其施工方法分类，有钢板网抹灰、装配式板材顶棚等。

(3) 按顶棚装饰表面与屋面、楼面结构等基层的关系分类，有直接式顶棚、悬吊式顶棚等。

(4) 按其基本构造分类，有无筋类顶棚、有筋类顶棚等。

(5) 按照顶棚结构层（或构造层）的显露状况分类，有开敞式顶棚、隐蔽式顶棚等。

(6) 按面层饰面材料与龙骨（或搁栅）的关系分类，有活动装配式顶棚、固定式顶棚等。

(7) 按顶棚装饰表面所采用的材料分类，有木顶棚、石膏板顶棚等。

(8) 按照顶棚的技术性能分类，有吸声顶棚、悬浮顶棚等。

(9) 按照顶棚内灯具的布置分类，有带形光栅顶棚、发光顶棚等。

(10) 还有按建筑类型或部位分类，有大厅顶棚、走道顶棚等。

(11) 按照顶棚荷载能力的大小，有上人顶棚、不上人顶棚等。

除此之外，还可以有其他的分类方法。

本书从实用的角度出发，先按照顶棚装饰面层与屋面、楼面结构等基层的关系，分为直接式顶棚和悬吊式顶棚两大类。随后将它们分别分为若干类型，如下所述。

## 第二节 顶棚装饰的基本构造

直接式顶棚的装饰是在上部屋面或楼面的结构底部直接作饰面处理，其构造比较简单；悬吊式顶棚是通过屋面或楼面结构下部的吊筋与平顶搁栅作饰面处理（见图 4－1）、其类型和构造比较复杂。

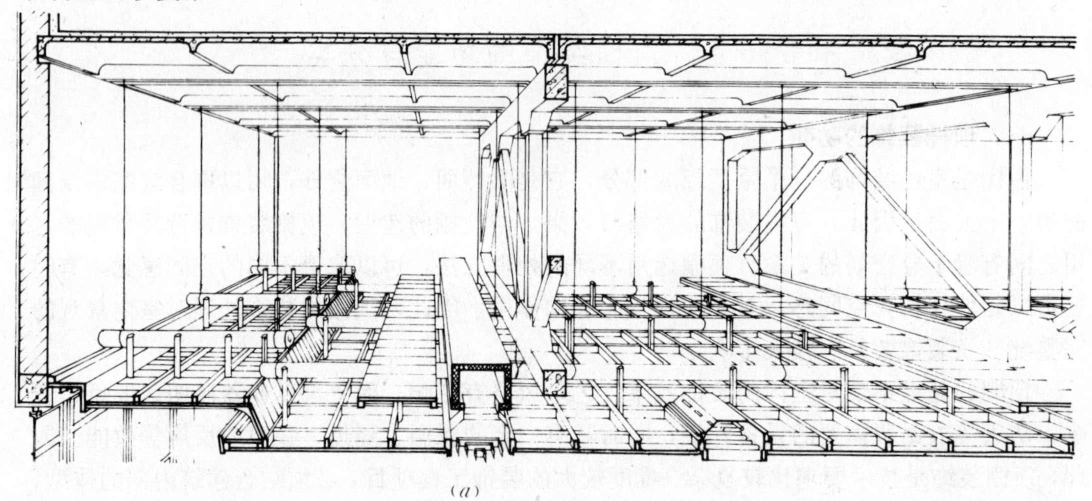

(*a*)

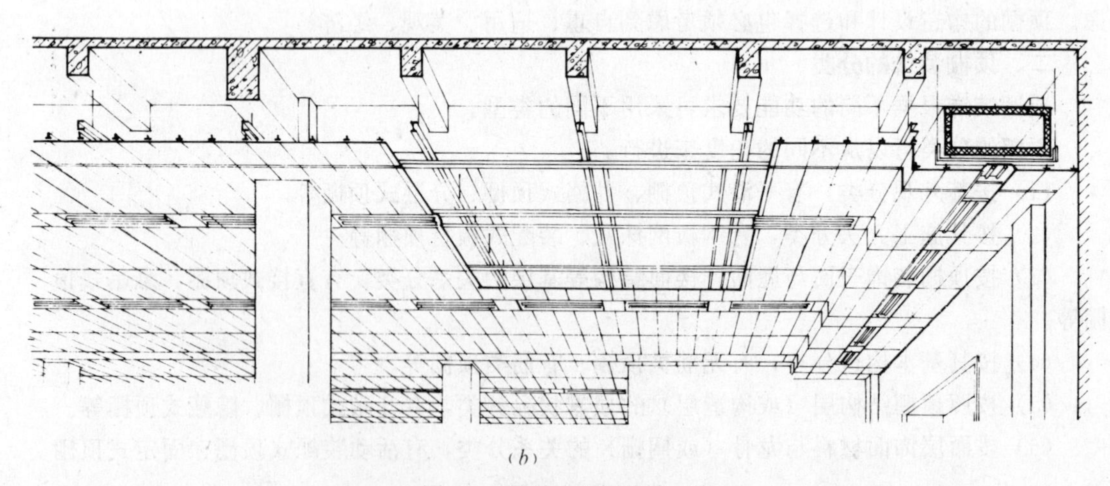

(*b*)

图 4-1 悬吊式顶棚构造示意

(*a*) 吊顶悬挂于屋面下构造示意；(*b*) 吊顶悬挂于楼板底构造示意

### 一、直接式顶棚的装饰构造

直接式顶棚是在屋面板、楼板等的底面直接进行喷浆、抹灰或粘贴壁纸等饰面材料。目前，倾向于把不使用吊挂件，直接在楼板底面铺设固定搁栅后所作成的顶棚，也归于此类，如所谓的直接式石膏装饰板顶棚。这一类顶棚装饰方法，属于比较初级的做法，应用得也比较早，一般用于装饰要求不高的一般性建筑，如办公楼、住宅等等。这一类顶棚的制作，没有什么特殊的构造问题，我们在下面将不再详细论及此种顶棚的构造方法。

（一）直接抹灰顶棚装饰构造

在上部屋面板或楼板的底面上直接抹灰的顶棚称为直接抹灰顶棚。

常用的抹灰材料有：纸筋灰抹灰、石灰砂浆抹灰、水泥砂浆抹灰等。其具体作法是：先在顶棚的基层上（即楼板底上）刷一遍纯水泥浆，使抹灰层能与基层很好地粘合，然后用混合砂浆打底，再做面层。要求较高的房间，可在底板增设一层钢板网，在钢板网上再做抹灰，这种做法强度高，结合牢，不易开裂脱落。抹灰面的做法和构造与墙面装饰抹灰类同。

（二）喷刷类顶棚装饰构造

喷刷类顶棚是在上部屋面或楼板的底面上直接用浆料喷刷。

喷刷类顶棚常用的材料有：石灰浆、大白浆、色粉浆、彩色水泥浆、可赛银等。

对于楼板底较平整又没有特殊要求的房间，可以选用这些浆料直接在楼板底嵌缝后喷刷。具体做法可参照墙面喷刷类饰面的装饰。

若墙面上设置有挂镜线时，挂镜线以上墙面与顶棚的饰面做法应一致。

（三）裱糊类顶棚装饰构造

有些要求较高的房间顶棚面层还可以采用贴墙纸、贴墙布及其它一些织物直接裱糊而成。这类顶棚较适用于住宅等小空间室内。

其具体做法与墙面的裱糊装饰类同。

（四）玻璃砖顶棚装饰构造

玻璃砖装饰采光顶棚适用于中跨度房间。如演讲厅、展览厅利用玻璃砖外形美观并能采光的特点作顶棚装饰，能收到良好的效果。

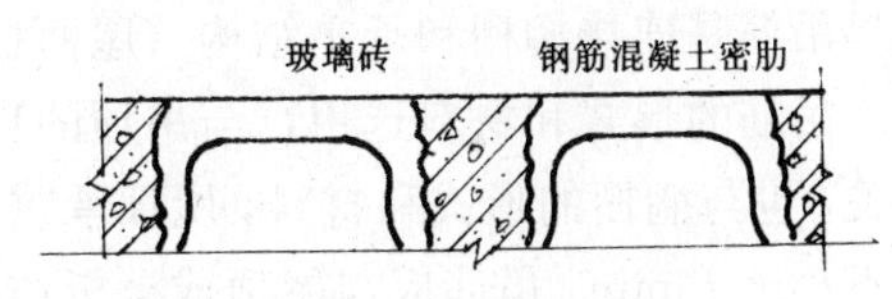

图 4-2　玻璃顶棚构造示意

玻璃砖顶棚一般采用钢筋混凝土密肋板中填嵌玻璃砖的构造形式。玻璃砖在铺排时，应一边铺一边在玻璃砖四周用水泥纸筋灰粘嵌，作临时固定，混凝土浇捣完密肋后将玻璃砖面清理干净。顶棚底面根据要求作饰面处理（图4-2）。

（五）结构顶棚装饰构造

将屋盖结构暴露在外，不另做顶棚，称结构顶棚。例如网架结构，构成网架的杆件本身很有规律，有结构本身的艺术表现力。如能充分利用这一特点，有时能获得优美的韵律感。又如拱结构屋盖，本身具有规律性的优美曲面，可以形成富有韵律的拱面顶棚。结构顶棚的装饰重点在于巧妙地组合照明、通风、防火、吸声等设备，以显示出顶棚与结构韵律的和谐，形成统一的、优美的空间景观。结构顶棚广泛用于体育建筑及展览厅等公共建筑。

结构顶棚的主要构件构造及材料一般都由建筑与结构设计所决定。例如，国家奥林匹克体育中心游泳馆观众厅顶棚采用纵梁斜拉索结构。每边用 12 根斜拉索把屋盖结构悬浮在两端的高塔上，曲形球节点网架与纵梁斜拉索组合成屋盖体系，杆件外露形成结构顶棚，同时还采用了 1mm 厚铝合金槽形板，上铺吸声材料。由此形成的顶棚自然、合理、吸声效果好，并有结构本身的艺术表现力。又如北京海淀体育馆，屋顶采用球型节点钢网架与灯具自然和谐的布置，形成优美的、富有韵律的结构顶棚。

## 二、悬吊式顶棚的装饰构造

悬吊式顶棚，是指这种顶棚的装饰表面与屋面板、楼板等之间留有一定的距离。在这一段空腔中，通常要结合各种管道、设备的安装，如灯具、空调，灭火器、烟感器等等。悬吊式顶棚通常还利用这一段悬挂高度以及悬吊式顶棚的形式不必与结构层的形式相对应这一特点，使顶棚在空间高度上产生变化，形成一定的立体感。一般来说，悬吊式顶棚的装饰效果较好，形式变化丰富，适于在中、高档次的建筑顶棚装饰中采用。

悬吊式顶棚内部空间的高度，在没有功能要求时，宜矮不宜高，以节约材料和造价；若利用其作为敷设管线设备等技术空间以及有隔热通风层的需要，则可根据不同情况适当加大，必要时可铺设检修走道以免踩坏面层，保障安全。如在大厅的照明设计中有吸顶灯具，则应根据它的具体位置在布置次搁栅时给予预留空位。

悬吊式顶棚，由三个基本组成部分构成，即面层、顶棚骨架和吊筋。面层的作用是装饰室内空间，常常还要兼具一些特定的功能，如吸声、反射等等。此外，面层的构造设计还要结合灯具、风口布置等一起进行。骨架主要包括由主龙骨、次龙骨和搁栅、次搁栅、小搁栅（天花龙骨）所形成的网架体系。其作用主要是承受吊顶棚的荷载（在上人吊顶时还应包括检修荷载），并由它将这一荷载通过吊筋传递给屋顶的承重结构。吊筋的作用主要是承受吊顶棚和搁栅的荷载，并将这一荷载传递给屋面板、楼板、屋顶梁、屋架等部位。其另一作用，是用来调整、确定吊式顶棚的空间高度，以适应不同场合、不同艺术处理上的需要。

吊筋是连接搁栅和承重结构（屋面板、楼板、大梁、檩条、屋架等等）的承重传力构件。吊筋的形式和材料选用，与吊顶的自重及吊顶所承受的灯具、风口等设备的荷重要求有关，也与搁栅的形式和材料，屋顶承重结构的形式和材料等有关。如采用钢筋做吊筋，一般不小于 ϕ6mm。吊筋应与屋顶或楼板结构连接牢固。钢筋与骨架可采用螺栓连接。为便于施工，也可用 8 号铅丝绑牢骨架，铅丝挂牢在结构中预留的钢筋钩上。木骨架也可以用 50mm×50mm 的方木作吊筋。

骨架一般由主搁栅和次搁栅构成。骨架按材料可分为木骨架和金属骨架（常用钢骨架）两类。骨架断面由结构计算确定。常用的骨架尺寸如下：

木骨架次搁栅断面一般为 50mm×50mm，主搁栅为 50mm×70mm。次搁栅间距对抹灰面层一般为 400mm，对板材面层按板材规格及板材间缝隙大小确定，一般不大于 600mm。固定板材的次搁栅通常双向布置。50mm×50mm 的次搁栅用 50mm×50mm 的方木吊挂钉牢在主搁栅上，并用 8 号铅丝绑扎；另一方向的次搁栅一般为 30mm×50mm，可直接钉在 50mm×50mm 的次搁栅上。主搁栅间距一般为 1.2～1.5m。

（轻）钢骨架主搁栅一般用 12 号槽钢，间距可达 2m 左右，次搁栅可用 35mm×35mm×3.5mm 的钢窗料，或用 1mm 左右厚的铝板、薄钢板制成。次搁栅的间距要求同木骨架。铝合金龙骨是目前在各种吊顶中用得较多的一种吊顶龙骨。常用的有 T 型、U 型、LT 型以及采用嵌条式构造的各种特制龙骨。

面层一般分为抹灰类、板材类及格栅类。

### （一）抹灰类顶棚装饰构造

抹灰类顶棚具有整体性面层，平整光滑，清洁美观。当钢丝网水泥砂浆抹灰层厚度大于 15mm 时，还可以作为钢结构或建筑物某些部位的防火保护层（但它们不能直接与木质构件接触）。

传统的抹灰类顶棚的骨架基层材料有木板条、苇箔、木丝板和钢丝网等。无论采用哪一种基层材料，都必须绷紧在龙骨上，防止挤压时的弯曲。

1. 板条抹灰吊顶装饰构造

板条抹灰吊顶是采用木材作为顶棚的骨架与基层。

它的具体构造做法是在楼板（或屋架）上预设 ϕ4～ϕ6mm 的吊筋，（中距 1.2～1.5m）。在其上固定主搁栅，主搁栅的断面应按荷载大小由结构设计确定，一般采用 50mm×70～80mm，中距 1.2～1.5m。再将次搁栅固定在主搁栅上。次搁栅的断面尺寸 40mm×40mm，中距常取 400mm，使 1200mm 长的毛板条有三个钉固定。毛板条的截面以 10mm×30mm 为宜，板条间隙 8～10mm，以利灰浆嵌入牢固，板条的两端均应钉实在次搁栅上，不能悬挑，并且板条接头宜错开排列，以免因毛板条变形、石灰干缩等原因造成面层裂缝（图 4-3）。最后在其上抹灰。抹灰的做法和构造层次与墙面装饰抹灰类同。

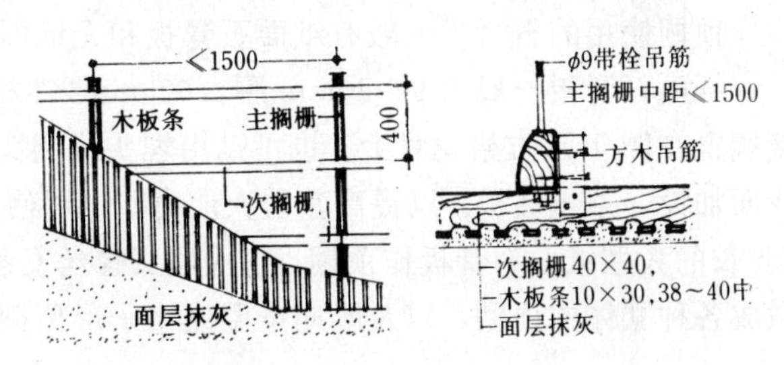

图 4-3 板条抹灰吊顶的构造

为了提高板条抹灰顶棚的耐火性，使灰浆与基层结合得更好，可在板条上加钉一层钢丝网，钢丝网的网眼不可大于 10mm。此时，板条中距可由前者的 38～40mm 加大为 60mm。

2. 钢板网抹灰吊顶装饰构造

钢板网抹灰吊顶采用金属制品作为顶棚的骨架与基层。

它选用等边角钢作为次搁栅，中距 400mm，用作主搁栅的槽钢，其型号由结构方面按计算而定。面层选用丝梗厚为 1.2mm 的钢板网，网后衬垫一层用 ϕ6mm 钢筋、中距为 200mm 的网架，绑扎稳妥以后，再行抹灰。

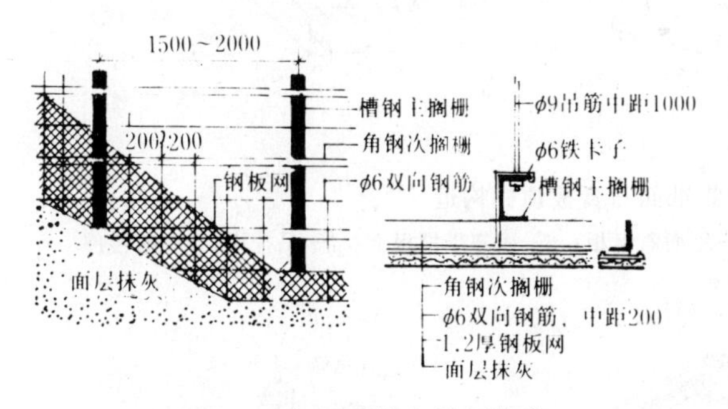

图 4-4 钢板网抹灰吊顶构造

带肋钢板网所固定的金属龙骨可以是倒 T 形的定型龙骨，用轧头轧牢；也可以采用 ϕ6～ϕ8mm 直径的圆钢筋作为龙骨，用镀锌铁丝绑扎。两种龙骨的间距均不得大于 350mm。

钢丝网抹灰吊顶也可以将 1.2mm 厚的钢板网钉在中距为 60mm 的灰板条上，再行抹灰。

钢板网抹灰吊顶的耐久性、防振性和耐火等级均较板条抹灰好，但造价较高，一般用于中、高级建筑中，其构造见图 4-4。

（二）板材类顶棚装饰构造

板材类顶棚根据需要可选用不同的面层板料，如胶合板、纤维板、钙塑板、石膏板、塑料板、硅钙板、矿棉吸声板以及铝合金等轻金属板材。

板材类顶棚便于施工，也易于与灯具、通风口、扬声器等结合布置。特别是对公共建筑的大厅顶棚要综合考虑音响、照明、通风等技术要求，构造上要注意制作、安装方便。

这类顶棚的基本构造是在其承重结构上预设吊筋，或用射钉固定吊筋，主搁栅固定于吊筋上，（绑扎或螺栓连接、或钉接）次搁栅再固定在主搁栅上。主、次搁栅均可为方木，也可以采用金属材料搁栅，如铝合金或薄壁型钢等。面层板料与搁栅的连接可以为锚固式作法，即用钉钉，或用螺钉固定，或用射钉固定，还可以采用搁置式作法，即将板材直接搁在龙骨架的翼沿上。

1. 石膏板顶棚装饰构造

顶棚使用的石膏板一般有纸面石膏板和无纸面石膏板两种。

纸面石膏板一般为 9～20mm 厚，625mm×625mm 见方，分光面和打孔两种。可以直接搁置在倒 T 形方格龙骨上；也可以用埋头或圆头螺丝拧在龙骨上；还可以在石膏板缝的背面加设一条压缝板，以提高其防火能力。也可使用普通用于墙面装饰的 1.2m 宽，2.4～3m 长的大型纸面石膏板作顶棚，它用埋头螺丝安装后，可以刷色、裱糊墙纸、加贴面层或做成各种立体的顶棚，以及竖向条型或格子形顶棚（见图 4-5、图 4-6）。

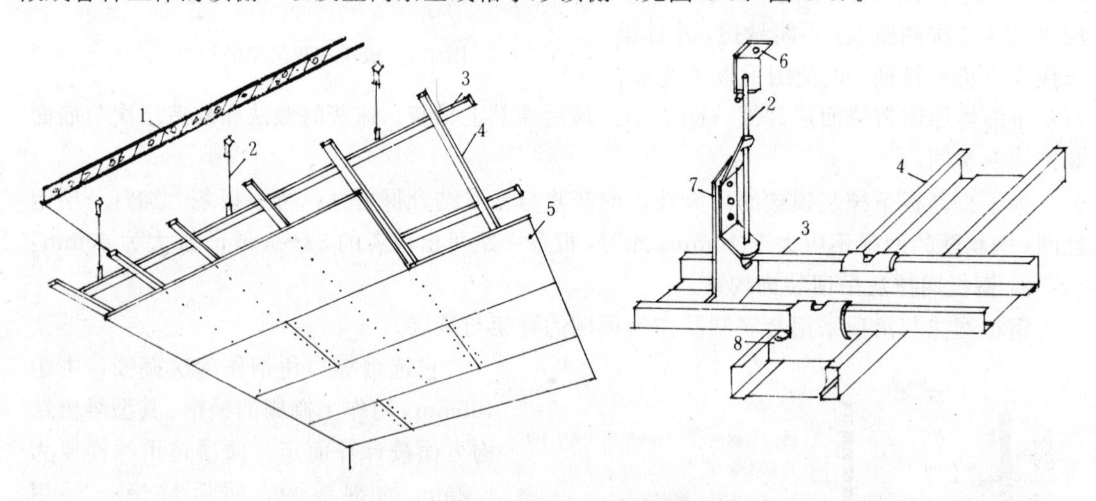


图 4-5 轻钢龙骨纸面石膏板顶棚构造

1—楼板；2—吊杆；3—主龙骨；4—次龙骨；5—纸面石膏板；6—固定于楼板上；7—吊挂件；8—插接件

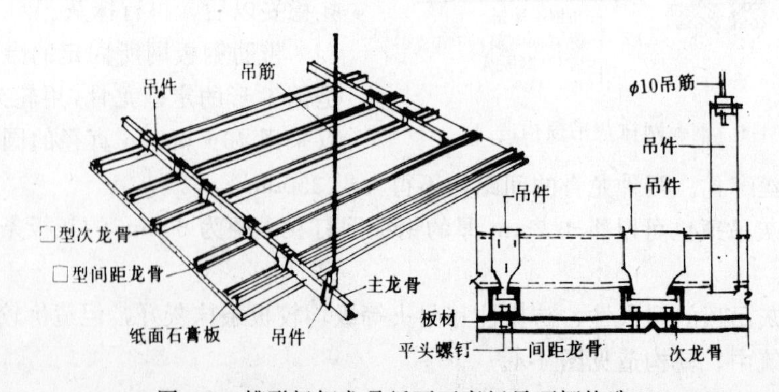


图 4-6 槽形轻钢龙骨纸面石膏板吊顶棚构造

无纸面石膏板常在石膏内加有纤维或某种添加剂以增加其强度或某种性能。这种石膏板多为 500mm×500mm 方形，除光面、打孔外还常制成各种形式的凹凸花纹，其安装方式与上述纸面石膏方形板类同。

除纸面石膏板和无纸面石膏板外，还有其他种类的石膏板。有关要求见表 4-1 及图 4-7。

**石膏板顶棚有关要求** **表 4-1**

| 材料种类 | 厚度（mm） | 间距 | | | |
|---|---|---|---|---|---|
| | | 吊挂装置（mm） | 主龙骨（mm） | 次龙骨 | |
| | | | | 横向固定（mm） | 竖向固定（mm） |
| 普通石膏板 | 9.5<br>12.0<br>15.0 | 850 | 1250<br>1100 | 320<br>500<br>550 | 300<br>400 |
| 防火石膏板 | 12.0<br>15.0 | 750 | 1000 | 400 | 不允许 |
| 石膏孔板槽板 | 9.5<br>12.0 | 850 | 1250 | 320<br>420（四边均固定） | |

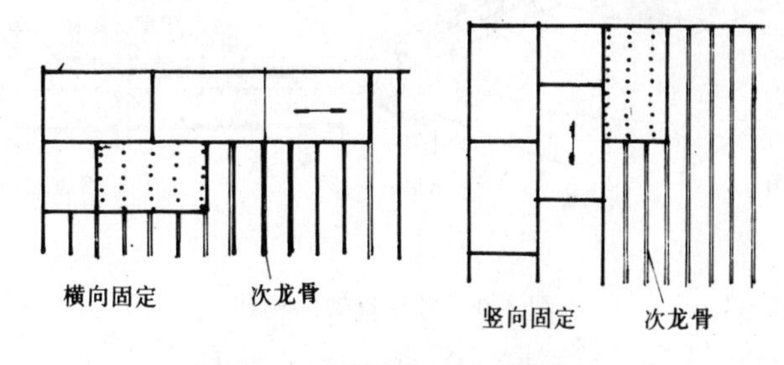


图 4-7 石膏板与次龙骨布置

如果在石膏板表面需要作进一步装饰，如裱糊墙纸、粘贴装饰板面层或粘贴各种预制石膏花饰，(圆盘中心饰、装饰条、转角花饰和其他特制的花饰)，可将石膏板做成全隐式。即采用搭盖、用腻子嵌缝和埋头螺丝等方式使其底面光平，如同抹灰顶棚一样，为进一步表面装饰创造了条件（见图 4-8）。

2. 矿棉纤维板和玻璃纤维板顶棚装饰构造

矿棉纤维板和玻璃纤维板做顶棚饰面具有不燃、耐高温、吸声的性能，特别适合于有一定防火要求的室内顶棚。它们还可以被制成专用吸声板，直接用于顶棚饰面，或与其他材料或构件结合成为吸声顶棚。这类板材的厚度一般为 20～30mm。形状多为方形或矩形。

矿棉纤维板和玻璃纤维板一般直接安装在金属龙骨上。常见的构造方式有暴露骨架、部分暴露骨架、隐蔽骨架三种。

暴露骨架顶棚的构造是将方形或矩形纤维板直接搁置在骨架网格的倒 T 形龙骨的翼缘上（见图 4-9）；部分暴露骨架顶棚的构造做法是将板材的二边制成卡口，卡入倒 T 形龙骨的翼缘中，另二边搁置在骨架上（见图 4-10）；隐蔽骨架顶棚的做法是将板的侧面都制成

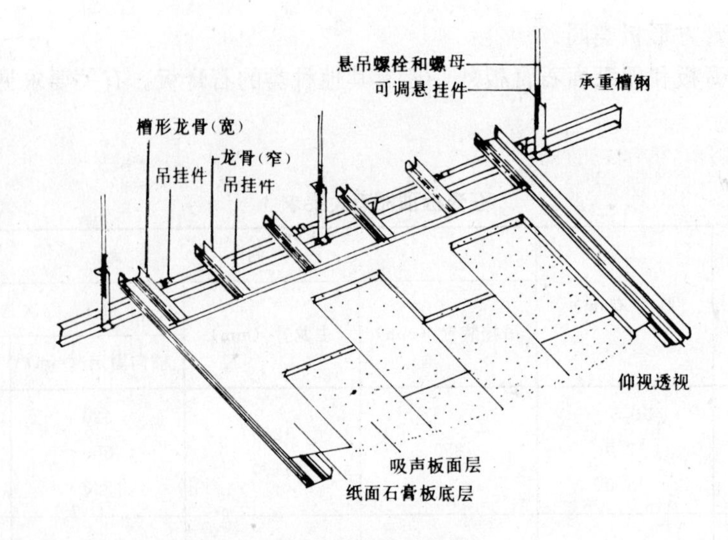


图 4-8　全隐式石膏板

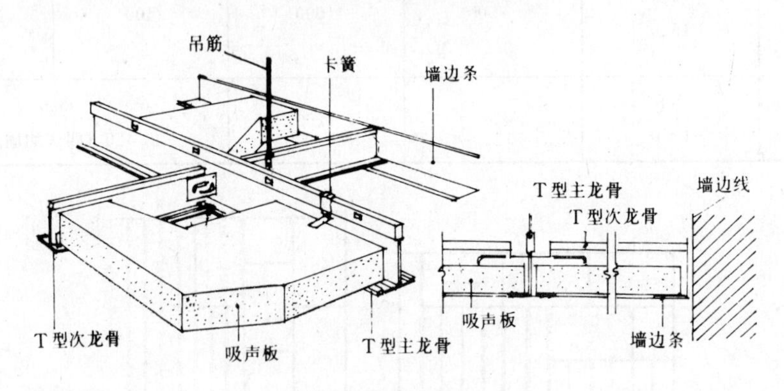


图 4-9　暴露骨架的构造

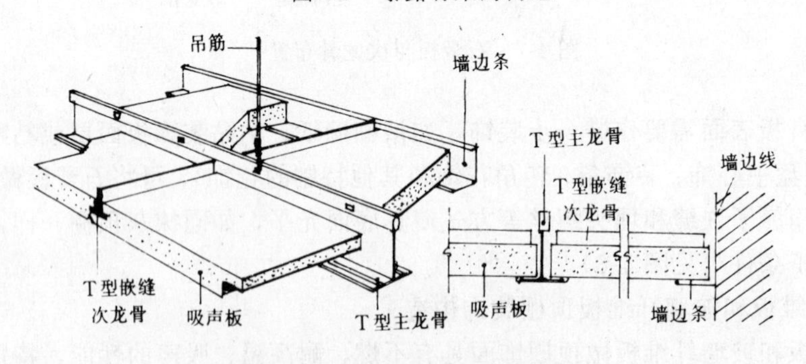


图 4-10　部分暴露骨架的构造

卡口，卡入骨架网格的倒 T 形龙骨翼缘之中（见图 4-11）。

这三种构造做法对于安装、取换饰面板材都比较方便，从而有利于顶棚上部空间内的设备和管线的安置和维修。其他人造板顶棚也可采用类似的安装构造。

矿棉板和玻璃纤维板顶棚还可在倒 T 形龙骨上双层或单层垂直安装，以形成格子形吊顶。并且可满足声学、通风和照明的某些要求。另一种双歧穿孔的带翼缘龙骨的纤维板顶

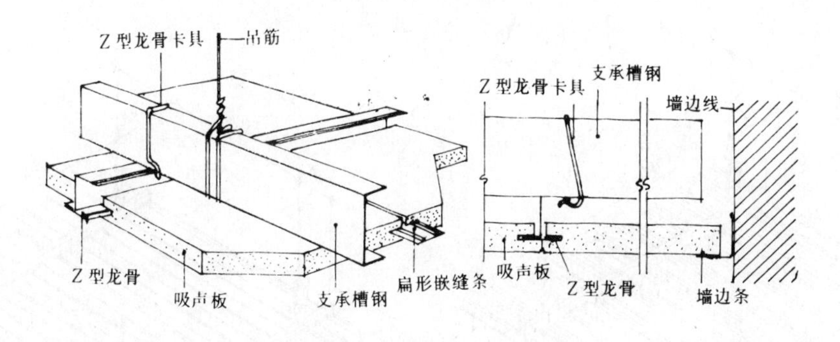


图 4-11 隐蔽骨架构造

棚，还可利用龙骨的穿孔作为通风顶棚，从而省去了常见的单个风口，使顶棚的造型更为简洁明快。

3. 金属板顶棚装饰构造

金属板吊顶是用轻质金属板材，例如铝板、铝合金板、薄钢板、镀锌铁皮等作面层的吊顶。常见的板材有压型薄钢板和铸轧铝合金型材两大类。薄钢板表面可作镀锌、涂塑和涂漆等防锈饰面处理；铝合金板表面可作电化铝饰面处理。这两类金属板都有打孔或不打孔的条式、矩形、方形以及各种形式的型材。此外，还有打孔或铸成的各种形式的网格板，其中有方格、条格、圆孔等各种大小和各种造型等组合的网格板。金属板顶棚自重小，色泽美观大方，不仅具有独特的质感，而且平、挺、线条刚劲而明快，这是其他材料所无法比拟的。在这种吊顶中，吊顶龙骨除是承重杆件外，还兼具卡具的作用。这种独特的构造，是其他类型吊顶所没有的。其构造简单，安装方便，耐火，耐久，近十几年来，在各类建筑中应用得十分广泛。顶棚采用金属板材为面层材料时，搁栅可用 0.5mm 厚铝板、铝合金或镀锌铁皮等材料制成，吊筋采用螺纹钢套接，以便调节定位。金属板材的吊顶所用的搁栅、板材和吊筋均应涂防锈油漆。

(1) 金属条板顶棚装饰构造。铝合金和薄钢板线轧而成的槽形条板，有窄条、宽条之分，中距有 50mm、100mm、120mm、150mm、200mm、250mm、300mm 多种，离缝约 16mm。根据条板类型的不同，顶棚龙骨布置方法的不同，可以有各式各样的、变化丰富的效果。根据条板与条板间相接处的板缝处理形式，可将其分为两大类，即开放型条板顶棚和封闭型条板顶棚。开放型条板顶棚离缝间无填充物，便于通风。也有上部另加矿棉或玻璃棉垫，作为吸声顶棚之用，还可条板打孔，以加强吸声效果。封闭型条板顶棚在离缝间可另加嵌缝条或条板单边有翼盖没离缝（见图 4-12，图 4-13）。

金属条板，一般多用卡固方式与龙骨相连。但这种卡固的方法，通常只适用于板厚为 0.8mm以下、板宽在 100mm 以下的条板。对于板宽超过 100mm，板厚超过 1mm 的板材，多采用螺钉等来固定。因此，在实际工程中应选用何种方法固定，应根据条板的断面尺寸来决定。配套龙骨及配件各厂商均自成体系，可根据不同需要进行选用，以达到美观实用的效果。

金属条板的断面形式很多，而其配套件的品种也是难以胜数。当条板的断面不同、配套件不同时，其端部处理的方式也是不尽相同的。图 4-14 所示的是几种常用条板及配套件组合时其端部处理的基本方式。

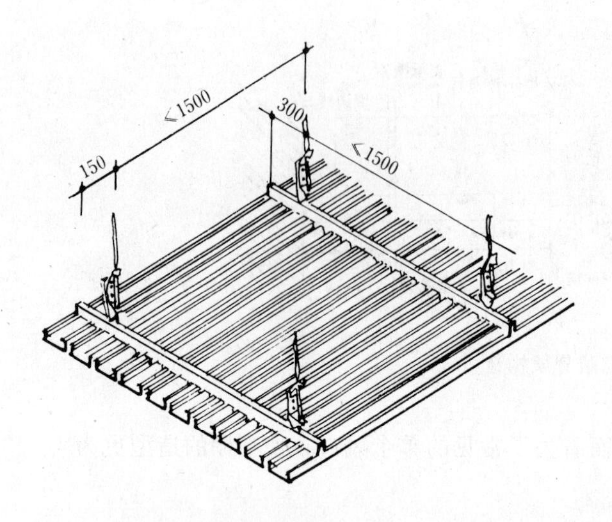


图 4-12　开放型条板顶棚

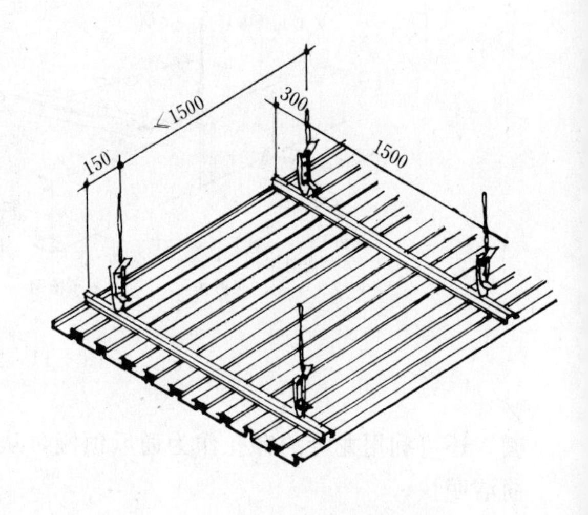


图 4-13　封闭型条板顶棚

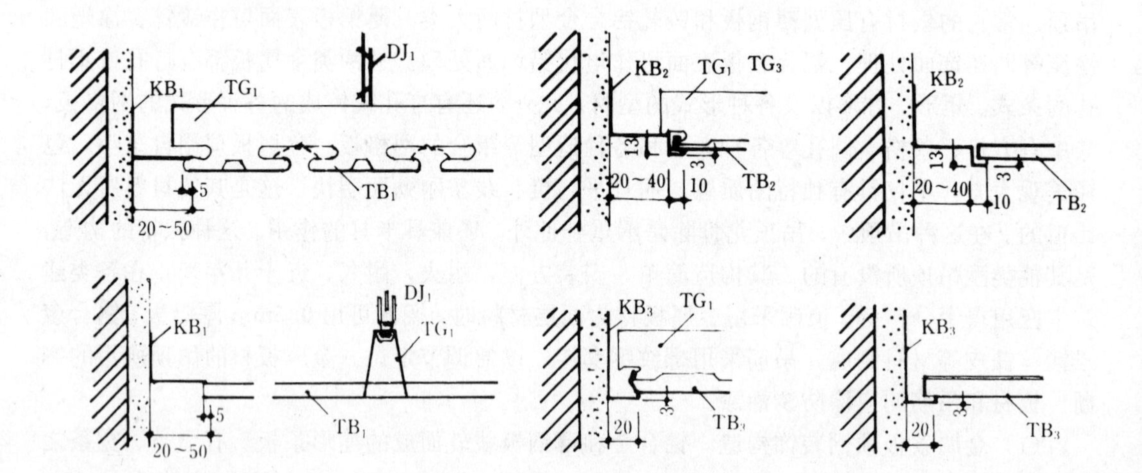


图 4-14　端部处理节点大样

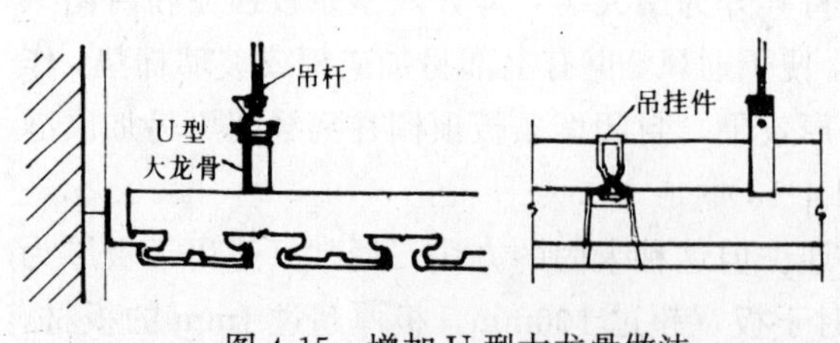


图 4-15　增加 U 型大龙骨做法

金属条板顶棚，一般来说属于轻型不上人吊顶。当吊顶上承受重物，或上人检修时，常常因荷重能力不够而出现局部变形现象。这种情况在龙骨兼卡具型式的吊顶中，更为严重。因此，对于荷重较大或需上人检修的吊顶，考虑到局部集中荷载的影响，一般多采用以角钢（或圆钢）代替轻便吊筋的方法来解决。但比较好的方法，还是模仿上人吊顶的一般处理方式，加设一层主搁栅，以此为承重杆件。这样做，可以使吊顶不平及局部变形等问题得到很好的解决。图 4-15 是根据设计或施工的需要，加设 U 型大龙骨的方法。

由于龙骨兼卡具的轻型条板吊顶来说，一般不宜在其特制龙骨上直接悬吊灯具与送风口等设备，而应直接与结构进行固定。必要时，也可采用前述加设 U 型大龙骨的方法。

金属条板顶棚还可以通过在板上穿孔，并在板上放置吸声材料，很好地解决吸声问题。在板上敷设的吸声材料，通常是矿棉或超细玻璃棉。

（2）金属方板顶棚装饰构造。金属方板顶棚，在装饰效果上别具一格。而且，在吊顶棚表面设置的灯具、风口、喇叭等易于与方板协调一致，使整个顶棚表面组成有机整体。另外，采用方板吊顶时，与柱、墙边的处理较为方便合理，也是其一大特点。如果将方板吊顶与条板吊顶相结合，更可取得形状各异、组合灵活的效果。当方板顶棚采用开放型结构时，还可兼起吊顶的通风效能。因此，近年来金属方板顶棚的应用有日益增多的趋势。

金属方板安装的构造有搁置式和卡入式两种。搁置式多为T形龙骨，方板四边带翼，搁置后形成格子形离缝。卡入式的金属方板卷边向上，形同有缺口的盒子形式，一般边上轧出凸出的卡口，卡入有夹簧的龙骨中。方板可以打孔，上面衬纸再放置矿棉或玻璃棉的吸声垫，形成吸声顶棚（见图 4-16、图 4-17）。方板亦可压成各种纹饰，组合成不同的图案。

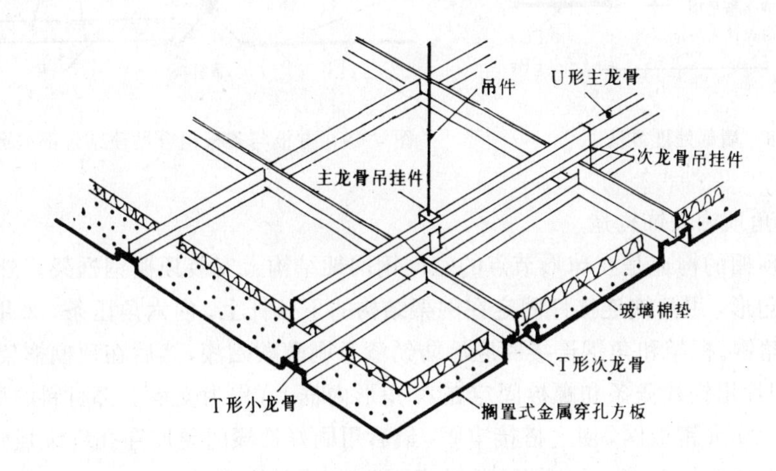


图 4-16　搁置式金属方板顶棚构造

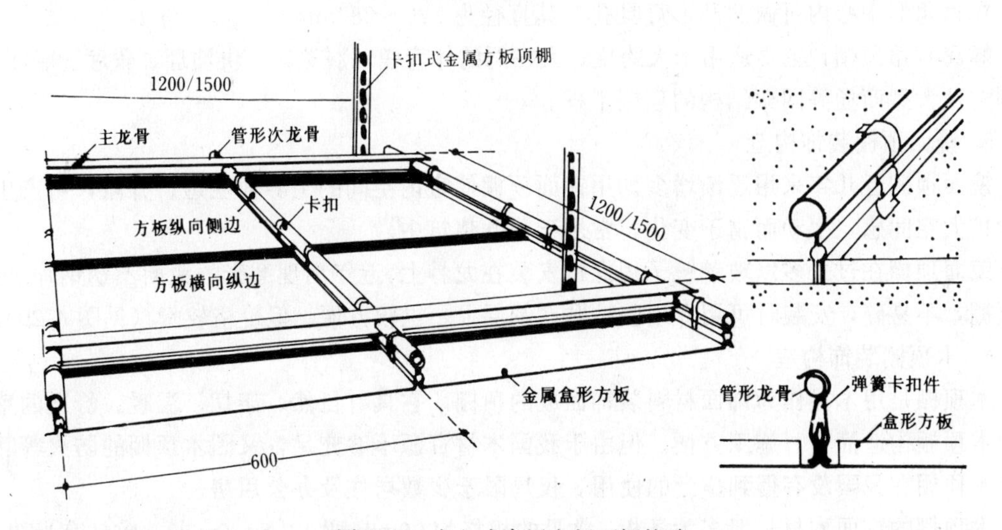


图 4-17　卡入式金属方板顶棚构造

另外，当吊顶承受的荷载在 $50N/m^2$ 以下时，可省去U型大 龙骨，而将吊点直接挂在主龙骨上。

在金属方板吊顶中，当四周靠墙边缘部分不符合方板的模数时，可不采用以方板和靠墙板收边的方法，而改用条板或纸面石膏板等材料处理。图 4-18 所示的是端部改条板吊顶或纸面石膏板吊顶时的构造处理方法。图 4-19 图示了方板和条板组合的接合部处理。

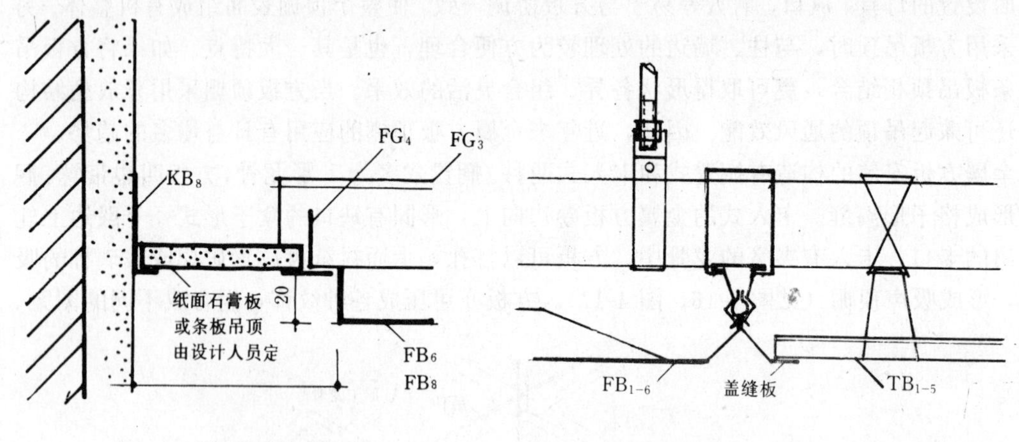


图 4-18　端部处理方法

图 4-19　方板与条板组合吊顶结合部构造

4. 蜂窝六角顶棚装饰构造

蜂窝六角顶棚的构造是在球形节点的空间钢网架结构上安装顶棚钢框架。外主框架采用角钢组成六角形，用角铁连接件固定在网架结构的下弦杆上。内六角压条，采用 40mm×40mm×3mm 角钢。框架和角钢连接件应涂防锈漆及刷醇酸磁漆，然后在顶棚框架上镶铺钢板网片，钢板网片用铁片压条和螺栓固定在六 角形内框上，作为支承上部材料的受力体。每边压条应压盖 20mm 钢板网，使之搭接牢固，最后用刷好油漆的硬质穿孔纤维板做饰面，上盖用塑料纤维布包裹的岩棉，并钉木板压条固定，使岩棉平整。

在六角形中心内可做凹凸形灯具孔，其直径为 220～280mm。

蜂窝六角顶棚，主要适用于大跨度、大柱网的体育馆、展览馆、讲演厅、餐厅、船厅、影剧院及大型商场等网架结构的顶棚工程。

5. 镜面顶棚装饰构造

镜面顶棚近几年采用逐渐增多。用镜面顶棚使室内空间的上界面空透、开敞，可产生一种扩大空间感，生动而富于变化，常用于公共建筑中。

镜面顶棚在过去多以玻璃镜子用螺钉安装在龙骨上，近年出现磨光的镜面不锈钢片，用作顶棚，不易碎，安装时可用专用胶粘贴在基层上，也较方便。但价格较贵（见图 4-20）。

6. 木顶棚装饰构造

木顶棚是用木材作为饰面材料装饰而成的顶棚。它具有自然、亲切、温暖、舒适的感觉。木顶棚构造简单，施工方便。但由于我国木材资源不够充足，又因木顶棚的防火等问题，木顶棚在我国没有得到广泛的使用。仅局限于少数居住及办公用房。

木顶棚的饰面木材一般多为条板。常见的规格为 90mm 宽、1.5～6m 长，成品有光边、企口和双面槽缝等种类。条板的结合形式通常有企口平铺、离缝平铺、嵌榫平铺和鱼鳞斜铺等多种形式（见图 4-21）。其中离缝平铺的离缝约 10～15mm，在构造上除可钉结外，常采用凹槽边板，用隐蔽夹具卡住，固定在龙骨上（见图 4-22）。这种做法有利于通风和吸声。

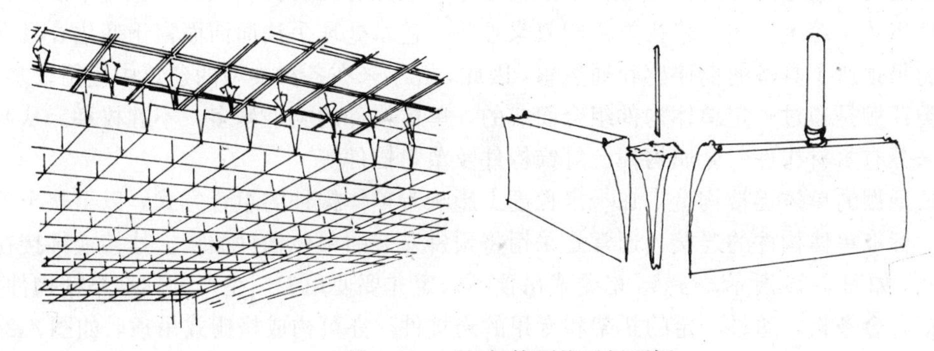

图 4-20　不锈钢镜面格子板顶棚

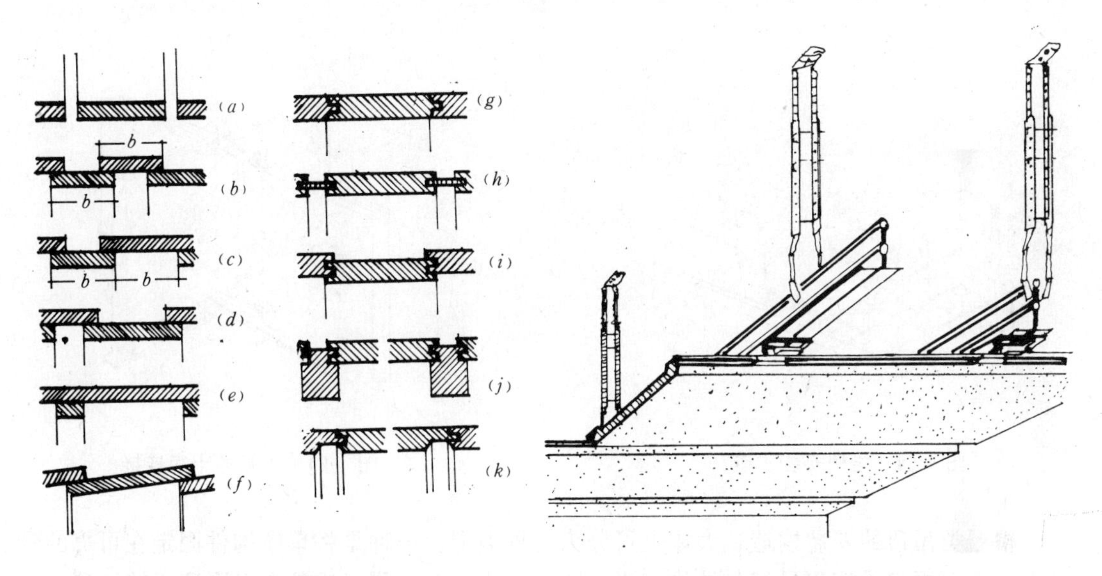


图 4-21　木板顶棚结合形式

(a) 离缝平铺；(b) (c) (d) 搭盖；(e) 盖缝；(f) 鱼鳞平铺；(g) 企口平铺；(h) 平铺嵌榫；(i) 重迭搭接；(j) 插入盖缝；(k) 企口板

图 4-22　夹具卡住的离缝条板顶棚构造

为了加强吸声效果还可在木板上加铺一层矿棉吸声材料。

条板木顶棚的支承层只须一层主龙骨垂直于条板，间距为 500mm 或 625mm，吊挂间距约 1m 左右，靠边主龙骨离墙间距不大于 200mm。另外还有做成竖向木条的顶棚，照明的灯具和空调的风口可以设置在木条的上方，较为隐蔽。此种木顶棚本书归入下面格栅类顶棚。

（三）格栅类顶棚装饰构造

格栅类顶棚也称开敞式吊顶。它是在藻井式顶棚的基础上，发展形成的一种独立的吊顶体系。这种吊顶虽然形成了一个顶棚，但其吊顶的表面却又是开口的。正是这一特征，使格栅类顶棚具有既遮又透的感觉，减少了吊顶的压抑感。另外，格栅类顶棚是通过一定的单体构件组合而成的，可表现出一定的韵律感。格栅类顶棚与照明布置的关系较为密切，甚至常常将其单体构件与照明灯具的布置结合了起来，增加了吊顶构件和灯具双方的艺术功用，使其作为造型艺术品、装饰品的作用得到充分的发挥。并且，这种格栅式顶棚既可作为自然采光之用，也可作为人工照明顶棚；既可与T型龙骨配合分格安装，也可不加分格地大面积地组装。综上所述，格栅类顶棚效果独特，艺术处理手法简洁而富于变化，具有其他形式的吊顶所不具备的韵律感和通透感，因此，近年来在各种类型的建筑中应用较多。

格栅类顶棚是通过一定单体构件组合而成的。单体构件的类型繁多，不胜枚举。从制作的材料来分有木材构件、金属构件、灯饰构件及塑料构件等。

格栅式顶棚的单体连接构造，在一定程度上影响着单体构件的组合方式，以至整个顶棚的造型。标准单体构件的连接，通常是采用将预拼安装的单体构件插接、挂接或榫接在一起的方法，如图 4-23 所示。当然，格栅式吊顶不一定非要使用专门生产的标准格栅构件。利用普通铝合金条板，通过一定的托架和专用的连接件，亦可构成格栅式吊顶，如图 4-24 所示。

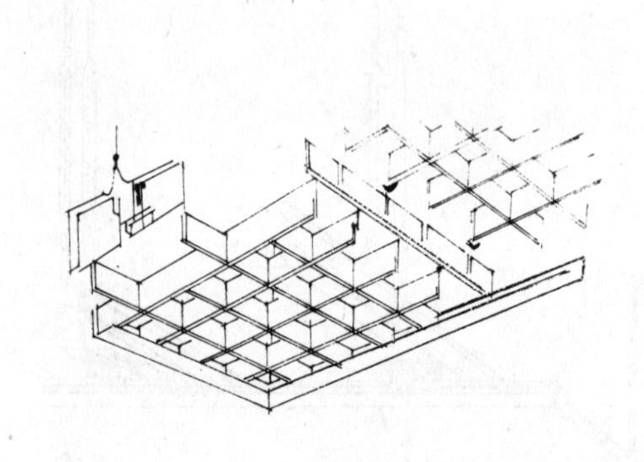

图 4-23　格栅安装构造

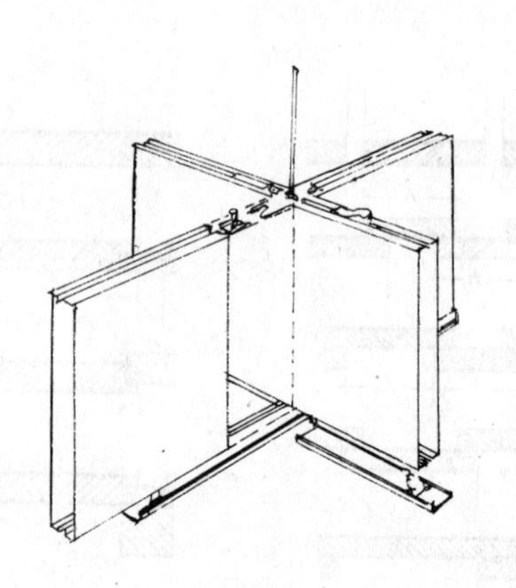

图 4-24　条板的十字连接

格栅类吊顶的安装构造，大体上可分为两种类型。一种是将单体构件固定在可靠的骨架上，然后再将骨架用吊杆与结构相连。这种方法一般适用于构件自身刚度不够，稳定性较差的情况，如图 4-25 所示。

另一种方法，是对于用轻质、高强材料制成的单体构件，不用骨架支持，而直接用吊杆与结构相连。这种预拼装的标准构件的安装要比其他类型的吊顶简单，而且集骨架和装饰于一身。在实际工程中，为了减少吊杆的数量，通常采用了一种变通的方式，即先将单体构件用卡具连成整体，再通过通长的钢管与吊杆相连。这样做，不仅使施工更为简便一些，而且可以节约大量的吊顶材料，如图 4-26 所示。

格栅类顶棚的上部空间处理，对装饰效果的影响很大。因为吊顶是敞口的，上部空间的设备、管道及结构情况，对于层高不是很高的房间来说，是清晰可见的。目前比较常用的办法是用灯光的反射，使其上部发暗，空间内的设备、管道变得模糊，用明亮的地面来吸引人的注意力。也可将顶板的混凝土及设备管道刷上一层灰暗的色彩，借以模糊人的视线。也有的上部空间不做任何处理，装饰效果也不错。但有一点是共性的，不论采用什么手段，模糊上部空间，突出吊顶是基本出发点。

1. 木格栅顶棚装饰构造

用木板、胶合板加工成单体构件，组成格栅式吊顶在建筑上应用也比较多。主要原因是木板、胶合板具有易于加工成型，质量轻，表面装饰可选择的余地大等优点。但是在使

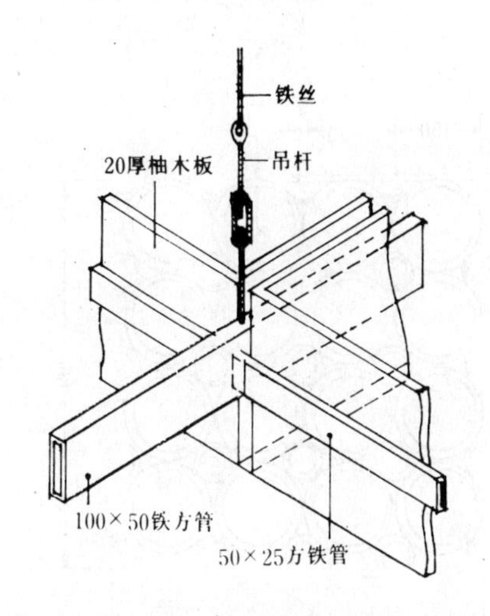


图 4-25　格栅类吊顶的安装构造之一

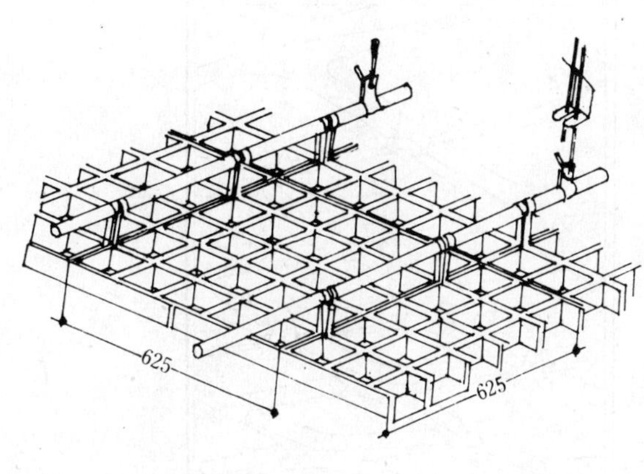


图 4-26　格栅类吊顶的安装构造之二

用时，由于木材的可烧性，在某些有特殊要求的建筑中使用受到一定的限制。

木制单体构件的造型多式多样，由此形成各种不同风格的木格栅顶棚。图 4-27 所示的是长板条吊顶，图 4-28 所示的是木制方格吊顶，图 4-29 所示的是木制“X”形单体构件组成的吊顶，此外还有采用方块木与矩形板交错布置组成的吊顶，以及用横、竖和不同方向板条交错布置形成的吊顶。

近年来，用于木格栅顶棚的防火装饰板的产生克服了上述木制单体构件可烧性的缺点。防火装饰板既有木板质量轻、加工方便的优点，同时表面又已完成装饰，因而得到了广泛的使用。图 4-30、图 4-31、图 4-32 是防火装饰板加工成的单体构件的造型举例。

防火装饰板加工成型的单体构件，安装时将标准单体构件用卡具连成一个整体，在连

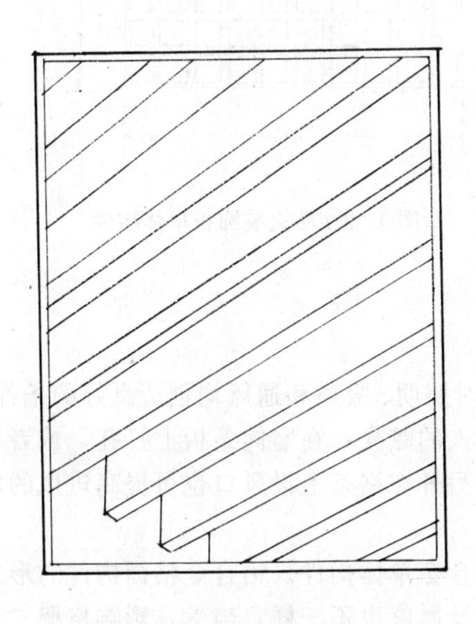

图 4-27　木制长板条吊顶

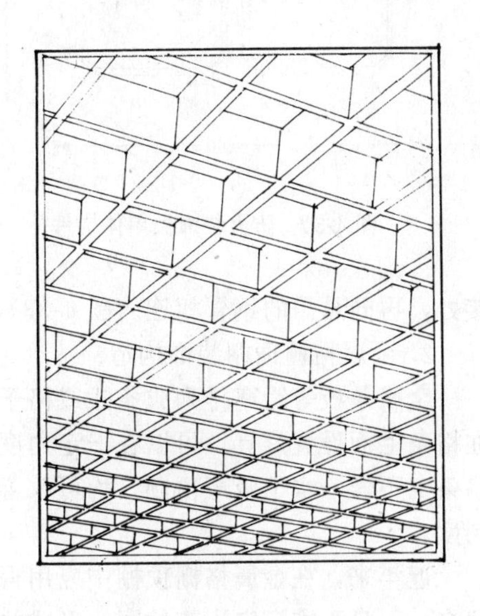

图 4-28　木制方格吊顶

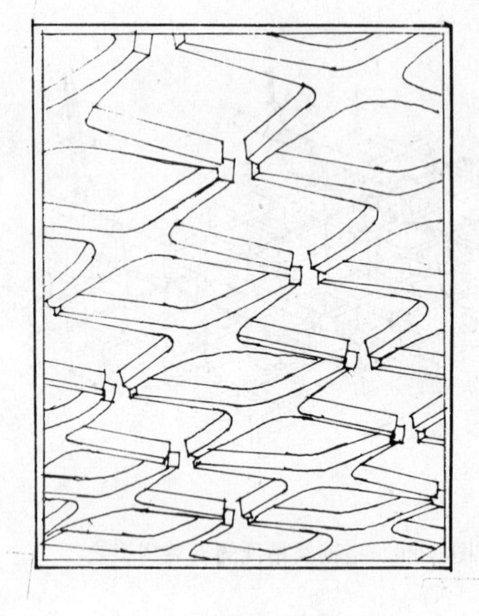

图 4-29　木制“X”型吊顶

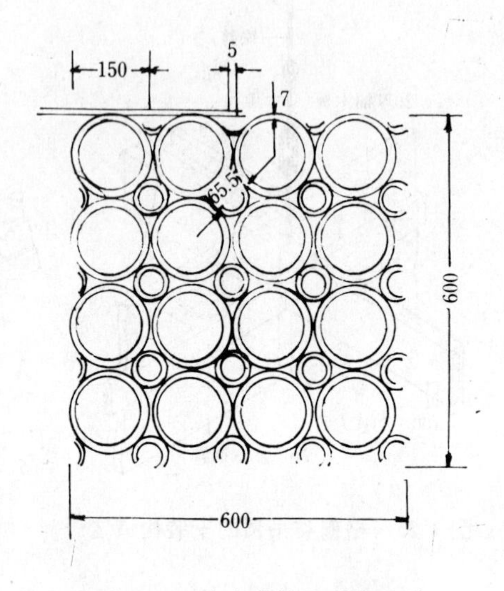


图 4-30　防火装饰板单体构件

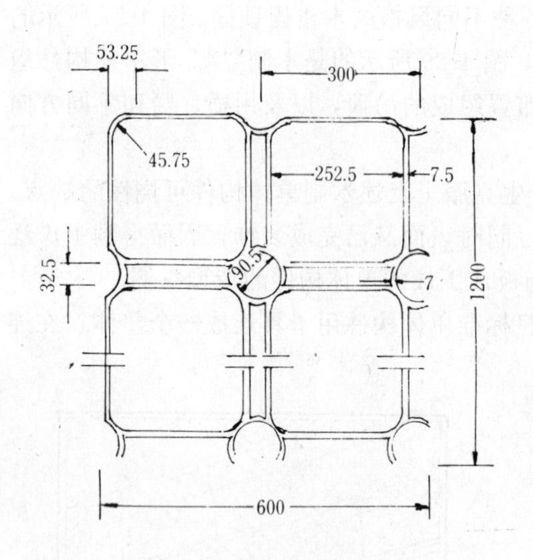


图 4-31　防火装饰板单体构件

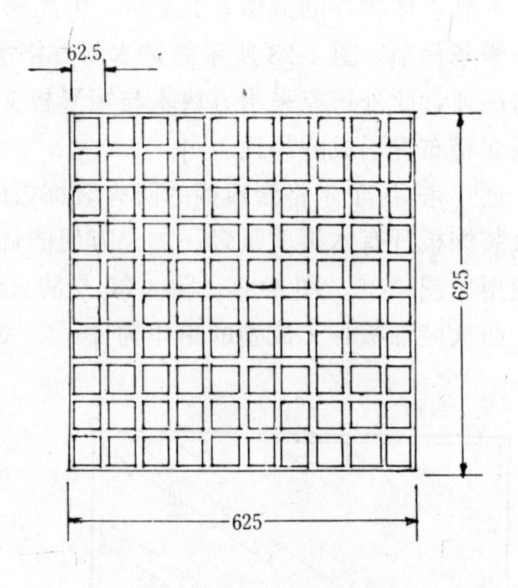


图 4-32　防火装饰板单体构件

接处，再同悬吊的钢管相连（图 4-33）。

2. 金属格栅顶棚装饰构造

金属条板等距离排列成条式或格子式的顶棚，对照明、吸声和通风均创造良好的条件，在格条上面设置灯具，可以在一定角度下，减少对人的眩光；在竖向条板上打孔，或者在格条上再做一水平吸声顶棚，均可改善吸声效果；另外在格条上设风口也可提高进风的均匀度。

近年来，在金属格栅顶棚中应用得最多的是铝合金单体构件。铝合金格栅构件的形式很多，而且不同厂家生产的同一形式的构件的尺寸及厚度也不一样。当然，影响格栅式顶棚装饰效果的主要因素是格栅的形式及组合方式，而尺寸及厚度的变化对装饰效果的影响

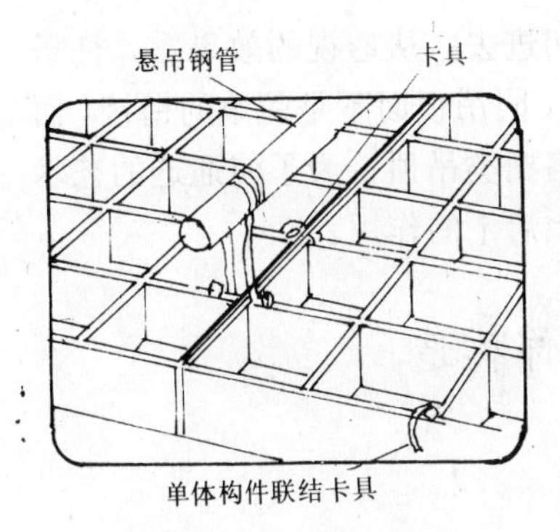

图 4-33　悬吊构造示意图

是不显著的。

在格栅式顶棚中，单体构件的常用尺寸是 610mm×610mm，用双层 0.5mm 厚的薄板加工而成。表面可以是阳极氧化膜，也可以是漆膜，色彩按设计要求加工、这种格栅，质量很轻，一个标准单体构件，安装时用手轻轻一托就可就位。图 4-34 是目前用得较多的几种格栅单体尺寸。

铝合金条式顶棚，虽然在效果上是一种百页式的、光栅式的形式，完全没有网格的效果，但通常仍将其与格栅式顶棚划入同一类。

另外，近年来还发展了一种挂片式吊顶，它亦属于格栅类吊顶的一种。这种挂片式吊顶是利用薄金属折板和一种专用的吊挂龙骨构成的。

用铝合金制成的单体构件，由于本身自重较轻，单体构件组合后又往往集骨架、装饰为一体，所以安装就较为简单，只要将单体构件直接固定即可。也有的将单体构件先用卡具连成整体，然后再通过通长钢管与吊杆相连，其构造与图 4-26 所示同。这样做可以减少吊杆的数量，较之直接将单体构件用吊杆悬挂，更简便一些。

3. 灯饰格栅顶棚装饰构造

格栅式顶棚的单体构件，也有同室内的灯光照明布置结合起来的，有的甚至全部用灯具组成吊顶。吊顶与灯光照明关系比较密切，室内照明一般在吊顶部位布置灯光，所以，将照明的灯具加以艺术造型，使其变成装饰品，除了满足照度的要求外，本身也是吊顶的装饰。象这样照明与吊顶造型统一考虑的形式，一般也属于格栅类顶棚。

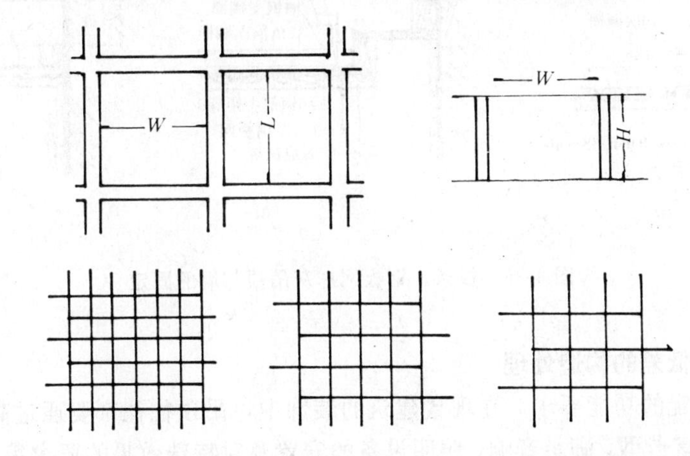


| 规　格 | 宽 $W$ (mm) | 长 $L$ (mm) | 高 $H$ (mm) | 重 (N/m²) |
|---|---|---|---|---|
| Ⅰ型 | 78 | 78 | 50.8 | 39 |
| Ⅱ型 | 113 | 113 | 50.8 | 29 |
| Ⅲ型 | 143 | 143 | 50.8 | 20 |

图 4-34　目前常用的铝合金格栅尺寸

室内有柱子的空间，在吊顶与柱子相交的柱头部位，往往是处理的重点部位。在一般吊顶工程中，吊顶要遮，而空间的柱子，因其是结构的主要受力构件，无论是形体，还是效果，都给人一种力的概念。如若吊顶的饰面在柱子周围凹进去，从透视的效果看，柱子穿透吊顶，打破吊顶的平整效果，且将柱头加大或饰以造型，同吊顶面不是简单的衔接，而是立体造型，这样往往会获得烘托吊顶的艺术效果。对于格栅类吊顶，为了使通透的艺术效果与直立的柱子有个交待，往往用柱壁上的灯具起到承上启下的作用。

## 第三节　顶棚特殊部位的装饰构造

### 一、顶棚端部的构造处理

顶棚端部的构造是指顶棚与墙体的交接处理方法。

在顶棚与墙体交接处，顶棚边缘与墙体的固定方式因吊顶形式和类型的不同而不同。一般地说，可以采用在墙内预埋铁件或螺柱（图 4-35*a*），预埋木砖（图 4-35*b*），以及通过射钉连接和龙骨端部伸入墙体（图 4-35*c*）等构造方法。其构造做法有如图 4-36 所示的几种处理形式。其中（*a*）、（*b*）、（*d*）三种使顶棚边缘作凹入或凸出处理的方式，不须再作其他的处理，但在（*c*）所示的方式中，交接处的边缘线条一般还须另加装饰压条处理。装饰压条可采用木制的，也可采用市售的成品金属压条，可与搁栅相连，也可与墙内预埋件连接。可先装面层，后装压条，也可先装压条，后装面层饰面板。关于这些问题，可结合其节点构造来考虑。图 4-37 所示是边缘装饰压条的几种做法。

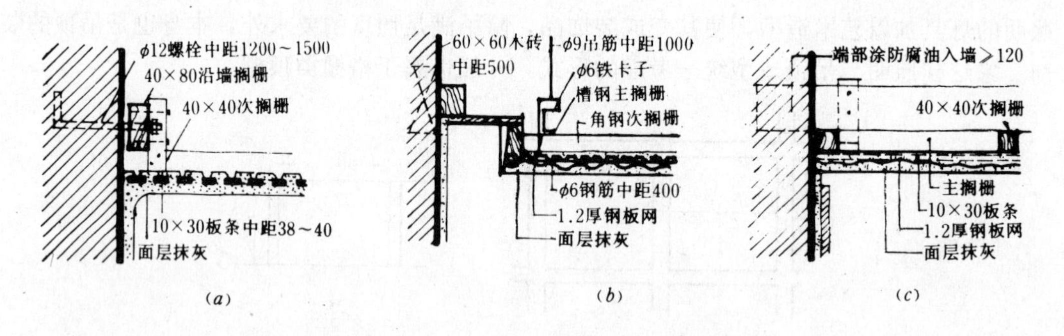


图 4-35　板条、钢板网抹灰吊顶与墙的固定

### 二、顶棚高低差的构造处理

为了满足特定的功能要求，在现代建筑的装饰中，吊顶往往都要通过高低差变化来达到空间限定，丰富造型，满足音响、照明设备的安置及对特殊效果的要求等目的。因此，高低差的处理，也就成为现代建筑吊顶中的一个十分重要的问题。图 4-38 所示的是高低差处理的一种典型方法。

### 三、顶棚检修孔的构造处理

顶棚检修孔是顶棚装饰的组成部分，它的设置与构造，既要考虑检修的方便，又要尽量隐蔽，以保持顶棚的完整性。一般采用活动板进人孔，构造见图 4-39。如果能将进人孔与灯饰结合则更理想。灯罩进人孔构造见图 4-40。当然，如能利用吊顶侧面设进人孔，效果更佳，详见图 4-41、图 4-42。

### 四、顶棚灯饰、通风口及扬声器的构造处理

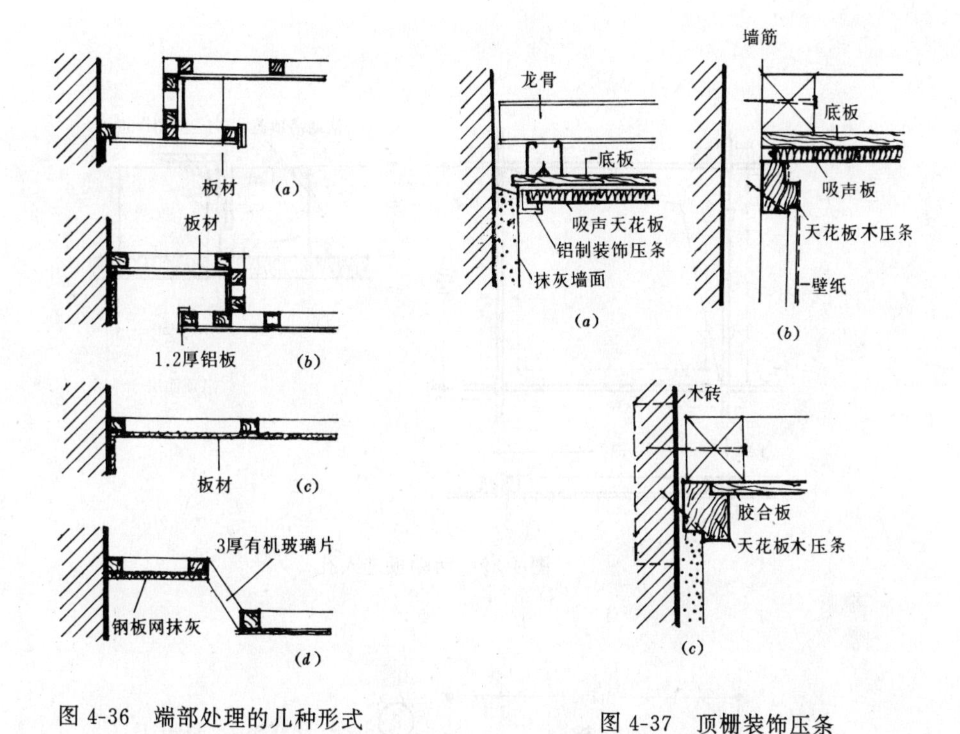


图 4-36 端部处理的几种形式

图 4-37 顶棚装饰压条

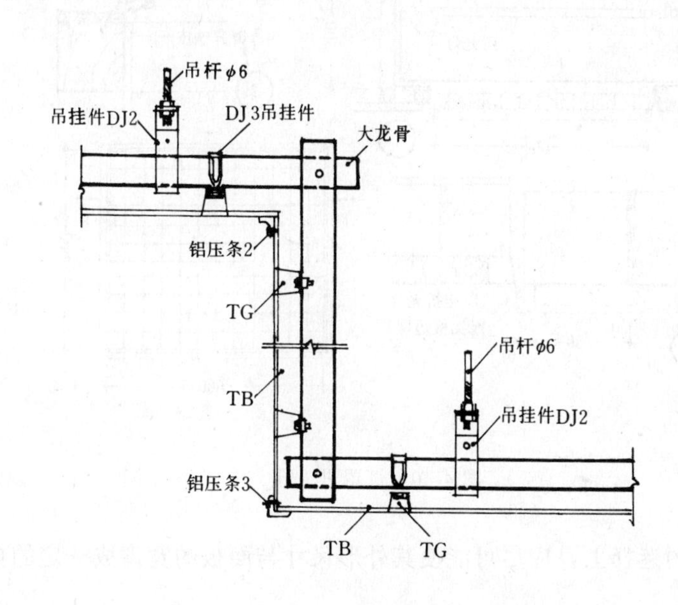


图 4-38 铝合金吊顶高低做法

在顶棚上安装灯饰，一般有与顶棚直接结合的，如吸顶灯等，和与顶棚不是直接结合的，如吊灯等。本节主要阐述直接与顶棚结合的灯饰的安装构造。

灯具安装的基本构造很简单，在需安装灯具的位置，以小搁栅按灯具的外形尺寸围合成孔洞边框即可。此边框（或称灯具搁栅）应设置在次搁栅之间，即作为灯具安装的连接点，也作为灯具安装部位局部补强搁栅，如图 4-43 所示。需要注意的一点是，在灯具（包

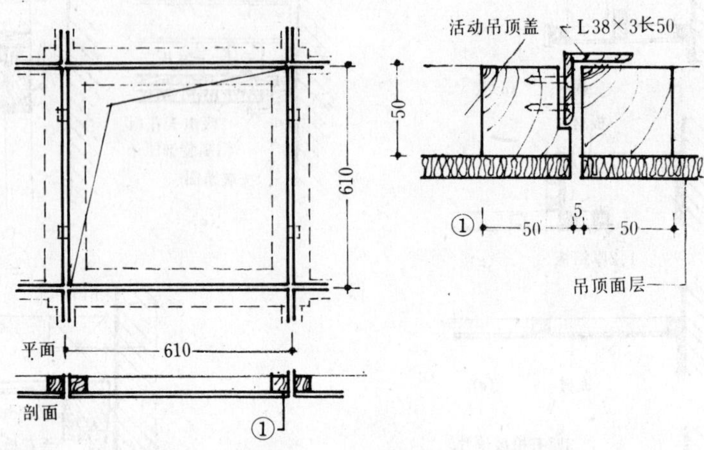

图 4-39　活动板进人孔

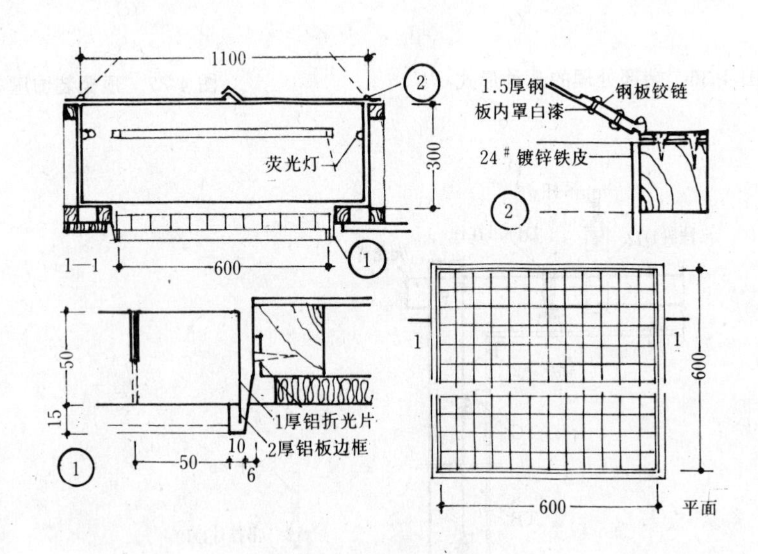

图 4-40　灯罩进人孔

括下述的送风口）的选择上，应尽可能使其外形尺寸与面板的宽度成一定的模数，这将给施工带来许多便利。

顶棚灯饰还可以与通风口和扬声器结合，其构造见图 4-44、图 4-45。

另外与通电轨道结合的移动式聚光灯近来使用也不少。通电轨道由 L 形、T 形和十字形连接器连接成直角形组合支架。这种支架可以当作龙骨，直接搁置板材类顶棚的饰面板，也可吊挂在顶棚下面，见图 4-46。

通风口通常布置于吊顶的顶底平面上。风口有单个的定型产品，通常用铝片、塑料片或薄木片做成，形状多为方形和圆形。但也可利用发光顶棚的折光片作送风口（见图 4-44）亦可与扬声器等组合成送风口。图 4-47 所示的是结合吊顶的端部处理做成的一种暗风

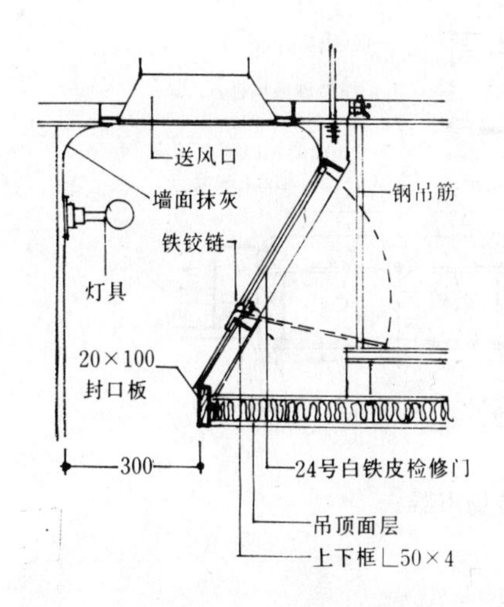


图 4-41 侧向金属检修孔

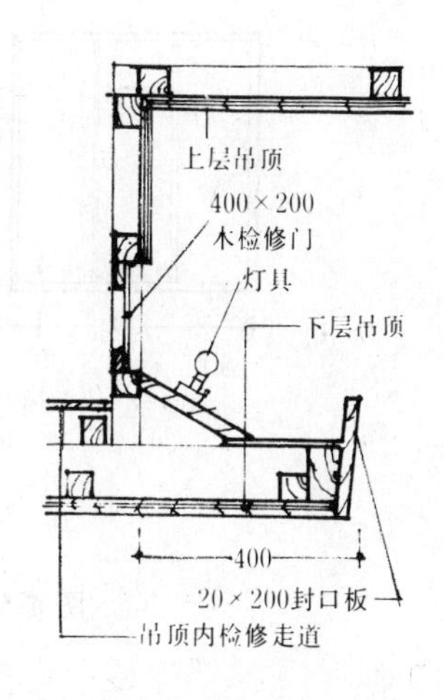


图 4-42 侧向木检修孔

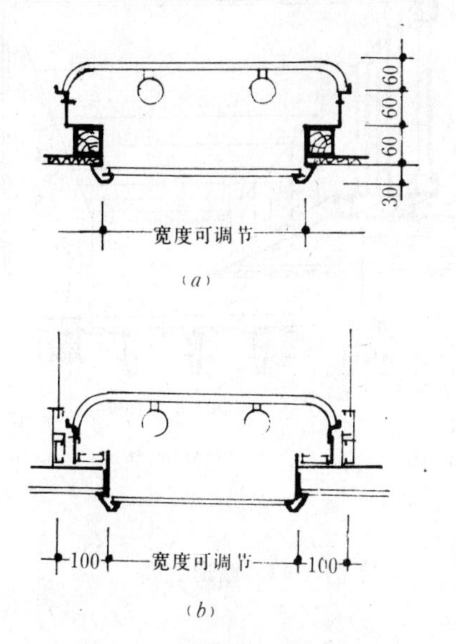


图 4-43 顶棚吸顶灯构造

(*a*) 木龙骨顶棚吸顶灯；(*b*) 轻钢龙骨顶棚吸顶灯

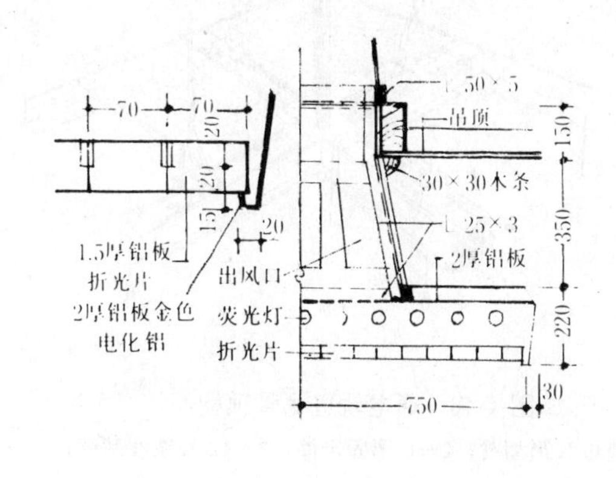


图 4-44 灯具送风口

口。

这种方法不仅避免了在吊顶表面开设风口，有利于保证吊顶的装饰效果，而且将端部处理、通气和效果三者有机地结合了起来。有些顶棚在此还设置暗槽反射灯光，使顶棚的装饰效果更加丰富。

顶棚通风口除上述几种布置方式外，还可以利用龙骨送风。它主要是利用槽形或双歧龙骨，从夹缝中安装空调盒进行通风，有些还组成方格形龙骨体系，龙骨的间距一般为1.2m。空调盒可安装在顶棚的任意位置，由空调总管道将风送至空调盒中。这种体系使龙骨和风口结合，顶棚上再也看不到专用的风口，使顶棚简洁明快，同时送风也较均匀舒适。

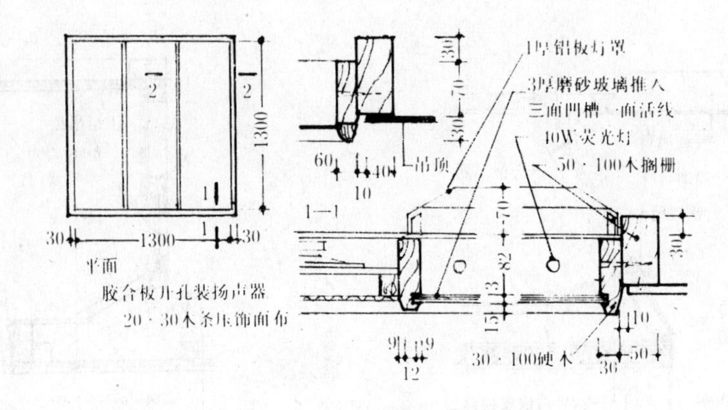


图 4-45　吊顶灯饰暗装扬声器

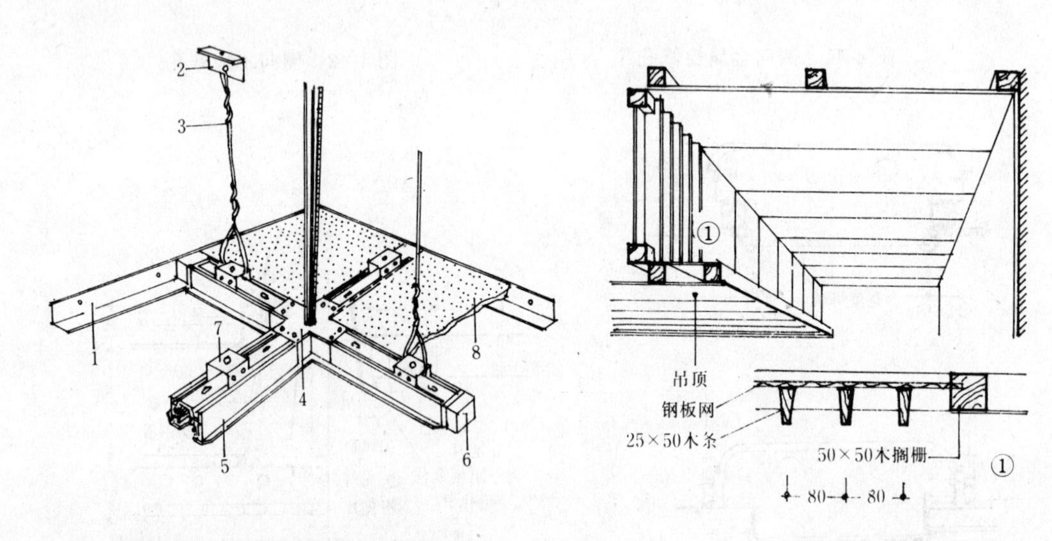


图 4-46　通电轨道龙骨顶棚

1—墙边 L 形型材；2—L 形固定件；3—12 号铁丝吊杆；4—十字形连接盒；5—通电轨道龙骨；6—端头套；7—悬挂件；8—顶棚板

图 4-47　暗通气孔

## 复习思考题

1. 顶棚装饰有哪些功能？
2. 什么是直接式顶棚？常用的直接式顶棚有哪几种做法？
3. 什么是结构顶棚？
4. 什么是悬吊式顶棚？简述悬吊式顶棚的基本组成部分及作用。
5. 简述钢板网抹灰吊顶装饰构造作法。
6. 举例说明轻钢龙骨吊顶的构造作法。
7. 暴露骨架、部分暴露骨架和隐蔽骨架三种顶棚的构造作法有何区别？
8. 金属方板顶棚的安装构造有哪三种方式？画出它们的构造作法草图。
9. 什么是格栅类顶棚？它具有哪些特点？
10. 格栅类吊顶的安装构造有哪两种类型？简述它们的构造作法。

# 第五章　门窗装饰构造

门和窗是建筑物的重要组成部分。门主要由门扇和固定门扇的门框组成；窗主要由窗扇和固定窗扇的窗框组成。不装门扇，只有门洞的通道口叫空门洞（俗称“哑巴口”）；不装窗扇，只有窗洞的墙体洞口叫空窗洞，或装上装饰配件成为漏花窗。此类空门洞、空窗洞或漏花窗不属于本章的讨论范围。

## 第一节　门窗的功能与分类

### 一、门窗的功能

门窗除了起采光、通风和交通等主要作用外，还具有隔热、保温及不同程度的抵御各种气候变化和其他灾害的功能。此外，门、窗的造型和色彩选择对建筑物的装饰效果的影响也很大，因此一般都将其纳入建筑立面设计的范围之内。

（一）门的功能

门是建筑围护结构中的重要部分。门的主要功能是分隔和交通，同时还兼具通风、采光之用。在不同的情况之下，又有保温、隔声、防风雨、防风沙、防水、防火以及防放射线等功能。此外，门的造型、色彩、质地、构造等，在建筑的外观、立面处理以及室内装饰中，都起着重要的作用。

就门的主要功能分隔和交通而言，门是人和物体进出房间和室内外的通道口，因此门的开设数量和大小，一般应由交通疏散、防火规范和家具、设备大小等要求来确定。

一个房间开几个门，每个门的尺寸取多大，每个建筑物门的总宽度是多少，应按交通疏散要求和防火规范来确定。一般规定为：公共建筑安全出入口的数目不少于两个，但房间面积在 $60m^2$ 以下，人数不超过 50 人时，可只设一个出入口。低层建筑，每层面积不大，人数也较少的，可以设一个通向户外的出入口，高层建筑出入口的有关规定另行叙述。人员密集的剧院、电影院、礼堂、体育馆等公共场所、观众厅的疏散门，一般每百人取0.65m～1m 宽，当人员较多时，可以适当递减。学校、商店、办公楼等民用建筑的门，可以按表 5-1 的规定选取。

确定门的宽度、高度尺寸，要考虑通风、采光及搬运家具、设备等要求。确定门的宽度，实际上是确定门洞的宽度，门洞的最小宽度尺寸是 750mm，常用尺寸还有 900mm、1000mm、1200mm、1500mm、1800mm、2400mm、3000mm 等规格。确定门的高度，也是确定门洞的高度，门洞高度的常用尺寸有 2100mm、2400mm、2700mm、3000mm、3300mm 等规格。在确定门洞高度时，还应尽可能使门窗顶部高度一致，以便取得统一的效果。

（二）窗的功能

窗也是建筑围护结构中的重要组成部分。窗的主要功能是采光、通风、保温、隔热、隔声、眺望、防风雨及防风沙等。有特殊的功能要求时，窗还可以防火及防放射线等。窗的装饰功能除类同于上述门的装饰功能外，外墙面上的窗对建筑的整体效果影响更大。以下分述窗的各项主要功能：

门 的 宽 度 指 标　　表 5-1

| 层　数 | 耐火等级 | | |
|---|---|---|---|
| | 一、二级 | 三　级 | 四　级 |
| | 宽度指标　(m/百人) | | |
| 一、二层 | 0.65 | 0.80 | 1.00 |
| 三　层 | 0.80 | 1.00 | — |
| 三层以上 | 1.00 | 1.25 | — |

1. 采光

窗的功能之一是采光。窗的大小应满足窗地比的要求。窗地比指的是窗洞面积与房间净面积的比值。各种不同建筑的窗地比值不相同，住宅中的居住房间为 1/8 左右，厨房、厕所等辅助用房为 1/10，学校中的教室为 1/4，医院中的手术室为 1/2～1/3，走道为 1/14 等。采光标准见表 5-2。

采 光 标 准　　表 5-2

| 等　级 | 采光系数 | 运　用　范　围 |
|---|---|---|
| Ⅰ | 1/4 | 博展厅、制图室等 |
| Ⅱ | 1/4～1/5 | 阅览室、实验室、教室等 |
| Ⅲ | 1/6 | 办公室、商店等 |
| Ⅳ | 1/6～1/8 | 起居室、卧室等 |
| Ⅴ | 1/8～1/10 | 采光要求不高的房间，如盥洗室、厕所等 |

影响采光效果的因素有以下两点。

(1) 透光率：透光率是窗玻璃面积与窗洞口面积的比值。木窗透光率为 60%左右，钢窗透光率为 75%左右。窗的式样与透光率关系也较大，若正方形 100%，六角形则只有 75%。

(2)面积相同的窗，选单扇比选多扇的透光率高：一般一樘 2100mm 的窗比三樘 700mm 的窗透光率高 40%，一樘 1400mm 的窗比两樘 700mm 的窗透光率多 25%。

2. 通风

窗的另一个作用是自然通风。在确定窗的位置及大小时，应选择对通风有利的窗型及合理的布置，以获得较好的空气对流。

3. 围护功能

窗的保温、隔热作用很大。窗的热量散失，相当于同面积围护结构的 2～3 倍，占全部热量的 1/4～1/3。采用双层窗可以减少热损失，但应该慎重使用。当墙体必须采用 2 砖或 2½砖厚的地区，窗应采用双层窗。当冬期室内外温差大于或等于 38℃时，民用建筑需采用双层窗保温。对于工业建筑，采暖计算温度低于－18℃地区的冷车间及低于－24℃地区的一般热车间，4m 以下的部分应采用双层窗。窗还应注意防风沙、防雨淋。窗洞面积不可任意加大，以减少热损耗。

夏期为防蚊虫，玻璃窗可配纱窗。

4. 隔声

窗是噪声的主要传入途径。一般单层窗的隔声量为15～20dB（分贝），约比墙体隔声少3/5左右。双层窗的隔声效果较好，但应该慎用。

5. 美观

窗的式样在满足功能要求的前提下，力求作到形式与内容的统一和协调。同时还必须符合整体建筑立面处理的要求。

窗的尺寸应符合模数制的有关规定。窗的尺寸仍然指的是洞口尺寸，一般应符合300mm进级的三模制。一般窗宽有600mm、900mm、1200mm、1500mm、1800mm、2100mm、2400mm等规格，窗高有600mm、900mm、1200mm、1400mm、1500mm、1800mm、2100mm、2400mm等规格，其中1400mm是特殊尺寸。

## 二、门窗的分类

目前国内在建筑物上所使用的门窗，主要有钢、木、塑、铝（合金）四大类。从施工的角度来看，则可分作两类：一类是门、窗在生产工厂中预拼装成型，在施工现场仅安装即可。如钢门窗、铝合金门窗、塑料门窗多属此类。另外一类是需在施工现场（或施工单位的小型加工厂）进行加工制作的门窗，如木门窗多属此类。铝合金门窗也常有在施工现场进行制作和拼装的。塑料门窗也有需在施工现场进行制作的，但这种情况相对比较少一些。

### （一）门的分类

门的分类方法很多，根据开启方式、所用材料、功能要求的不同，可以分为以下几种类型。

1. 按开启方式分

（1）平开门：平开门有单扇和双扇之分，可以内开或外开。房间的门，一般应内开；安全疏散门一般应外开。在寒冷地区，还可以作成内、外开的双层门。平开门构造简单，开启灵便，广泛应用于工业及民用建筑。但它占据空间，门扇因自重容易下垂变形。平开门的门扇与门框用铰链连接，铰链处加设弹簧便为弹簧门。

（2）弹簧门：弹簧门分为单面弹簧、双面弹簧和地弹簧等数种。弹簧门主要用于人流出入频繁的地方，幼儿园、托儿所等建筑中，不宜采用弹簧门。

（3）推拉门：亦称扯门。推拉门悬吊于门洞口上部轨道或支承于下部轨道，左右推拉滑行。一般分为上挂式和下滑式两种。推拉门扇刚度较大，不易变形，不占空间，但构造较复杂，密闭不严，用于各种大小的门洞口。

（4）转门：转门有两个固定的弧形门套，内装设四扇或三扇围绕竖轴转动的门扇。这种门保温卫生条件好，可在一定程度上隔绝室外气候对内部的影响。不装采光玻璃的转门，可作暗室的遮光门。转门多用于公共建筑入口，但只能供少数人通过，不能作为疏散门使用，必须另有安全出口。转门构造较复杂，造价较高，适用于寒冷地区及有空调的建筑外门。

转门直径常为1650～2250mm。门扇为三扇或四扇，可为固定式或为可折叠式。

（5）卷帘门：卷帘门是用铝合金轧制成型的条形页板连接而成。开启时，由门洞上部的转动轴旋转将页板卷起。卷帘门可为单樘门，也可为连樘门。连樘门间设可拆装的竖向导轨。帘板可为页板式或空格式。高大的卷帘门上如需开小门，在下部可做一般与小门等高的硬扇。

卷帘门启闭可手动，利用弹簧轴承平衡门扇自重；也可通过链条、摇杆人工启闭或利用电机启闭。电动卷帘门的电机装在门的上部，卷帘门通过导轨、导轮和卷筒相连。

这种门开关方便，但构造复杂、造价高，适用于商店、车库等。

（6）折叠门：折叠门由两扇以上门相连，开启时门扇相互折叠在一起。这种门少占使用空间，但是构造较复杂，适用于宽度较大的门洞或空间狭小处。

其他尚有上翻门、升降门等，一般适用于较大活动空间如车间、车库及某些公共建筑的外门。本书不作详细介绍。常用门的开启方式见图 5-1。

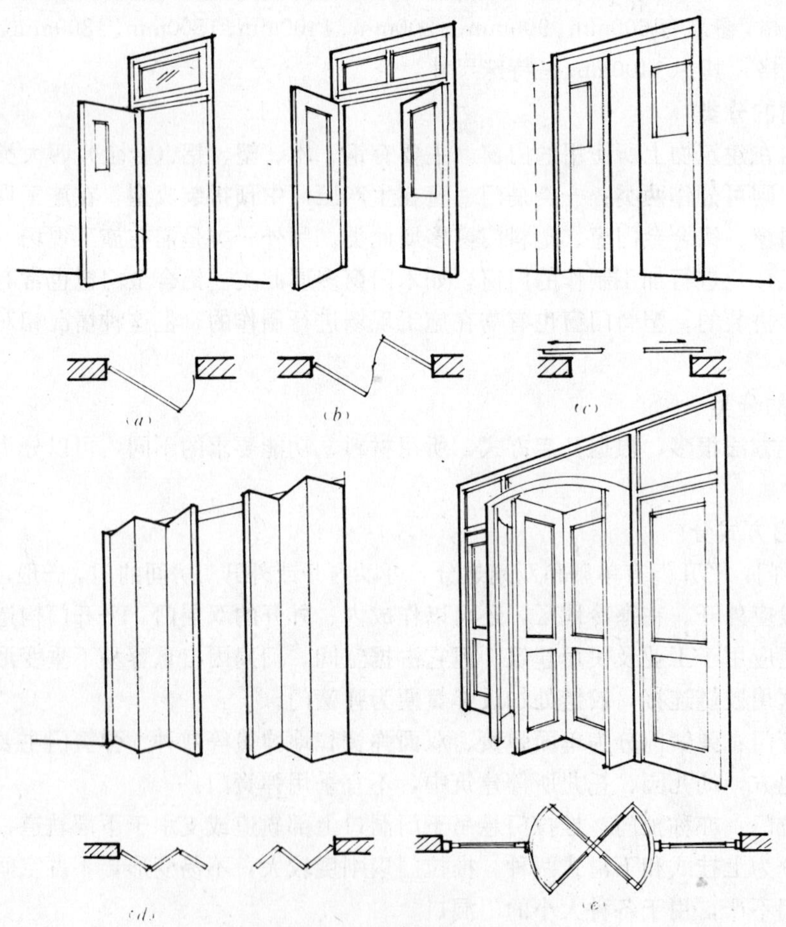


图 5-1 门的开启方式

(*a*) 平开门；(*b*) 弹簧门；(*c*) 推拉门；(*d*) 折叠门；(*e*)（转）门

2. 按选用材料分

（1）木门：这种门应用比较普遍，但质量较大，有时容易下沉。木门门扇的作法很多，常见的有拼板门、镶板门、胶合板门、半截玻璃门等。

（2）钢门：这种门的框和扇，全部采用钢材制作。由于这种门较重、保温隔声能力差、关门声太大等原因，很少应用。但钢框木门或钢木组合门则广泛地应用于居住建筑中。

(3) 铝合金门：这是一种新型门，主要用于商业建筑和大型公共建筑物的主要出入口。表面呈银白色或青铜色，给人以轻松、舒适的感觉。

(4) 塑料门：这种门是以硬质PVC挤压成型的。具有造型美观、防腐、密封、隔热、不需涂漆维护等特点。

(5) 钢筋混凝土门：这种门的框和扇采用钢丝网水泥或钢筋混凝土制作，多用于人防地下室的密闭门。这种门的缺点是自重大，开关费力。本书不作详细介绍。

3. 按功能要求分

除广泛应用的普通门外，有用于通风、遮阳的百页门，用于保温、隔热的保温门，用于隔声的隔声门，以及防火门、射线防护门等。

(二) 窗的分类

按窗在建筑物上开设的位置不同，可划分为侧窗和天窗两大类。设置在内外墙上的称为侧窗。设置在屋顶上的称为天窗。

1. 侧窗的类型

侧窗按所用材料和开启方式等的不同，可以分为各种类型，以适应不同的功能需要。

(1) 窗按开启方式分有固定窗、平开窗、转窗（上悬窗、中悬窗、下悬窗、立转窗）和推拉窗等几种基本类型，见图5-2。

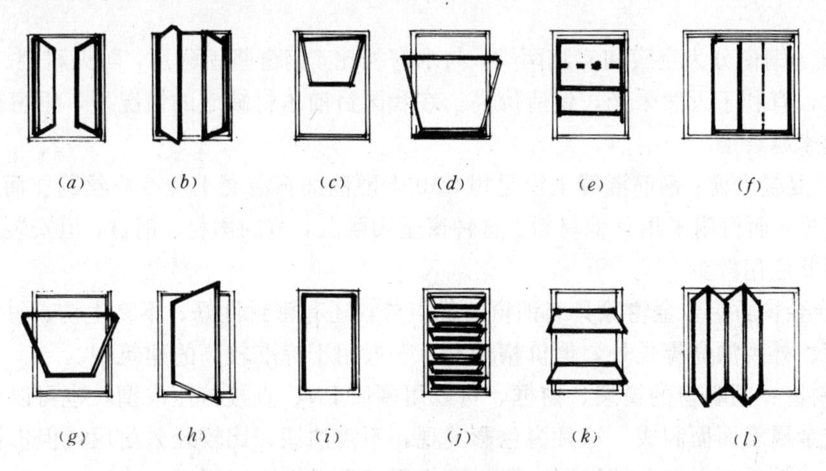


图5-2 窗的开启方式

(a) 外平开；(b) 内平开；(c) 上悬；(d) 下悬；(e) 垂直推拉；(f) 水平推拉；(g) 中悬；(h) 立转；(i) 固定；(j) 百页；(k) 滑轴；(l) 折叠

1) 固定窗：固定窗是将玻璃直接镶嵌在窗框上，不能开启，只用于采光及眺望。这种窗构造简单，一般用于厂房的部分侧窗、民用建筑走道等处的间接聚光或大面积玻璃窗及外门的亮子等。

2) 平开窗：平开窗是将窗扇边框用铰链与窗框相连，水平开启的窗。平开窗开关方便、灵活，采光、通风都较好，在民用及工业建筑中应用最为普遍。平开窗有外开、内开、双层内开、双层内外开等不同形式。外开窗构造较简单，不占室内空间；内开窗利于保护窗扇和擦试玻璃，但占室内空间，同时必须做好防止雨水进入室内的披水和排水槽。

3）转窗：转窗是绕水平轴或垂直轴旋转开启的窗。转窗分上悬窗、下悬窗、中悬窗和立转窗。转窗一般用于大型公共建筑。在大量的建筑中，常用于楼梯间、走道间接采光窗及门亮子等处。

上悬窗开关铰链装于窗扇上部，开启角度为30°左右。一般用风钩撑住，多用于门亮子。

中悬窗开关铰链装于窗扇两侧，开启时上部向内，下部向外。开启角度亦为30°左右，在窗框上钉有特制木板，以卡住开启后的窗扇。中悬窗多应用于大面积的工业厂房采光窗。

下悬窗开关铰链装于窗扇下部，开启角度亦为30°左右，一般采用瓜子链固定位置。这种窗关闭时采用飞机插销或一般插销就位，多用于门亮子。

立转窗可配合风向旋转到最有利的位置，以加强通风。为了遮阳、挡雨，立转窗上应设雨篷。

4）推拉窗：推拉窗分为左右推拉窗和上下推拉窗（又叫提拉窗）两种形式。其优点是开启后不占室内空间，一般常用于食堂售饭口及收发室等处。窗口尺寸太小不适宜做推拉窗。

（2）窗按所用的材料不同来分有木窗、钢窗、钢筋混凝土窗、铝合金窗，塑料窗等类型。

1）木窗：木窗用不易变形的红松或其他相近的材质的木材做成，自重轻，加工制作较简单，维修方便，使用广泛。但制作木窗消耗木材多，同时木材易于腐朽，不及钢窗经久耐用。

2）钢窗：钢窗分为空腹和实腹两类，与木窗相比，钢窗坚固耐用，防火耐潮、断面小，采光系数大，有利于天然采光，但造价高。在我国目前木材缺乏的情况下，钢窗在房屋建筑中用得越来越普遍。

3）钢筋混凝土窗：钢筋混凝土窗是用C30干硬性细石混凝土及冷拔丝制作而成的，一般只用作窗框，而窗扇采用其他材料。这种窗坚固耐久，节约木材、钢材，但安装麻烦，且自重大，因此应用较少。

4）铝合金窗：铝合金窗除具有钢窗的优点外，还有密封性好、不易生锈、耐腐蚀、不需要刷油漆、外观漂亮等长处，但价格较高，一般用于标准较高的建筑中。

5）塑料窗：塑料窗的窗扇、窗框，可以用硬质PVC直接挤压成型，也可以用塑料包覆在木材或金属表面而制成。这种窗色彩美观，不需油漆，比较经久耐用，但价格贵，目前采用较少。随着塑料工业的发展，塑料窗将逐渐得以推广应用。

（3）窗按镶嵌材料的不同来分，有玻璃窗、纱窗、百页窗、保温窗及防风沙窗等。

玻璃窗能满足采光功能要求；纱窗在保证通风的同时，可以阻止蚊蝇进入室内；百页窗一般用于只需通风不需采光的房间，百页窗分固定的百页和活动的百页两种，活动百页窗可以加在玻璃窗外，起遮阳通风的作用。

当侧窗不能满足采光、通风要求时，可设天窗以增加采光和加强通风。

2. 天窗的类型

按天窗构造方式的不同，可分为上凸式天窗、下沉式天窗、平天窗及锯齿形天窗四类。见图5-3。

(1)上凸式天窗。这类天窗设在屋架上面，高出屋面。其特点是构造简单，但它扩大了建筑空间，增加了建筑高度和荷载。上凸式天窗包括矩形天窗、M形天窗、三角形天窗等。

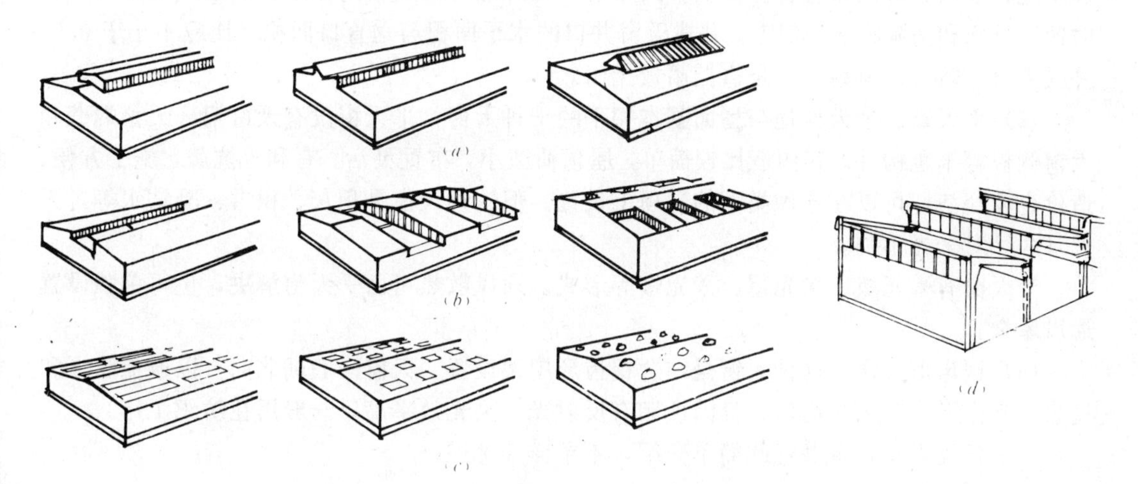

图 5-3 常见的天窗形式

(*a*) 上凸式天窗；(*b*) 下沉式天窗；(*c*) 平天窗；(*d*) 锯齿形天窗

使用广泛的上凸式天窗多为矩形天窗。在天窗架两侧安装上悬钢窗扇或中悬钢、木窗扇。一般矩形天窗窗高与天窗架、屋架跨度间配用关系见表 5-3。

上悬钢天窗可为统长窗扇，或为（按 6m）分段窗扇。

**矩形天窗高度与跨度间配用关系参考表** **表 5-3**

| 天窗高度（mm） | 天窗架跨度（mm） | 天窗架高度（mm） | 附注 |
|---|---|---|---|
| 1200 | 6000 | 2070 | 6m 跨天窗架用于 18m、21m 跨屋架 |
| 1500 | 6000 | 2370 | |
| 2×900 | 6000，9000 | 2670 | 9m 跨天窗架用于 24m、30m 跨屋架 |
| 2×1200 | 6000，9000 | 3270 | |
| 2×1500 | 9000 | 3870 | |

矩形天窗有利于通风，采光比较均匀，玻璃不易积灰，排水方便，但其质量大，造价也较高；三角形天窗采光效率高，窗扇多为固定式。纵向布置的三角形天窗，室内照度的均匀性较差；横向布置的三角形天窗，室内照度的均匀性较好；M 形天窗排气性较好，同时能有一定的反射光，但内排水较复杂。

（2）下沉式天窗。下沉式天窗是将铺在屋架上弦上的部分屋面板下沉到屋架下弦处铺设，利用屋架本身的高度组成凹嵌在屋架中间的一种天窗。这种天窗低于厂房屋面，与上凸式相比，可省去天窗架和挡风板，建筑高度低、荷载小。但屋面清扫不方便，构造也复杂，室内空间也有所降低。

下沉式天窗有纵向下沉、横向下沉和天井式三种形式。纵向下沉式可两侧下沉、中间下沉或为双凹形下沉。两侧下沉排水方便。纵向下沉式天窗主要用于通风排气。这种天窗使屋架部分外露；横向下沉式天窗布置灵活，采光、通风都较好。但这种天窗避风性能较差，窗扇规格较多，屋架上弦的刚度较差；井式天窗可任意布置，它有三面或四面窗口，所以采光、通风较好。布置在侧面的井式天窗，因外墙有挡风板的作用，故通风效果好，同时便于排水和清除积灰、积雪。井式天窗井口的水平面积与垂直口面积之比应不小于0.9。井式天窗一般不设窗扇，而是设挡雨板挡雨。

(3) 平天窗。平天窗是与屋面基本相平的一种天窗，平天窗没有天窗架、天窗端壁和天窗侧板等笨重构件。其构造比较简单，屋顶荷载小，布置灵活。有利于抗震，施工方便，造价也较经济，可以在各种类型的屋顶上设置。但这种天窗易积灰、积雪、凝结水等，天长日久，对采光不利。

平天窗有采光板、采光罩、采光带等形式。通风散热可由平天窗解决，也可单独设置通风屋脊。

(4) 锯齿形天窗。这种天窗是结合锯齿形屋架设置。天窗一般朝北向，以避免眩光和过热。锯齿形天窗采光均匀，且因顶棚有反射光，采光效率高，一般用在纺织工厂。

以上各类天窗，本书就此简单介绍，不予详细论述。

## 第二节 普通门窗的基本构造

普通门窗是指没有特殊的功能要求，如保温、隔热、隔声、防火、防射线等功能要求的常用门和常用侧窗。普通门窗常用木材（一般采用杉木或松木，讲究一些的可用硬木）、钢材、塑料、铝合金制作，也有用钢筋混凝土及预应力钢筋混凝土、玻璃钢等材料制作的。

窗和门在制作生产上，已逐步走向标准化、规格化和商品化的道路，因此要求尺寸规格统一、符合模数制要求，以适应工业化生产需要。

窗和门的构造，要求开启方便，关闭紧密，坚固耐用，便于擦洗清洁和维修，门窗的造型和比例要美观大方。

### 一、门窗的组成

(一) 门的组成

门一般是由门框（也称门樘）、门扇、五金配件及其他附件组成，见图5-4。

门框一般是由边框和上框组成。当门较高时，上部加门亮子，需增加一根中横框。门较宽时，还需要增加中竖框，有保温、防风、防水、防风沙和隔声要求的门还应设下槛。

门扇一般由上、中、下冒头、边框，门芯板、玻璃、百页等组成。

门的五金配件有铰链、插销、门锁、拉手、铁角、门碰头等，其规格比窗用五金配件大一些。

(二) 窗的组成

窗是由窗框（或称窗樘）、窗扇及五金配件等部分组成，见图5-5。

窗框是由边框、上框、下框、中横框、中竖框等构成。

窗扇由上冒头、下冒头、边框、窗芯、玻璃等构成。

窗的五金配件有铰链（也称合页）、风钩、插销及拉手等。

(三) 门窗的其他附件

有的门窗还有其他附件，如：压缝条、窗台板、贴脸板、披水条、筒子板等。

(1) 压缝条。这是10～15mm见方的小木条，用于填补门窗框安于墙中产生的缝隙，以防止热量的损失（图5-6）。

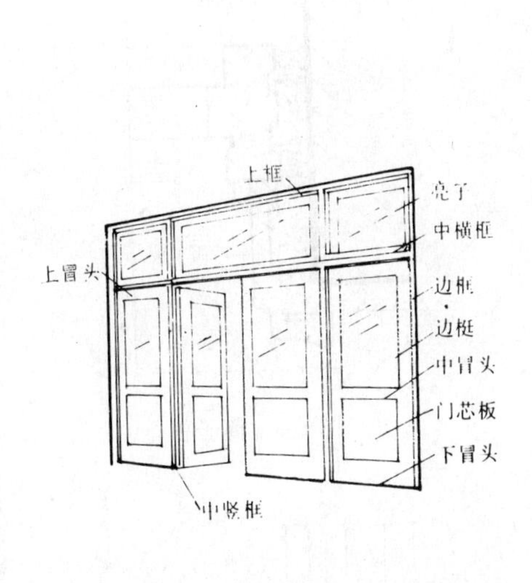


图 5-4　门的组成

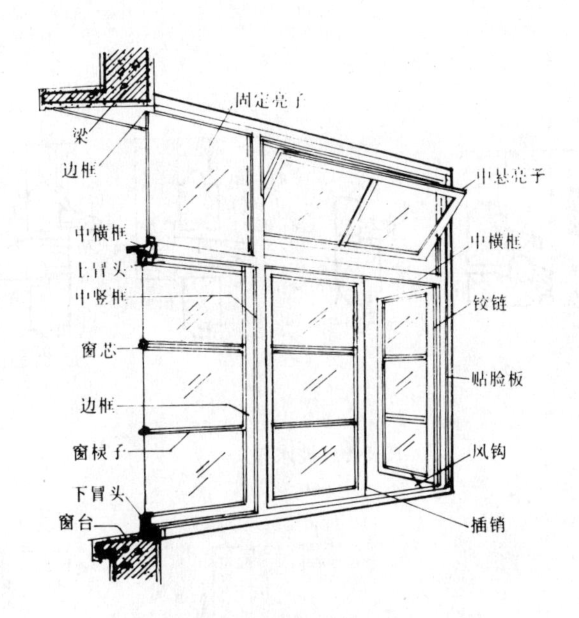


图 5-5　平开木窗的组成

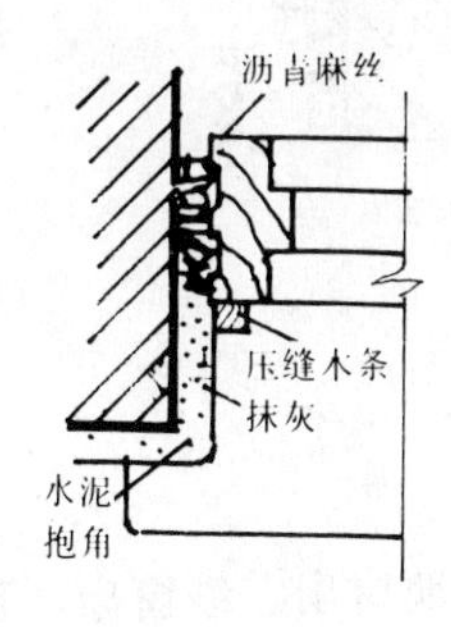


图 5-6　压缝条

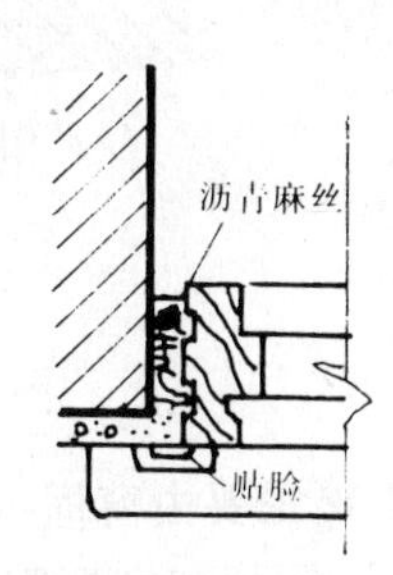


图 5-7　贴脸板

（2）贴脸板。这是用来遮挡靠里皮安装窗扇产生的缝隙，其形状及安装方法见图 5-7。

（3）披水条。这是内开玻璃窗为防止雨水流入室内而设置的挡水条，其形状及安装方法见图 5-8。

（4）筒子板。在门窗洞口的两侧墙面及过梁底部，用木板包钉镶嵌。这种装饰叫筒子板，其形状见图 5-9。

（5）窗台板。在窗下槛内侧设窗台板，其材料为木板、水磨石板或大理石板。窗台板厚一般为 30mm 左右，挑出墙面 30～40mm（图 5-10）。

## 二、门窗的基本构造

### （一）平开木门窗

#### 1. 木窗

平开木窗为侧边用铰链转动，水平开启的木窗。有单扇、双扇、多扇及向内开、向外开之分。平开窗构造简单，开启灵活，制作、安装和维修均较方便，在一般建筑中使用广

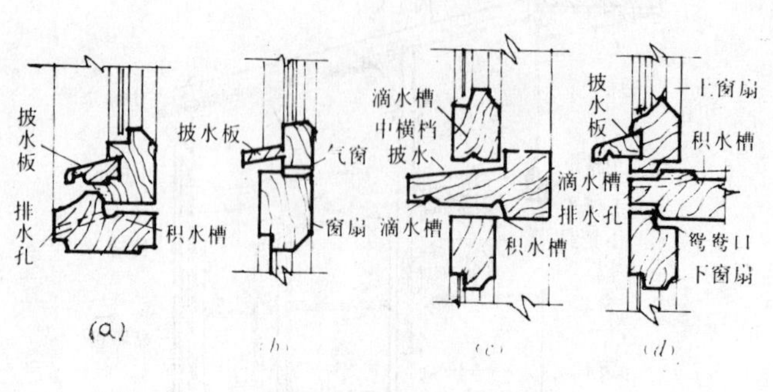


图 5-8　披水条

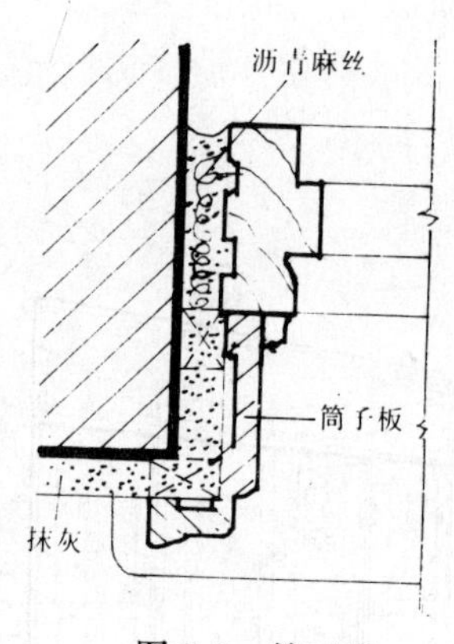


图 5-9　筒子板

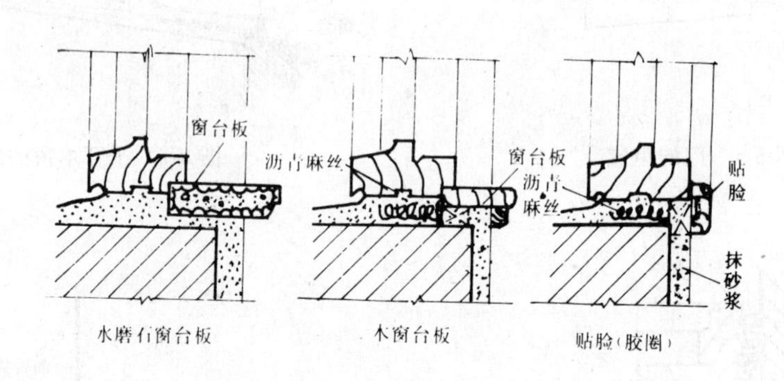


图 5-10　窗台板

泛。

平开木窗主要由窗框（又称窗樘）和窗扇组成。窗扇有玻璃窗扇、纱窗扇、百页窗扇和板窗扇等。窗扇和窗框间为了转动和启闭中的临时固定尚有各种建筑五金配件，如铰链、风钩、插销以及导轨、转轴、滑轮等。窗框和墙连接处，根据不同要求，有时要加设窗台、贴脸以及附件如筒子板等。

平开木窗一般南方为单层窗，北方为了冬期保温，多设置双层窗。为了防止蚊蝇，可加设纱窗。南方东西向建筑为了遮阳和通风还可设置百页窗。

窗的尺度一般根据采光通风、结构构造和建筑造型等因素决定。同时应符合模数制要求。一般平开窗的窗扇宽度为 400～600mm，高度为 800～1500mm，腰头上的亮子窗高度为 300～600mm，固定窗可适当加宽。

目前各地均有标准窗的生产，基本尺度一般多用 300mm 作为扩大模数。窗的宽度和高度的标志尺寸范围为 600～2400mm。有些地区还插入个别半模和习惯尺寸，使用时可根据各地标准图按需选用。

(1) 窗框。窗框也叫窗樘，是墙与窗扇的联系构件。

窗框的断面尺寸和形式是由窗扇的层数、窗扇厚度、开启方式，窗口大小及当地的风力来确定的。窗框的上下槛每边比窗洞宽各长 120mm，俗称羊角，将其砌入墙中，使之与墙连结牢固。

窗框的尺寸各地不一，但从构造上都要考虑接榫牢固，各地都有标准详图供选用。单层窗框断面一般约为厚 40～50mm，宽 70～95mm，中竖梃双面窗扇需加厚一个铲口的深度 10mm，中横档除加厚 10mm 外，若要加做披水，一般还要加宽 20mm 左右。以上二者也可采用加钉 10mm 厚的铲口条子而不用加厚框子木料的方法。断面尺寸系指净尺寸，当一面刨光时，应将毛料的厚度减去 3mm，两面刨光时，将毛料厚度减去 5mm（见图 5-11）。常用窗框木料尺寸见表 5-4。

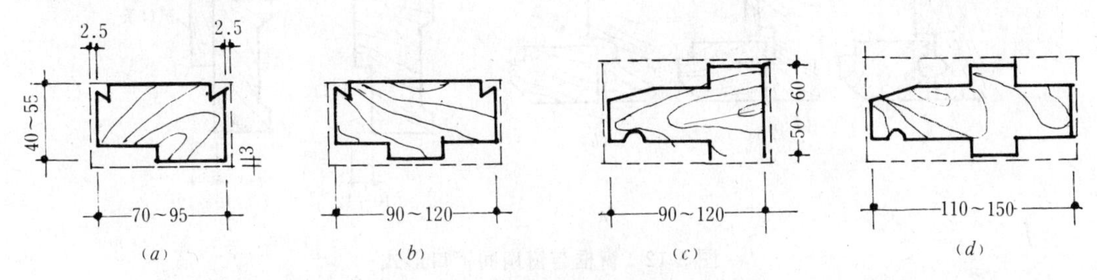


图 5-11　窗框的断面形式和尺寸

(*a*) 单层窗窗框；(*b*) 双层窗窗框；(*c*) 单层外开窗中横档；(*d*) 双层窗中横档

**木窗框及窗扇用料尺寸**　　　　**表 5-4**

| 种　　类 | 名　　称 | 常用尺寸（mm） |
|---|---|---|
| 玻璃窗窗框 | 框　　子 | (40～55) × (70～95) |
| | 中　竖　挺 | (50～65) × (70～95) |
| | 中　横　档 | (50～65) × (90～120) |
| 带纱窗窗框 | 框　　子 | (40～55) × (90～120) |
| | 中　竖　挺 | (50～65) × (90～120) |
| | 中　横　档 | (50～65) × (110～150) |
| 窗　　扇 | 上冒头、边挺 | (35～42) × (50～60) |
| | 下　冒　头 | (35～42) × (60～90) |
| | 芯　　子 | (35～42) × (27～40) |

单层玻璃窗加一层纱窗或百页窗，以及双层玻璃窗用一个窗框者，应增加窗框的宽度。增加的宽度需视窗扇开启的方向、增加窗扇的厚度、两扇窗之间五金配件需要的空间、寒冷地区保温需要的合适空间距离，以及需要下落式活动百页遮阳等尺寸因素而定。一般约需增加宽度 20～30mm。

窗扇与窗框之间既要开启方便，又要在关闭时有一定的密封性，铰链处还传递窗的自重和承受的外力，因此，一般在窗框上留有铲口，深约 10～12mm（图 5-12*i*）。也有钉小木条来代替铲口以减少对窗框木料的削弱（图 5-12*i*）。为了提高防风雨的能力，窗框与窗扇之间铲口形式，可作如下改良：①可适当提高铲口的深 度，约 15mm 左右。一般情况下，铲口越深，空气渗透越少。②可作单铲口加盖口、双铲口或鸳鸯口等（图 5-12*b*、*c*、*d*、*e*），但

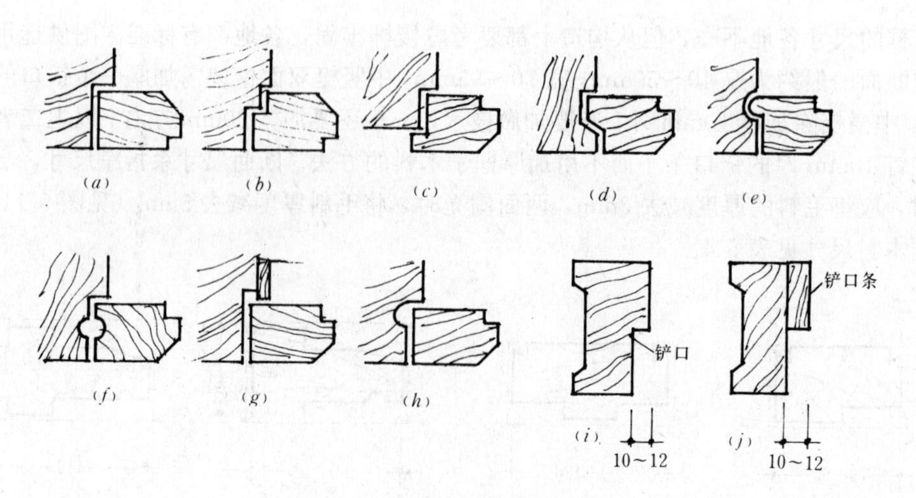


图 5-12 窗框与窗扇间铲口形式

(*a*) 平缝铲口；(*b*) 双铲口；(*c*) 盖口；(*d*)、(*e*) 鸳鸯口（只用于装铰链一边）；(*f*) 窗框窗扇都做回风槽；(*g*) 加木板做回风槽；(*h*) 窗框留回风槽；(*i*) 窗框铲口；(*j*) 加木条铲口

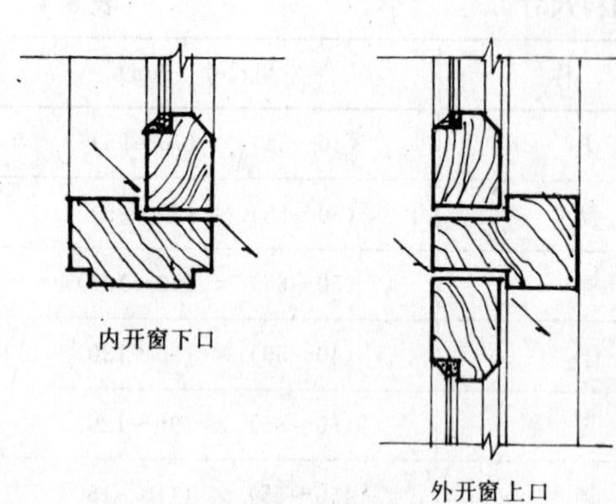


图 5-13 窗缝易渗水部位

这些做法常需适当加大窗扇的厚度，施工复杂。③在窗框留槽，形成空腔的回风槽，对减弱风压，防止毛细流动、流走雨水及沉落风沙均有一定的效果（图 5-12*f*、*g*、*h*）。

外开窗的上口和内开窗的下口，都是防水薄弱环节(图 5-13)，一般须做披水板及滴水槽以防止雨水内渗，同时在内槽及窗盘等处还要做积水槽及排水孔以利渗入的雨水排除（图 5-14)。

木料窗框靠墙一面，容易受潮变形。为了减少木料中的变形伸缩，常在木料背后开槽，一般开一较宽的槽，或开两条窄槽，以减少窗框木纹受潮或干燥时伸缩所造成的变形和裂纹（图 5-15)。另外为了防止木樘与砖墙接触处受潮气影响，需作防腐处理。

窗框和砖墙形成的缝，特别是塞口时，缝比较宽，需进行处理。为了抗风雨，外侧须用砂浆嵌缝，甚至可另加压缝条或采用油膏嵌缝。寒冷地区，为了保温和防止灌风，窗框与砖墙的缝应用纤维或毡类如毛毡、玻璃棉、矿棉、麻丝等垫塞。为了使墙面抹灰的砂浆能与窗框嵌牢，常在窗框靠墙一面的内外二角做灰口（图 5-16*a*、*b*)。窗框内平者需做贴脸，窗框居中者，讲究的可做筒子板。贴脸和筒子板也要注意开槽防止变形（图 5-16*c*、*d*)。

窗框与墙身结合的位置，根据使用要求和墙的材料、厚度等的不同，而有所不同。窗框可以与墙的内平面平齐，但需设贴脸板，以防止接缝处开裂掉灰，也可以将窗框与外墙表面平，还可将窗框设在墙身中部，内设窗台板，外做窗台。见图 5-17。

木窗框在墙内的安装固定当前主要有“塞口”和“立口”两种方法。

“塞口”也称塞樘子或嵌樘子，是在砌墙时先留出窗洞，以后再安装窗框。具体作法是在砌墙时在窗两侧的砖墙上每隔 500～700mm 砌入一块半砖大小的防腐木砖，窗框的每侧

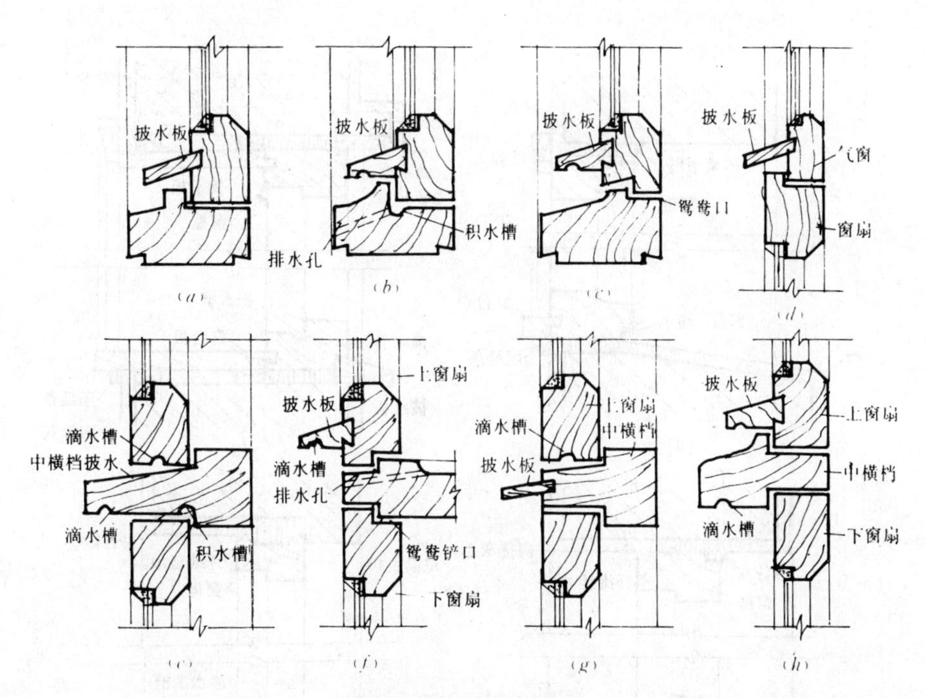


图 5-14　窗的披水构造

(*a*) 内开窗扇加披水板；(*b*) 内开窗加披水及排水槽；(*c*) 内开窗做鸳鸯口并加披水板；(*d*) 内开小气窗加披水板；(*e*) 外开窗中横档做披水；(*f*) 外开窗上窗扇做披水、窗档做积水槽排水孔；(*g*) 外开窗中横档加披水板；(*h*) 内开窗上窗扇做披水、横档做滴水槽

应不少于二块，窗框与墙洞每边应有 10～15mm 空隙，窗框放置好后用钉子钉在预先砌入墙内的防腐木砖上，用沥青毛毡或麻刀将空隙堵严。

图 5-15　木窗框靠墙一面防变形的处理

"立口"也称立樘子。"立口"的作法是砖砌到窗口高度时，将窗框先支撑立上，找正后，再继续砌砖。为了使窗框与墙连接牢固，窗框的上下槛两端各伸出约 120mm 长的木段砌入墙内，同时，在墙内每隔 500～700mm 砌入一块防腐木砖，用钉子将窗框牢固地钉

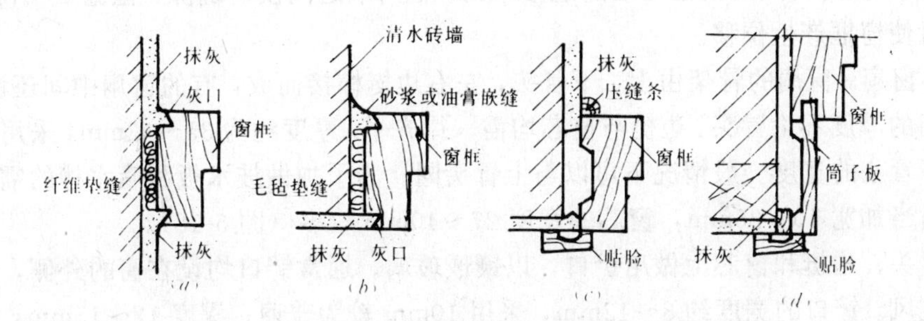


图 5-16　窗框的墙缝处理

(*a*) 窗框做灰口抹灰；(*b*) 灰口用砂浆或油膏嵌缝；(*c*) 灰缝做贴脸和压缝条盖缝；(*d*) 墙面做筒子板和贴脸

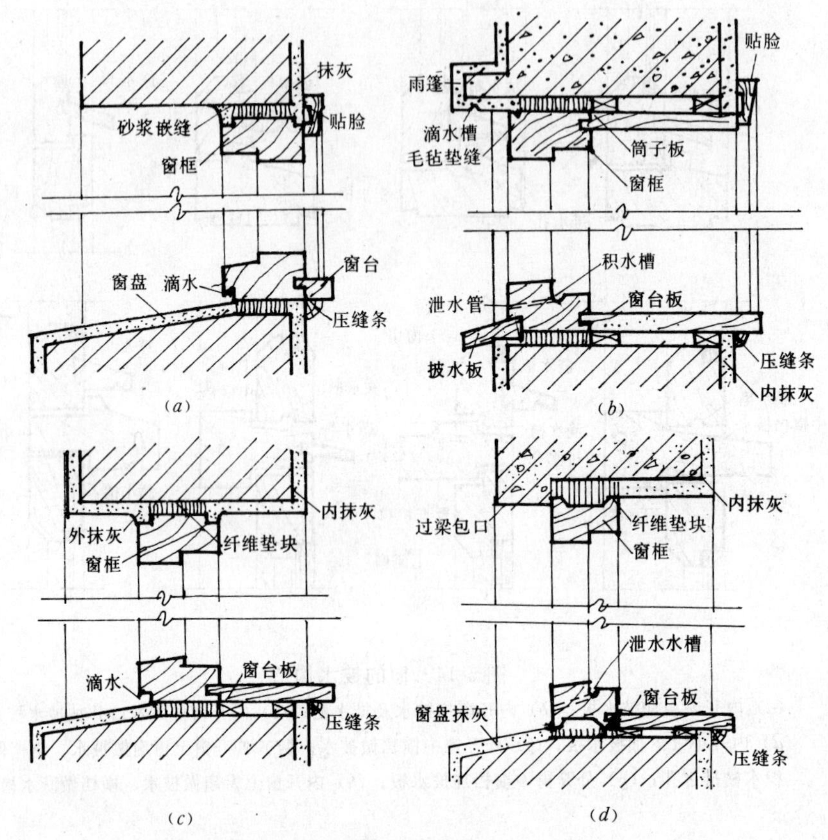


图 5-17 窗框在砖墙中的位置

(*a*) 在墙内平；(*b*) 在墙中部；(*c*) 近墙外平；(*d*) 墙外包口

在木砖上，也可以不用木砖而在窗框上加钉 ϕ10mm 扒钉，长约 250mm，将其端头弯钩砌入墙内。

若窗宽大于 2m，窗框还应和过梁连接牢固。连接的方法是，过梁内可预埋木砖，或用螺栓、扒钉连接。

“立口”法的优点是窗框与墙的连接牢固，框与墙之间没有缝隙，但施工不便，易碰坏窗框或者使窗框产生位移。

(2) 窗扇。窗扇的骨架由上、下冒头，左右边梃榫接而成，有的窗扇中间还设有棂子。

窗扇的厚度不论冒头、边梃与窗芯均需一律齐平。厚度约为 35～42mm，采用 40mm 者较多，下冒头的宽度一般情况下可以与上冒头同。为了加做披水板和滴水槽的需要，可将上冒头适当加宽 10～25mm，窗芯的宽度 27～40mm 较多（图 5-18）。

在冒头、边梃和窗芯上做出铲口，以镶嵌玻璃。通常铲口均设在窗的外侧，这是为了防水和抗风。铲口的宽度约 8～12mm，采用 10mm 较为普遍；深度 12～15mm，视玻璃厚度而定，一般取窗扇厚度 1/3 为宜。窗扇安装玻璃的另一侧，一般亦做有线脚，以减少木料的挡光和避免粗笨的感觉（图 5-19）。

两扇窗接缝处为防止透风雨，一般做高低缝的盖口，为了加强密闭性，常在一面或两

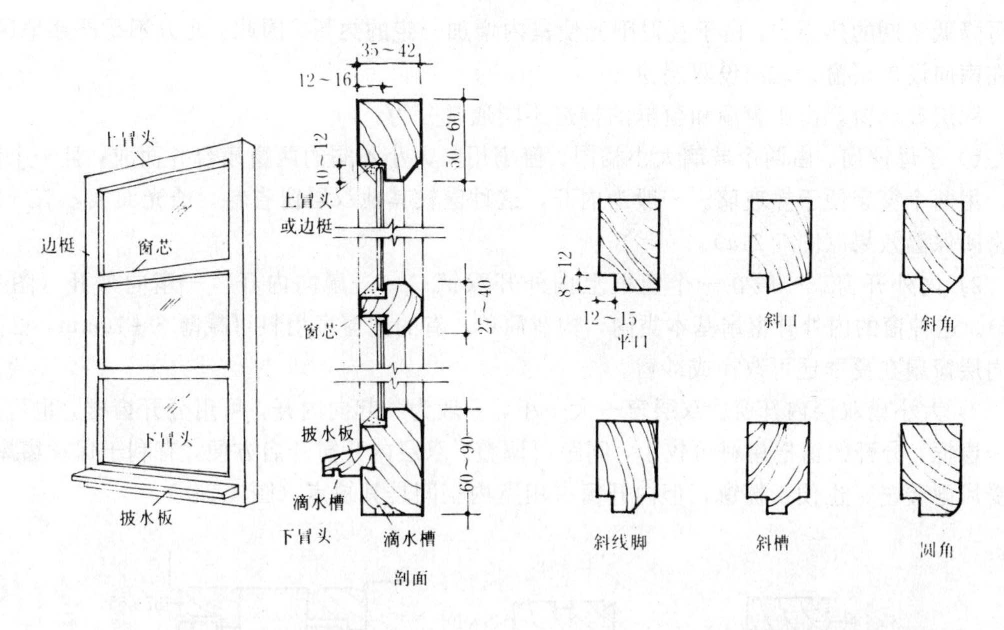


图 5-18　窗扇的组成和用料　　　　图 5-19　窗扇线脚示例

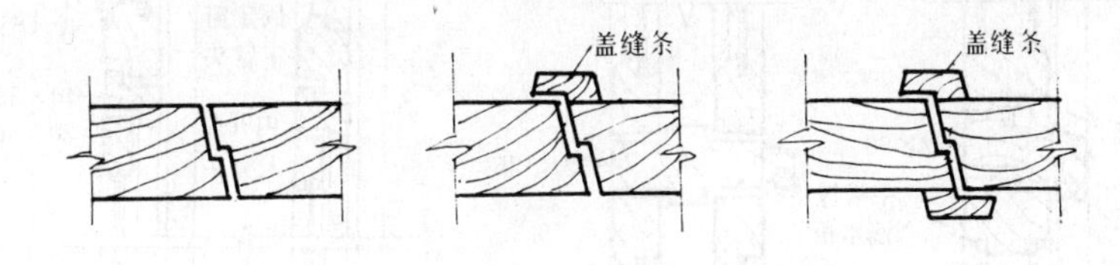


图 5-20　窗扇交缝盖口

面加钉盖缝条（图 5-20）。

窗亮子的窗扇可以为平开或固定的，也可作成上悬、中悬或下悬窗，其构造与普通平开木窗类同。

纱窗扇的窗梃与冒头的断面尺寸可以小一些，一般用 30mm×55mm 即可。

窗玻璃厚薄的选用，与窗扇分格的大小有关，当窗玻璃面积小于 0.35m² 时，厚度可为 2mm；面积小于 0.55m² 时，厚度可为 3mm；面积大于 0.55mm² 时，厚度可为 5mm。为了隔声、保温等需要可采用双层中空玻璃。需遮挡或模糊视线的，可选用磨砂玻璃或压花玻璃；为了安全还可采用夹丝玻璃、钢化玻璃以及有机玻璃等；为了防晒可采用有色、吸热和涂层、变色等种类的玻璃。窗上的玻璃一般多用油灰（桐油石灰）镶嵌成斜角形。必要时也可采用小木条镶钉。

窗扇与窗框的连接可用一般合页或长脚合页。长脚合页主要用于内开双层玻璃窗。窗的五金配件均有成品出售，可根据需要选用。

(3) 双层窗。双层窗通常用于有保温、隔声要求的建筑，如恒温室、冷库、隔音室。玻璃窗比砖墙的热损失大，一砖墙的热阻约 0.5m²·h·℃/kcal 左右，单层玻璃窗的热阻为 0.15～0.2m²·h·℃/kcal，双层玻璃窗的热阻为 0.3～0.4m²·h·℃/kcal。采用双层玻璃窗可降低冬期的热损失。由于直射阳光使室内增加一定的热量，因此，北方不是严寒地区，可在南向设单层窗，北向设双层窗。

双层玻璃窗，由于窗扇和窗框的构造不同通常分为：

1）子母窗扇。由两个玻璃大小相同，窗扇用料大小不同的两窗扇合并而成，且一个窗框。用两个窗扇便于擦玻璃。一般为内开，这种窗较其他双层窗省料，透光面大，有一定的密闭保温效果（图 5-21*a*）。

2）内外开窗。一般在一个窗框上内外开双铲口，一扇向内开，一扇向外开（图 5-21*b*）。这种窗的内外开窗扇基本类同，构造简单，有的内窗扇用料可减薄 5～10mm，必要时内层窗扇在夏季还可改换成纱窗。

3）大小扇双层内开窗。双层窗一大一小，一般为一起向内开，可用分开窗框，也可用同一窗框，分开的窗框用料可较小，间距可调整。双层内开窗开启方便，有利于保护窗扇，免受风雨袭击，也便于擦窗，但内开窗占用室内空间是其缺点（图 5-21*c*）。

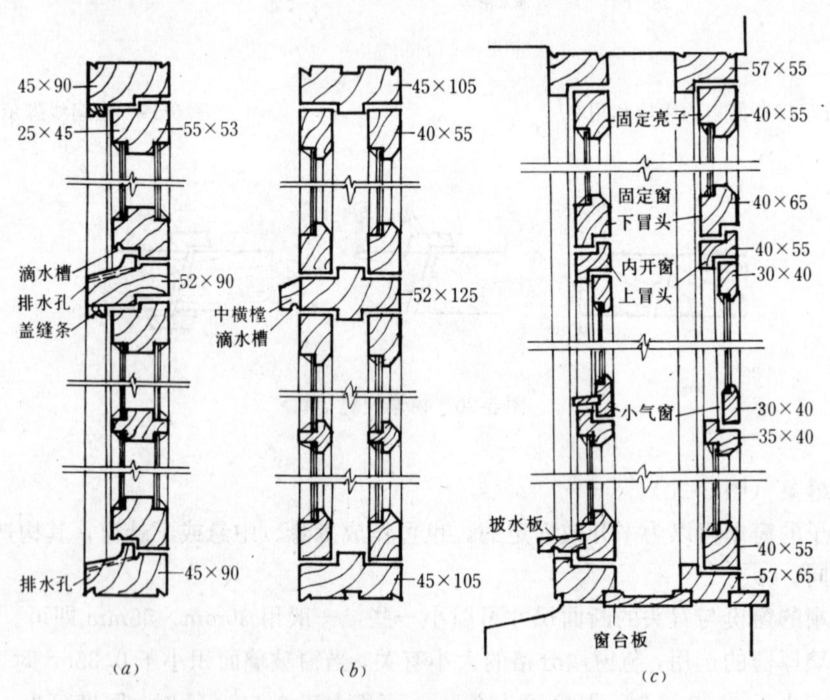


图 5-21　双层窗断面形式

(*a*) 内开子母窗扇；(*b*) 内外开窗扇；(*c*) 大小扇双层内开窗

寒冷地区房屋的通风要求不如南方高，因此在多扇窗中可以有一部固定窗扇，例如一般带亮子窗的窗户可把亮子窗做成固定扇；三扇窗可把中间一扇、四扇窗可把边上两扇做成固定扇，既能满足通风要求，又能利用固定扇而省去樘子的中横档和中竖梃（图 5-22）。另外，冬期为了通风换气，又不使室内散热过多，常在窗扇上加做小气窗。

4）中空玻璃窗。采用中空多层玻璃的窗扇和窗框用料要稍加大厚度。双层玻璃中空 5～15mm，装在一个窗扇上，见图 5-23（*a*），一般不易密封，上下须做有透气孔。如改用密封玻璃，多为两或三层玻璃，四周用边料粘结密封形成中空玻璃，玻璃之间的间距约 4～

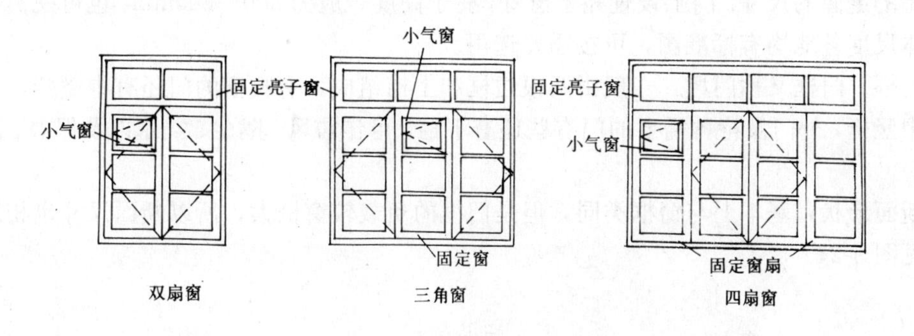

图 5-22 双层窗的固定扇安排

12mm（图 5-23*b*、*c*），对保温、隔声都有一定效果。玻璃层间须抽换干燥空气或惰性气体以免产生凝结水及进入灰尘。

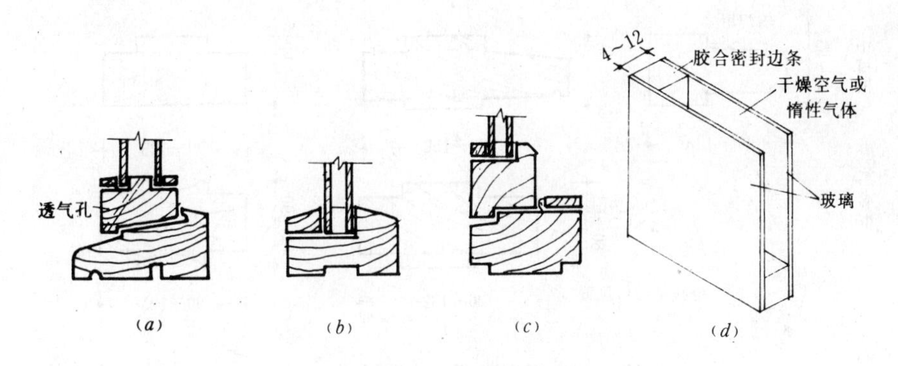

图 5-23 双层中空玻璃
(*a*) 双层中空玻璃窗；(*b*) 双层密封玻璃固定窗；
(*c*) 双层密封玻璃窗；(*d*) 又层密封玻璃

2. 木门

平开木门即水平开启的木门。主要由门框、门扇、亮子窗和五金配件等部分组成。它的铰链安在侧边，有单扇、双扇，向内开、向外开之分。平开门的构造简单，开启灵活，制作安装和维修均较方便，为一般建筑中使用最广泛的门。

平开木门按门扇的不同分为拼板门、镶板门、胶合板门、玻璃门、纤维板门、百页门和纱门等。镶板门、胶合板门、纤维板门等的门扇可为全板，也可镶部分玻璃、百页。平开木门可内开或外开，如带纱门或为双层门扇则可作成内外开。在人流进出频繁的地方可作成弹簧门。

平开木门一般高度常在 2000～2100mm 左右，公共建筑大门的高度可按需要适当提高。常用门扇的宽度：单扇内门为 800～900mm，辅助房间如浴厕、贮藏室的门为 600～800mm，双扇门一般为 1200～1600mm。门洞大于一个门扇的宽度与高度时，在宽度方向可由多个相等或不等的门扇组合；在高度方向，门扇上部可加亮子。亮子又称腰头窗，在门的上方，为辅助采光和通风之用，有平开及上、中、下悬等数种，与窗扇的构造基本相同。平开木门门洞宽度一般达 3600mm，高度达 3300mm。门洞的宽度为门扇宽度加两边门框以及门框与墙的缝隙的尺寸。门上设置亮子窗者，亮子高度一般为300～600mm，也可视需要变动。具体尺度各地均有标准图，可按需要选用。

(1) 门框。门框又称门樘，一般由两根边框和上槛组成，有腰窗的门还有中横档，多扇门还有中竖梃，外门及特种需要的门有些还有下槛，可作防风、隔尘、挡水以及保温、隔声之用。

门框断面形状，基本上与窗框类同，但是门框的负载较窗框大，所以断面尺寸也相应大些，详见图 5-24。

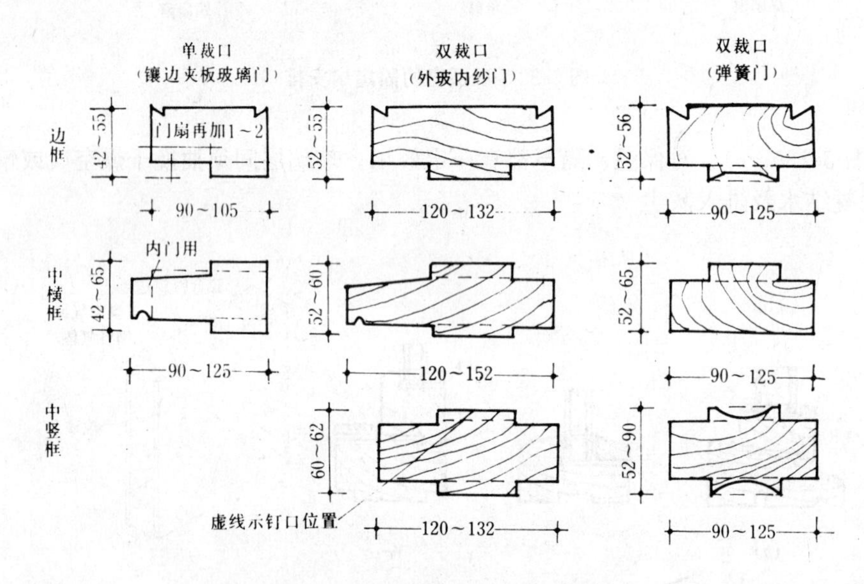


图 5-24 门框断面形式和尺寸

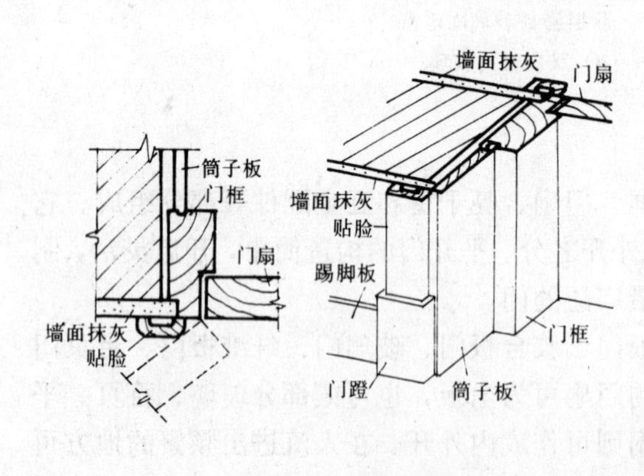


图 5-25 门的构造

门框与门扇之间要开启方便，又要有一定密闭性，因此门框上留有裁口，或者在木门框上钉小木条形成裁口。

门框与墙的结合位置，一般都做在开门方向的一边，与抹灰面齐平，这样门开启的角度较大（图 5-25）。

门框与墙的连接，类同于窗框与墙的连接，一般门的悬吊重力和碰撞力均较窗为大，门框四周的抹灰极易开裂，甚至振落，因此抹灰要嵌入门樘铲口内，并做贴脸木条盖缝。贴脸一般约15～25mm厚，30～75mm宽，为了避免木条挠曲，在木条背后开槽可较为平服。贴脸木条与地板踢脚线收头处，一般做有比贴脸木条放大的木块，称为门蹬。考究者墙洞上、左、右三个面用筒子板包住，见图 5-25。木门框靠墙一面容易受潮变形，常在该处开背槽，见图 5-24。

门框与墙的固定和窗一样，也分“立口”与“塞口”两种。

“立口”是先立门框，后砌墙体，为使门框与墙体连接牢固，应在门框上槛两端各伸出

120mm 左右的端头，俗称“羊角头”。这种连接方法的优点是结合紧密，缺点是影响砌墙速度。

“塞口”是先砌墙、预留门洞口，并预埋木砖。木砖的尺寸为 120mm×120mm×60mm，表面应进行防腐处理。木砖沿门高按每 600mm 加设一块，每侧应不少于 2 块。

（2）门扇。各种不同的木门其主要区别在于门扇，下面介绍几种常用的门扇构造作法。

1）镶板门、玻璃门、纱门和百页门。这些门都是最常见的几种门扇，主要骨架由上下冒头和两根边梃组成框子，有时中间还有一条或几条横冒头或一条竖向中梃，在其中镶装门芯板、纱或百页板，组成各种门扇（图 5-26）。

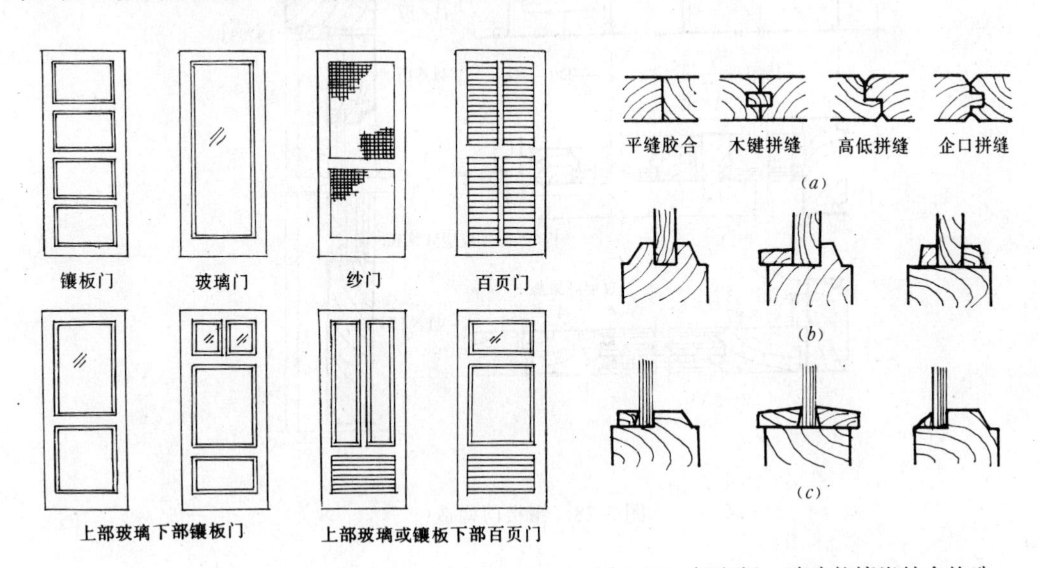


图 5-26　镶板门、玻璃门、纱门和百页门的立面形式

图 5-27　门心板、玻璃的镶嵌结合构造
(*a*) 门心板的拼缝处理；(*b*) 门心板与边框的镶嵌；(*c*) 玻璃与边框的镶嵌

镶板门又称肚板门或滨子门。门芯板可为木板、塑料板、胶合板、硬质纤维板、玻璃等。门芯板可用 10～15mm 板拼装成整块，镶入边框。板缝要结合紧密，不可因日后木板干缩而露缝。一般为平缝胶结，如能做高低缝或企口缝接合则可免缝隙明露（图 5-27*a*）。门芯板与门框的镶嵌结合可用暗槽、单面槽以及双边压条等构造形式（图 5-27*b*）。

镶板门构造见图 5-28。

门芯板换成玻璃，则为玻璃门，多块玻璃之间亦可用窗一样的芯子。玻璃在门扇上的镶嵌做法见图 5-27（*c*），用木条压钉玻璃于边框或压条之间，用油灰填塞，以防止开关时玻璃因受震而破坏。

门芯板改为纱或百页则为纱门或百页门。这两种类型的门扇，因质量减轻，故骨架料可比镶板门薄 5～10mm。

玻璃门芯板及百页可以根据需要组合，如上部玻璃，下部门芯板，也可上部木板，下部百页等等（图 5-26）。

门扇边框的厚度一般为 40～45mm，纱门 30～35mm，上冒头和两旁边梃的宽度 75～120mm，下冒头为了踢脚和习惯常比上冒头加大 50～120mm，中间的冒头和竖梃一般同上

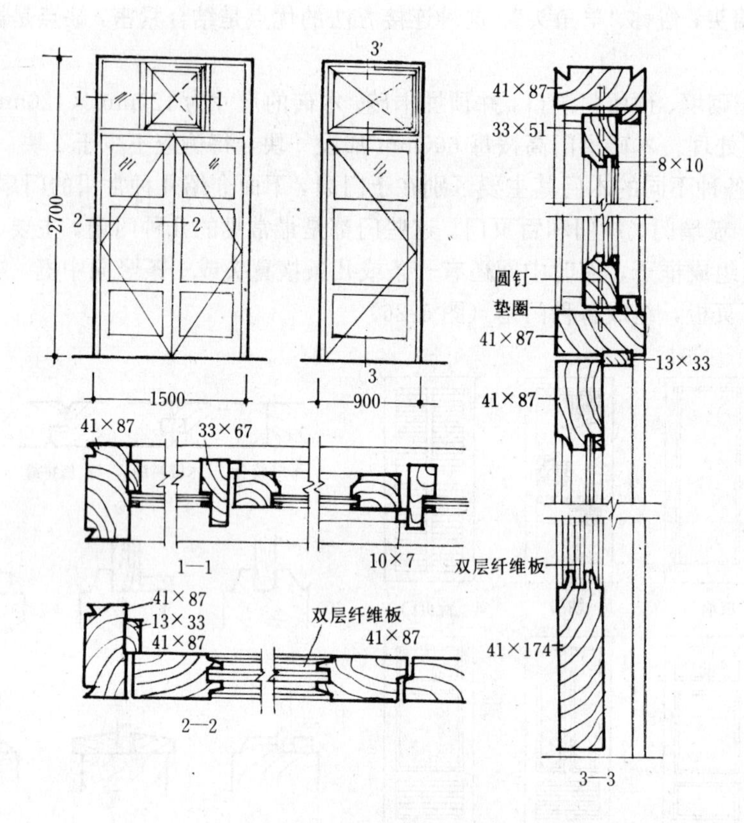


图 5-28　镶板门构造

冒头和边梃的宽度。中冒头为了弥补装锁开槽对材料的削弱，它的宽度必要时可适当加大。

2）夹板门。夹板门是中间为轻型骨架双面贴薄板的门。夹板门采用较小的方木作骨架，双面粘贴薄板（胶合板、塑料面板、硬质纤维板等）；四周用小木条镶边，装门锁处另加附加木。这种门由于骨架可利用小料、短料，故节省木材，同时这种门外型简洁，自重轻，不易变形，便于工业化生产，一般广泛适用于建筑的内门；若作外门，应选用结实、耐用、防水、防火的面板。

夹板门的骨架一般用厚 32～35mm，宽 34～60mm 木料做框子，内为格形纵横肋条，肋距宽同框料，厚为 10～25mm，视肋距而定，肋距约在 200～400mm 之间，装锁处须另加附加木（图 5-29）。为了不因门格内温湿度变化产生内应力，一般在骨架间需设有通风连贯。为了节约木材和减轻自重，还可用与边框同宽的浸塑纸粘成整齐的蜂窝形网格，填在框格内，两面贴板，成为蜂窝纸夹板门。

夹板门的面板一般为胶合板、硬质纤维板或塑料板，用胶结材料双面胶结。有的胶合板面层的木纹有一定装饰效果。夹板门的四周一般采用 15～20mm 厚木条镶边，较为整齐美观（图 5-30）。

根据使用功能上的需要，夹板门亦可加做局部玻璃或百页。一般在镶玻璃及百页处做一小框子，玻璃二边还要做压条。

3）拼板门。拼板门一般有厚板拼成的实拼门及单面或双面拼成的薄板拼板门。拼板门

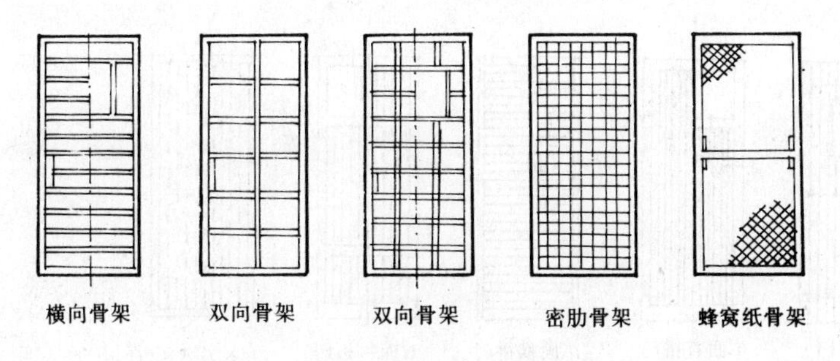


图 5-29　夹板门骨架形式

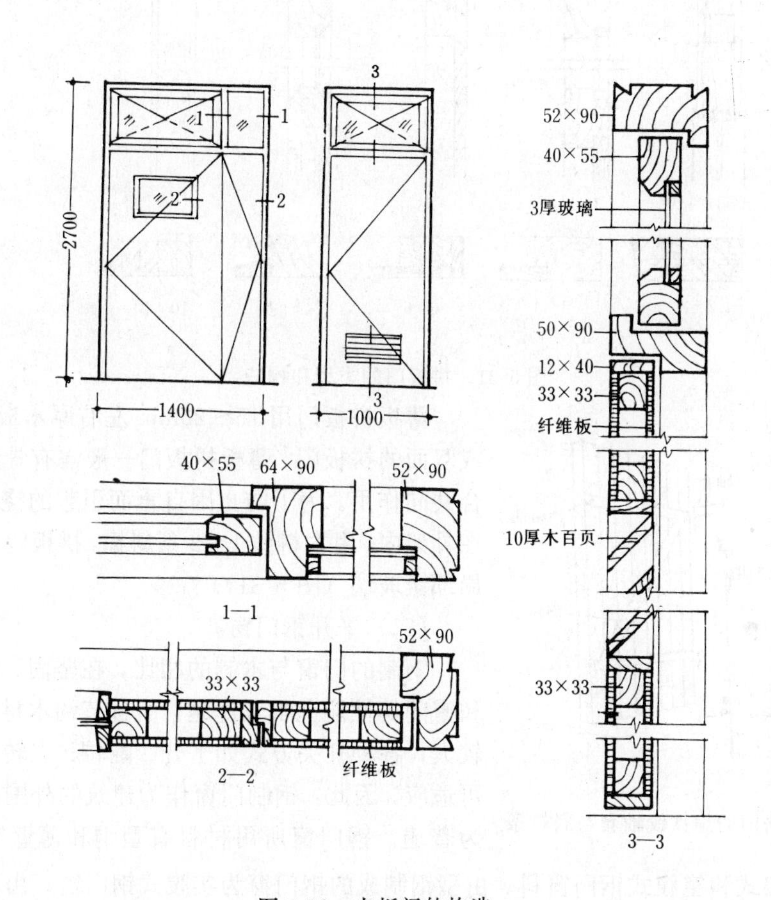


图 5-30　夹板门的构造

坚固耐用，但费料而质量大，可做单扇或双扇，常用于外门、院门及库门等（图 5-31）。

实拼门。实拼门用 40 mm 左右厚的木板拼成，每块的宽度约 100～150mm，为了防止木料收缩裂缝常做成高低缝、企口缝或镶木条拼缝等，并在板面铲三角形或圆形槽。拼板的横向连接常用 φ12mm 直径三至四道通长螺栓串通拧紧，螺母处作暗槽并用木料镶平（图 5-31）。较大的实拼门自重较大，普通铰链无法承受，常用扁钢两至三道以螺栓拧紧在每块木板上，扁钢的一端弯圆为转轴的套环。为了防止因自重过大而引起的挠度变形，可加钉一条斜向扁铁拉条（图 5-32）。

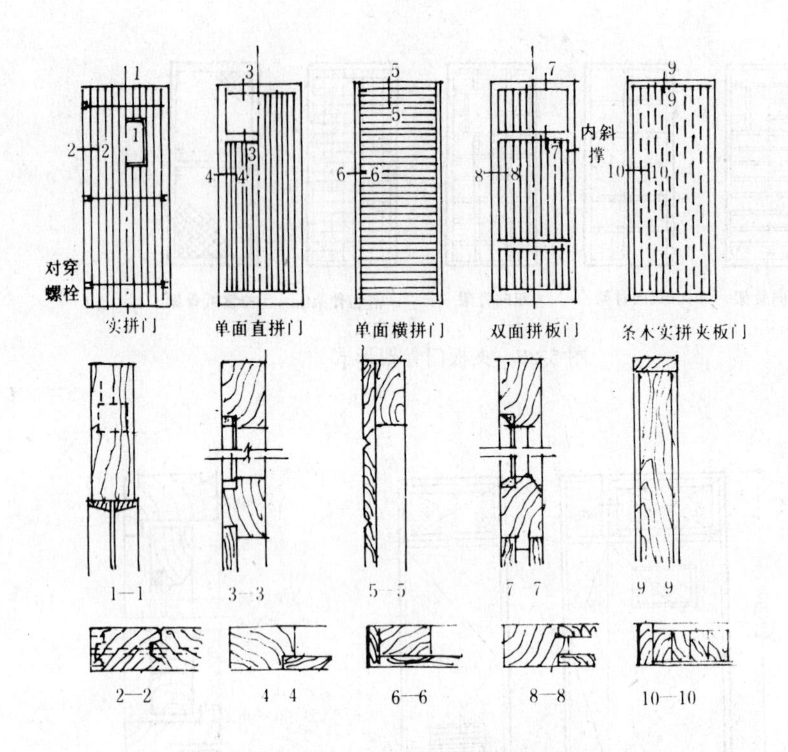


图 5-31　拼板门的类型和构造

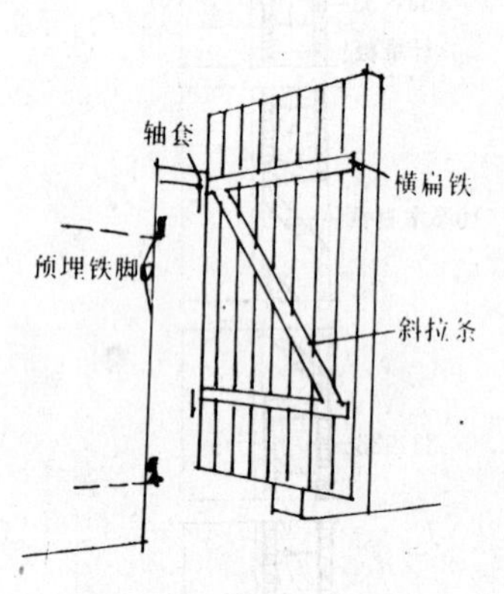


图 5-32　实拼门的扁铁铰轴套与斜拉条

薄板拼板门用 15～25mm 左右厚木板，拼成单面或双面的拼板门。薄板拼板门一般需有骨架和拼板结合共同作用。为了防止因自重而引起的挠度变形，可在骨架内，用木料做 1～2 条斜撑，拼板门需要时也可局部镶玻璃（图 5-31）。

（二）平开钢门窗

钢制的门窗与木制的相比，在坚固、耐久、耐火和密闭等性能上都较优越，而且节约木材，透光面积较大；各种开关方式如平开、翻转、立转、推拉等都可适应，因此，钢制门窗作为建筑的外围护构件已较为普遍。钢门窗所用材料有型钢和薄壁空腹型钢两种，也称实腹式和空腹式钢门窗料。由型钢制成的钢门窗为实腹式钢门窗；由薄壁空腹型钢制成的钢门窗为空腹式钢门窗。一般门窗用型钢有 25mm、32mm 及 40mm 三种规格，各种钢门窗可按需要进行拼装。各地均有标准图可供选用，如平开门窗以单、双扇和有亮子等形式作为基本单元（图 5-33，图 5-34）。

1. 钢窗

在民用建筑中，钢窗一般为平开式，工业建筑中，使用悬窗多一些。

钢窗窗洞尺寸以 300mm 为模数，窗洞高在 2400mm 以内，宽在 1800mm 以内，可以直接选用标准设计图集，若窗洞尺寸更大时，可按需要进行组合。

平开钢窗与平开木窗在构造组成上基本上相同，不同的是在两扇闭合处设有中竖框作

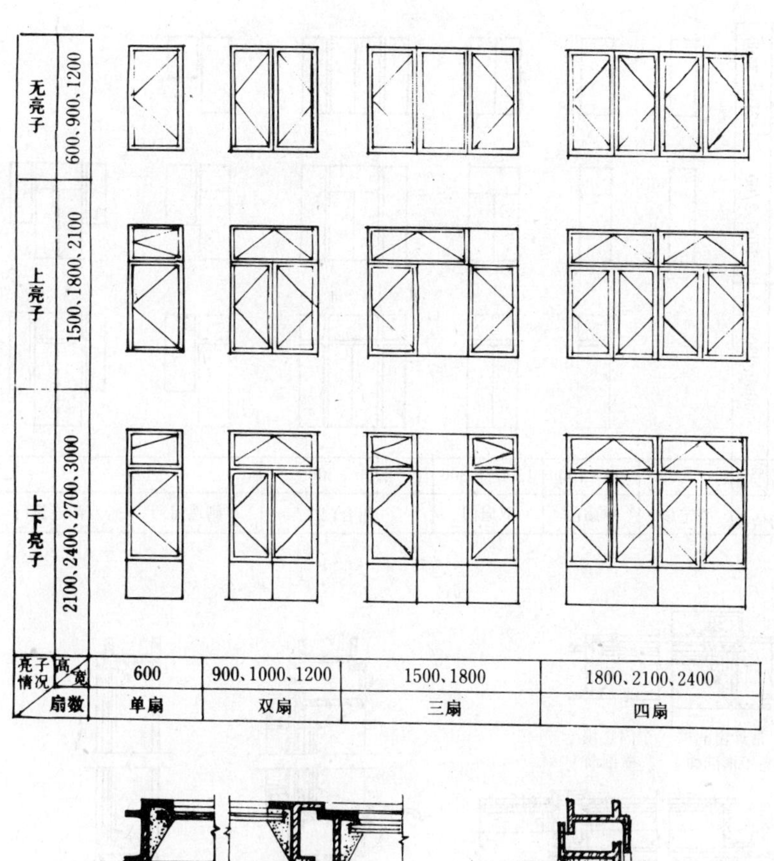


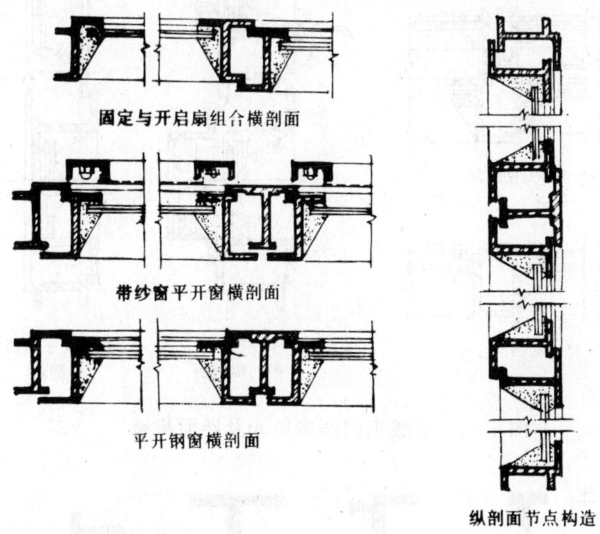


图 5-33　实腹钢窗基本组合单元及断面构造

为关闭窗扇时固定执手之用。

实腹钢窗一般选用断面高度为 25mm 及 32mm 的窗料。高 25mm 窗料每樘窗允许面积 $3m^2$ 左右，高 32mm 窗料每樘窗允许面积 $4m^2$ 左右。参见表 5-5 和图 5-35。

空腹钢窗料是用 1.5～2.5mm 厚的普通低碳带钢经冷轧的薄壁型的钢材，这种钢料制作窗节省钢材、质量轻、刚度大，但因空腹钢料壁薄耐锈蚀较实腹钢窗差，须注意保护和

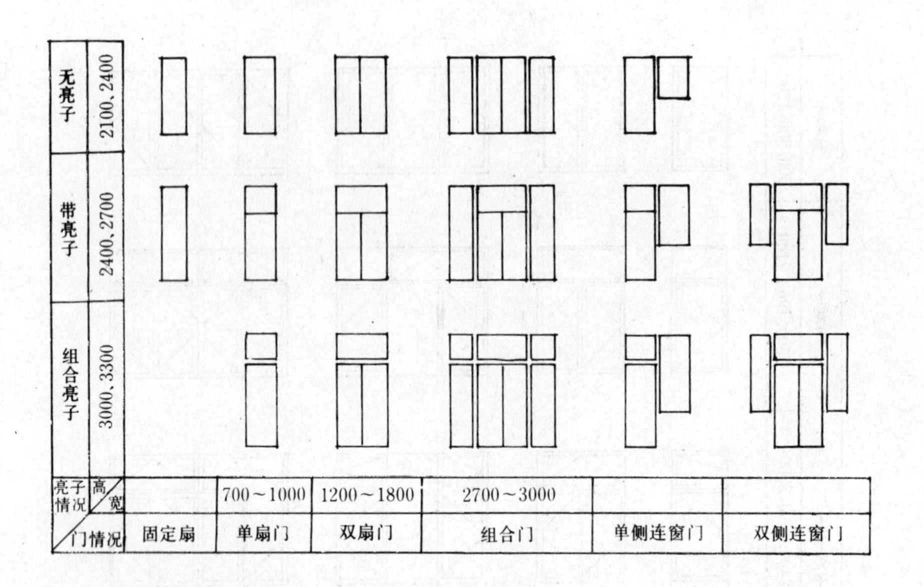


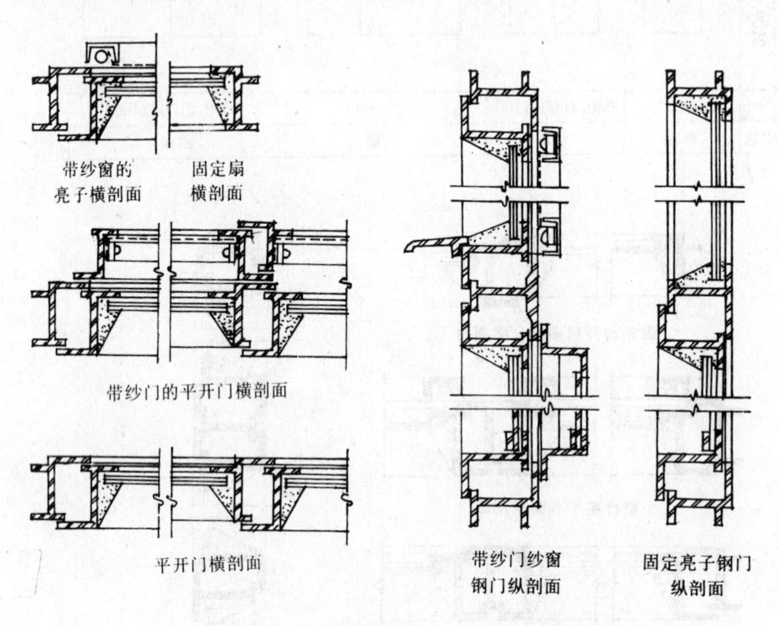


图 5-34 实腹钢门基本单元及断面构造

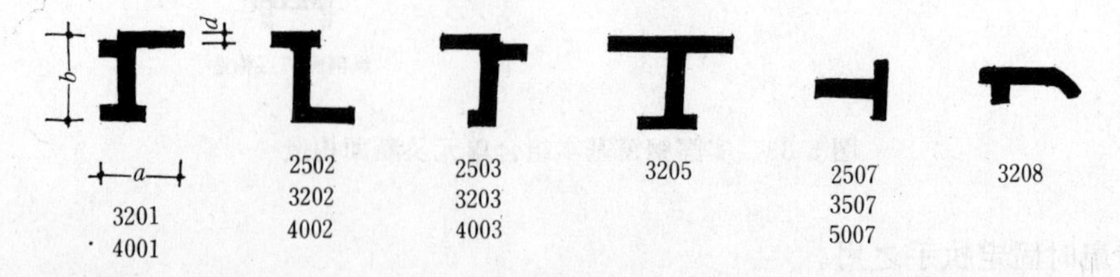


图 5-35 实腹钢窗料断面形状及规格

维修。钢窗成型后，最好空腹上下留孔，经电泳法使内外都涂有底漆，以免内部锈蚀。空腹式钢窗料断面高度有 25mm 和 30mm 等规格（参见图 5-36）。

除此以外，有些地方还采用小型角钢和 T 形钢组成的简易钢窗，较为节约。

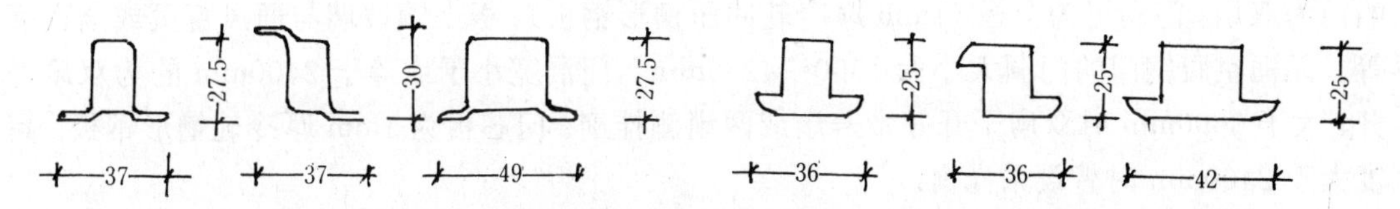


图 5-36 空腹钢窗窗料举例

钢窗上安装玻璃，先用弹簧夹子穿在钢窗料预钻的小孔中将玻璃压牢，再在玻璃周围嵌上油灰。

**实腹式钢窗料规格尺寸及用途表** **表 5-5**

| 窗料代号 | 断面尺寸 (mm) | | | 用途 |
|---|---|---|---|---|
| | a | b | d | |
| 3211 | 31 | 32 | 4 | 窗边框料、固定窗料 |
| 4001 | 34.5 | 40 | 4.5 | |
| 2502 | 32 | 25 | 3 | 平开窗扇料，中悬窗下部扇料，上悬窗扇料 |
| 3202 | 31 | 32 | 4 | |
| 4002 | 34.5 | 40 | 4.5 | |
| 2503 | 32 | 25 | 3 | 中悬窗上部扇料 |
| 3203 | 31 | 32 | 4 | |
| 4003 | 34.5 | 40 | 4.5 | |
| 3205 | 47 | 32 | 4 | 平开窗中横框、中竖框、固定窗料 |
| 2507b | 25 | 25 | 3 | 固定窗料、窗芯料 |
| 3507a | 35 | 20 | 3 | 固定窗料、组合窗拼料 |
| 5007 | 50 | 22 | 4 | |
| 3208 | 32 | 11 | 3 | 披水条 |

钢窗的五金配件和木窗的不同，关闭平开窗扇需用执手，开启后平开钢窗需用牵筋固定。支撑上悬窗用腰撑，窗扇与窗框连接用长脚铰链为好，以便清洁玻璃。

2. 钢门

钢门多用于无保温隔热要求的处所。用型钢做门扇的骨架，以木板作门芯板可以组成钢木门。也可用型钢骨架和纤维板、玻璃等作成民用建筑中的门以代替平开木门。

平开实腹钢门的门扇骨架由型钢构成。门扇外侧卷边铺设 1.5mm 厚一般钢板，与骨架点焊焊接或铆接。门洞大于 2700mm 宽的为两扇平开另加设小门，钢门上部可设采光窗。平开实腹钢门有一般门和防风沙门两种门型。大型钢门的门框是钢筋混凝土的。钢筋混凝土门框一般用 C20 细石混凝土或干硬性细石混凝土制作。预留预埋铁件时，预埋铁件的位置必须准确。实腹钢门也可做为带侧挂的。

平开空腹钢门的骨料是由普通碳素钢经轧制后高频焊接而成。平开空腹钢门分有框钢门与无框钢门两种。有框空腹钢门宽 900～1800mm，高 2100～2700mm。宽 1200mm 以上的门为双扇。门扇可为全板（1mm 厚冷轧冲压槽形钢板）、板上镶玻璃与通风百页或全百页等。无框空腹钢门的门洞大小为 1500～4200mm。门洞宽小于或等于 2400mm 的为双扇平开；大于 3000mm 时双扇平开并带一扇或两扇侧挂扇。门芯板为 1mm 厚冷轧槽形钢板。高度大于 2400mm 时皆设采光窗。

平开钢木门的门扇是由角钢做骨架，用木板作门芯板，在骨架中设有钢横撑和交叉支撑，以增强门窗的刚度，防止变形。大型平开钢木门皆为两扇平开。门洞宽为 2100～4800mm，高为 2400～5400mm，宽度大于 2700mm 的门扇上可设采光窗和小门。

一般钢木门扇是在型钢骨架外侧铺订 15～22mm 厚单层企口板；在冬期气温高于－9℃地区，铺钉双层 15mm 厚的企口板，中间嵌油毡一层，作成防风沙门；在冬期气温高于－30℃地区为防严寒，在双层企口板间嵌一层油毡及 10mm 厚矿棉。防风沙及防严寒钢木大门的门缝均应用橡皮条密封。门框是由钢筋混凝土梁、柱构成。

3. 钢门窗的组合及其连接构造

大面积的钢门窗可用上述基本单元进行组合。组合时，各基本单元之间须插入 T 形钢、管钢、角钢和槽钢等作为支承构件，这些支承构件须与墙、柱、过梁等牢固连接，然后各门窗基本单元再和它们用螺钉拧紧，缝隙用油灰嵌实（图 5-37）。

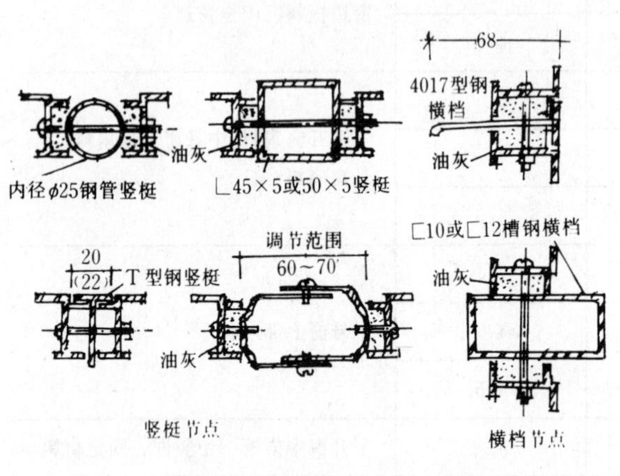


图 5-37　钢门窗组合节点构造

标准钢门窗的尺寸一般以洞口尺寸为标志尺寸，构件与洞口之间留有 10～20mm 灰缝宽度，须用砂浆填塞。钢门窗框与墙连接，通常在墙或窗过梁中预留 50mm×50mm×100mm 的洞口，并在钢门窗框的四周每隔 500～800mm 处装一燕尾形铁脚，燕尾铁脚的一面用螺钉与门窗框型钢拧紧，另一边用水泥砂浆埋在墙洞及窗过梁的预留洞内（图 5-38*d*）。在钢筋混凝土过梁上，铁脚可用砂浆埋在预留的凹槽内（图 5-38*b*）；若在门窗上装铁脚，可与过梁的预埋铁件电焊（图 5-38*c*）。

另一种钢窗框与墙连接方法是在窗洞四周钻洞，用膨胀螺栓连接。窗框与墙之间的缝

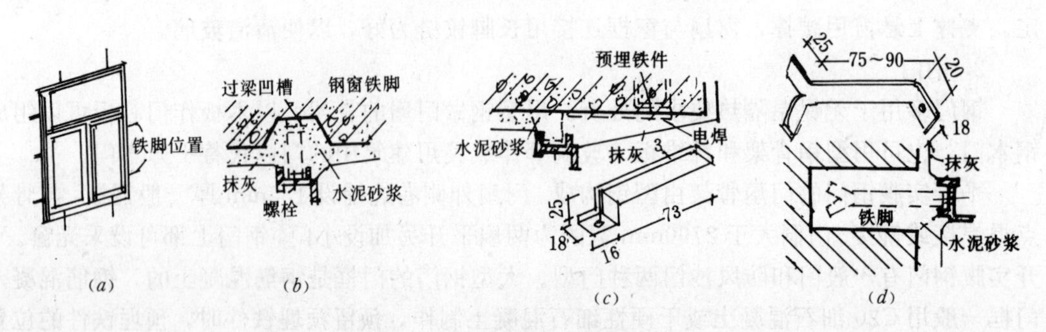


图 5-38　钢窗铁脚安装节点构造

(*a*) 钢窗铁脚位置；(*b*) 过梁凹槽内安铁脚；(*c*) 过梁预埋铁件电焊铁脚；(*d*) 砖墙留凿洞，水泥砂浆安铁脚

隙用水泥砂浆堵实。双层钢窗可以分别固定，也可以用铁件将两层窗连在一起固定。

大型钢门门框与墙体的连接方法有连接件连接与焊接两种作法。

（1）连接件。在钢门框的外侧用焊接或螺钉连接好连接件，砌墙时预留凹槽，把连接件伸入凹槽内，用 1：3 水泥砂浆卧牢。

（2）焊接。在砌墙时预留埋件，通过连接钢板将钢门框焊牢在埋件上。

门扇与门框的连接是用五金配件相接的。门的五金配件有铰链（合页）、拉手、推手、插销、铁三角等。此外，还有门锁、门轧头、弹簧合页等。

（三）推拉门窗

1. 推拉窗

推拉窗亦称扯窗。推拉窗按推拉方式可分为水平推拉窗和垂直推拉窗二种。推拉窗的组成主要由窗框和窗扇两部分，此外还有滑轮、导轨等。推拉窗开启后不占室内空间，窗扇受力状态好，适于安装大玻璃。但通风面积小，窗缝难密闭，安装较复杂，擦窗较困难。故多用于房屋内部采光、通风或传递物件用。

（1）水平推拉窗。水平推拉窗是由窗扇在上下轨道上左右滑行来开启和关闭的。水平推拉窗有单扇、双扇或多扇之分（见图 5-39）。构造上又可以分为上滑式和下滑式两种。

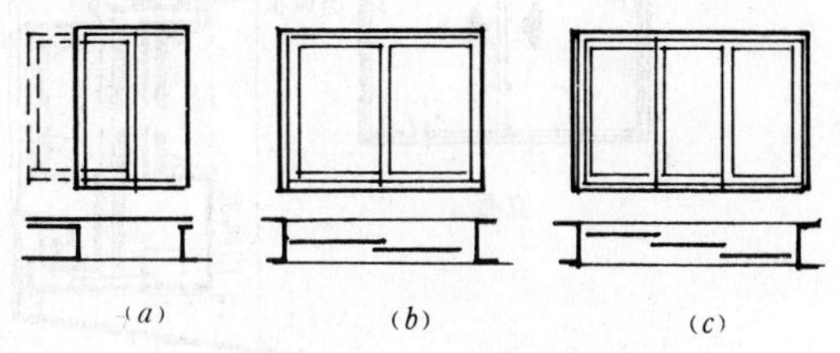

图 5-39　水平推拉窗

（*a*）单扇；（*b*）双扇；（*c*）多扇

下滑式水平推拉窗通过窗扇下部的企口（图 5-40*a*）、尼龙滑轨或滑块（图 5-40*b*）、金属滑轨（图 5-40*c*）、以及金属滑轮（图 5-40*d*）左右滑行。窗扇上部可以做企口（如图 5-40*a*、*b*），也可以加滑轨（如图 5-40*c*、*e*）。

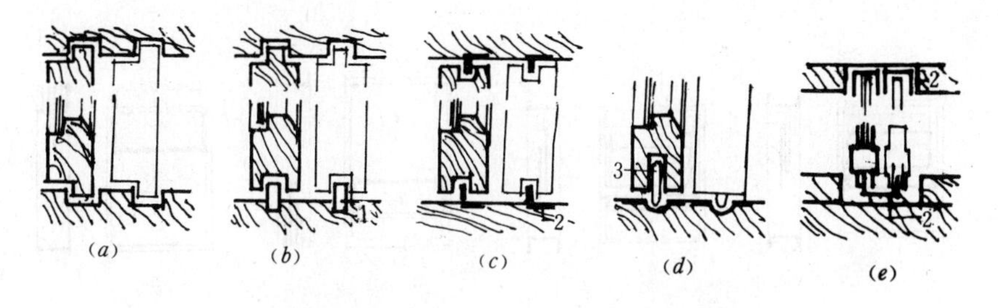

图 5-40　下滑式上、下冒头节点示意

1—尼龙滑轨、滑块；2—金属滑轨；3—金属滑轮

上滑式水平推拉窗是通过窗扇上部的滑轨和滑轮（图 5-41*a*、*b*）或滑轨和钢珠（图 5-41*c*）左右滑行。窗扇下部可以做成企口（图 5-41*d*）或加设滑轨（图 5-41*e*）。

金属推拉窗的相应构件一般都有现成的型材可选用。基本构造如图 5-42。

（2）垂直推拉窗。垂直推拉窗是由窗扇在左右轨道上下滑行来开启和关闭的。它有单扇、双扇；上推、下拉和内藏、一般之分（见图 5-43）。

垂直推拉窗的平衡方式有自平衡式、重锤式、摩阻式、拉簧式和卷簧式等（见图 5-44）。

木窗扇的左右边梃和窗框的边框之间应做企口、裁口条以及加设滑轨（如图 5-45*a*）。窗

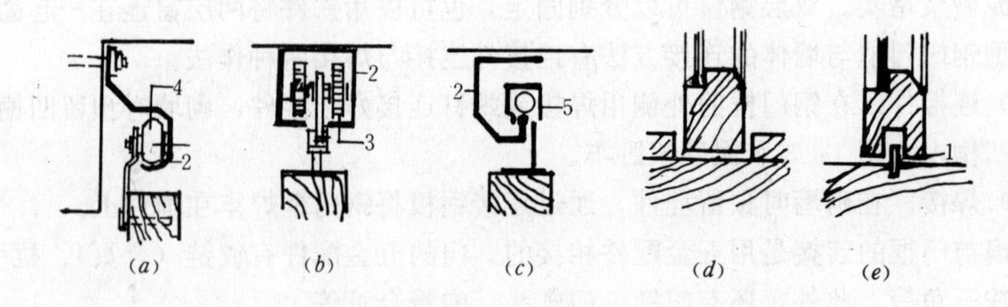


图 5-41 上滑式上、下冒头节点示意

1—尼龙滑轨、滑块；2—金属滑轨；3—金属滑轮；4—尼龙滑轮；5—钢珠

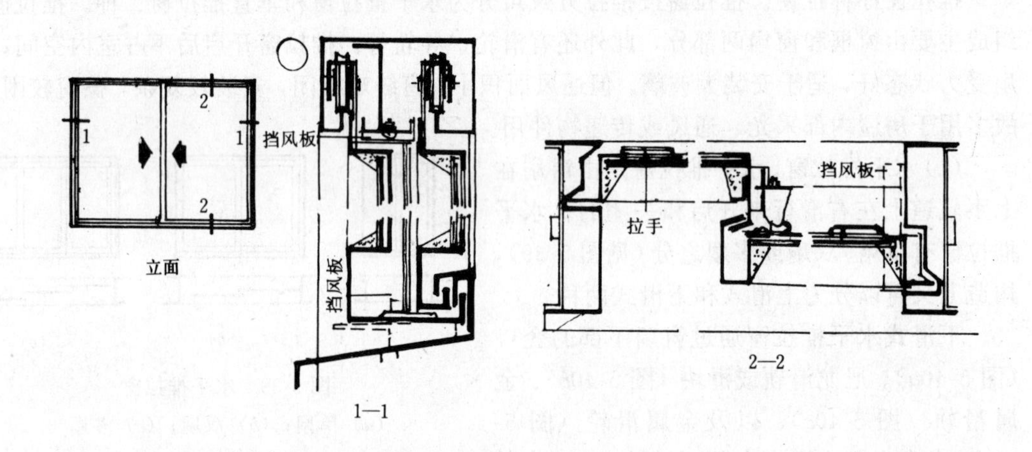


图 5-42 金属水平推拉窗

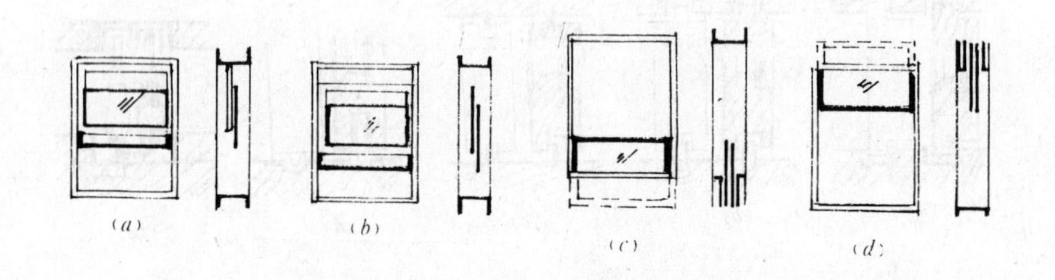


图 5-43 垂直推拉窗

(*a*) 单扇；(*b*) 双扇；(*c*) 下拉；(*d*) 上推

扇的上下冒头应采取密封措施，具体做法见图 5-45 (*b*)、(*c*)。

2. 推拉门

推拉门亦称扯门，在上下轨道上左右滑行。推拉门由门扇、门框、滑轮、导轨等部分组成。推拉门有单扇、双扇或多扇，可以藏在夹墙内或贴在墙面外，占用面积较少（图 5-1*c*）。推拉门构造较为复杂，一般用于两个空间需扩大联系的门。

推拉门一般分为上挂式（图 5-48）、下滑式（图 5-46、47、49）两种。当门扇高度小于 4m 时，可用上挂式；当门扇高度大于 4m 时多用下滑式。推拉门的门扇受力状态较好，但

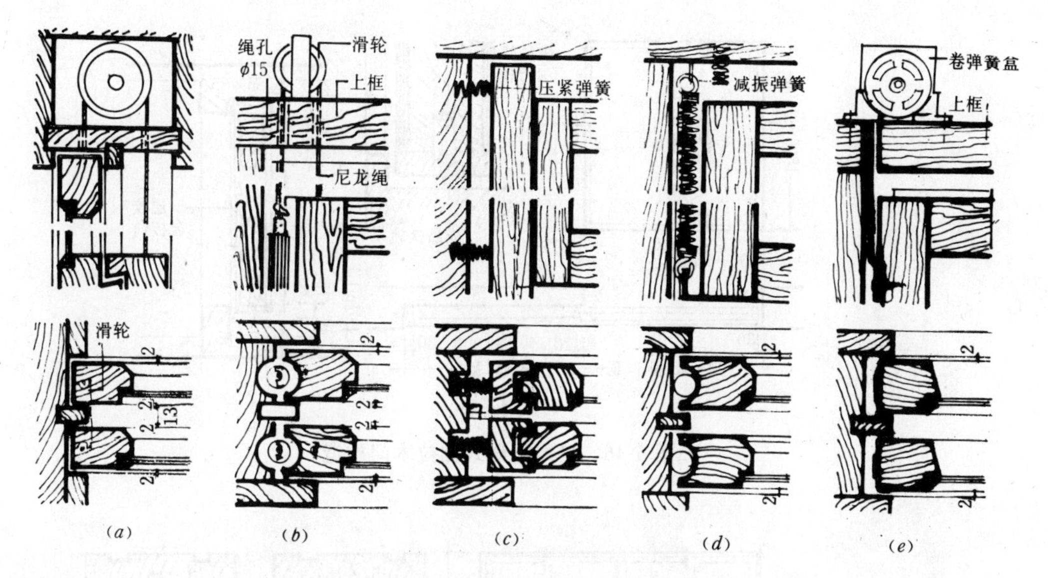


图 5-44　垂直推拉窗平衡方式

(a) 自平衡式；(b) 重锤式；(c) 摩阻式；(d) 拉簧式；(e) 卷簧式

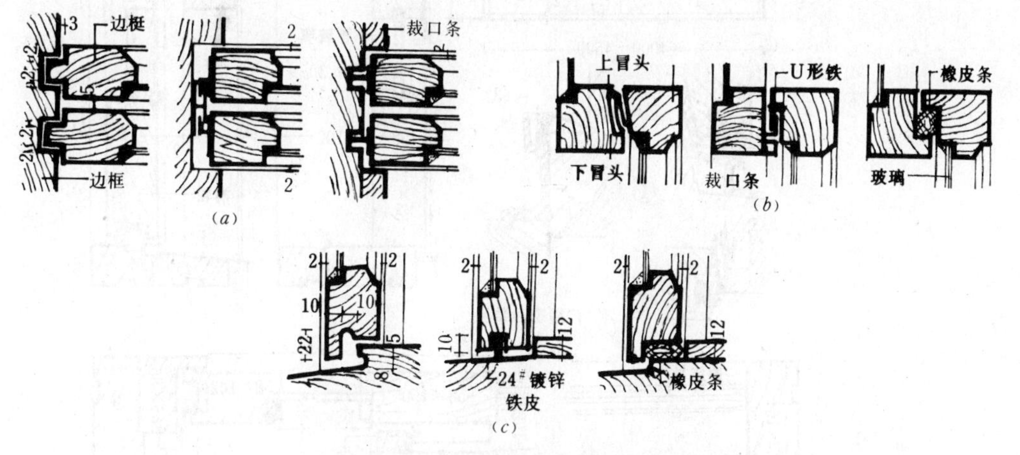


图 5-45　垂直推拉木窗细部构造

(a) 边梃；(b) 上、下冒头关闭；(c) 下冒头

滑轮及导轨的加工、安装要求较高。

上挂式推拉门的上导轨承受门的荷载，要求平直并有一定的刚度，固定支架排列均匀，导轨端部悬臂不应过大。上导轨根据使用要求可以明装或暗装，暗装时应考虑检修的可能性。为了保持门在垂直状态下稳定运行，下部应设导向装置。滑轮处应采取措施防止脱轨。下滑式推拉门是由下导轨承受门的荷载，要求轨道平直不变形，并便于清除积灰。

单扇下滑式推拉木门的构造做法见图 5-46。

双扇下滑式玻璃推拉木门构造做法见图 5-47。

双扇上挂式推拉木门构造做法见图 5-48。

多扇下滑式推拉木门构造做法见图 5-49。多扇推拉门的各扇门上部或下部可装暗插

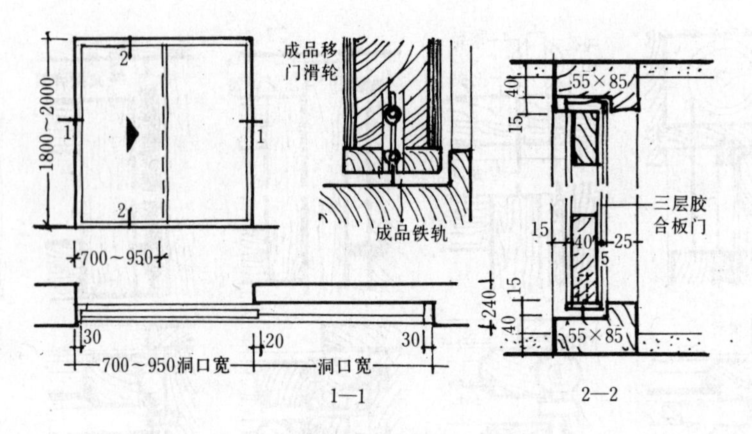


图 5-46　单扇下滑式推拉木门构造

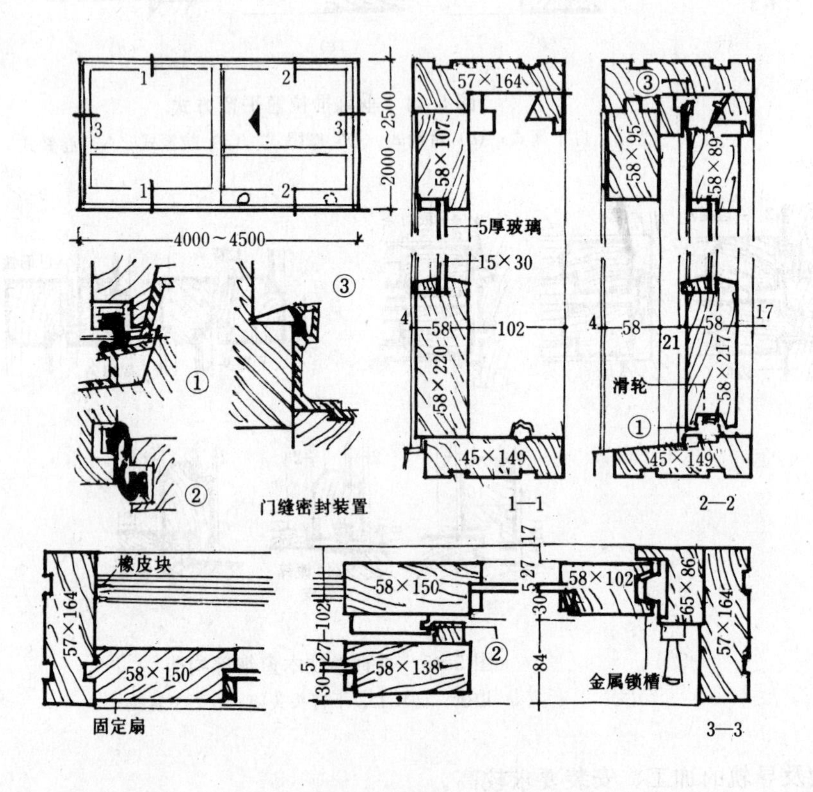


图 5-47　双扇下滑式玻璃推拉木门构造

销，以在关闭时固定门扇。

大型推拉门的门扇可采用钢木门、钢板门、空腹薄壁钢板门等。

钢板门的门扇用 2mm 厚钢板制做，也可以采用 ∟40mm×3mm 骨架镶贴 1mm 厚钢板做法。钢板覆面可用 ϕ5mm×13mm 圆头铆钉与门框铆固。钢板搭接用 ϕ5mm×9mm 圆头铆钉铆固，铆钉中距 150mm。其他金属构件一律用焊接。

钢木门门扇骨架和平开钢木大门相似，只是不需要设剪刀撑。门扇有一般、防风沙和

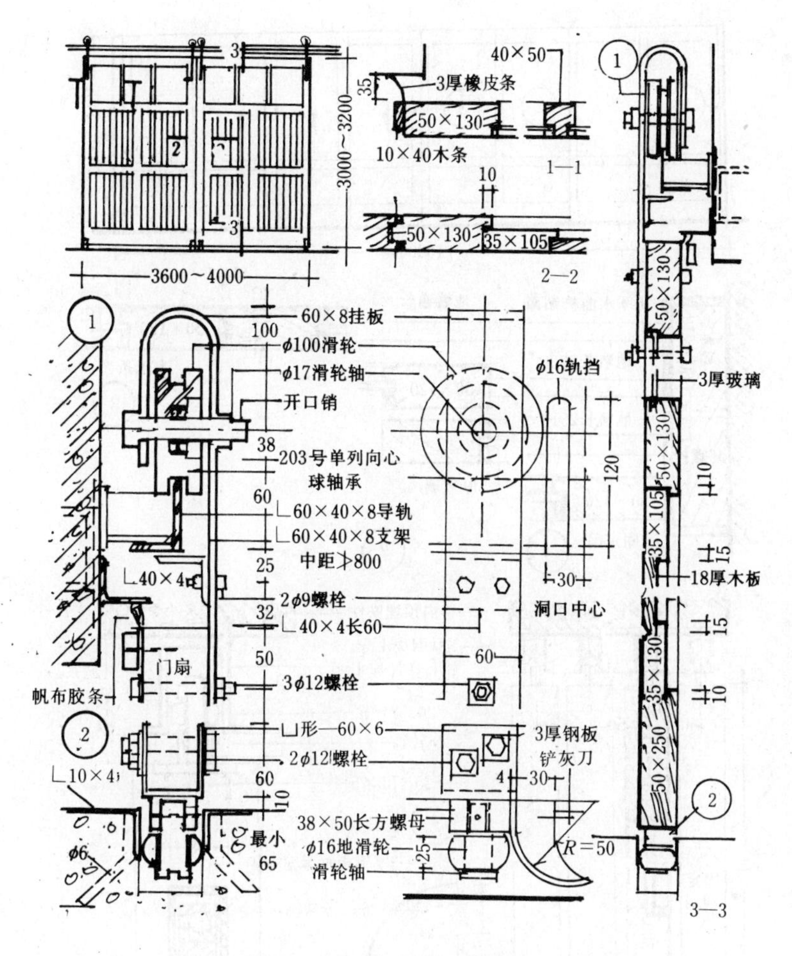


图 5-48 双扇上挂式推拉木门构造

防严寒三种构造。

空腹薄壁钢板门的门扇骨架为高频焊接空腹钢管，门芯板为 1mm 厚冷轧槽形钢板或 1.5mm 厚普通钢板，有一般及防风沙两种构造。

大型推拉门的宽度大于 2700mm 的门上可设供人通行的小门扇。

大型推拉门门扇较重，下导轨应设地梁或条形基础，以防止由于地基下沉或冻胀造成轨道变形，影响开关。门的上部应设导向槽和导向轮。下导轨端部应设门档。

（四）弹簧门

弹簧门为开启后会自动关闭的门。弹簧门形式同平开门，一般装有弹簧铰链，常用的弹簧铰链有单面弹簧、双面弹簧、地弹簧等数种。由此弹簧门可以分为单向弹簧门和双向弹簧门两类（见图 5-50）。

单向弹簧门多为单扇，常采用于需有温度调节及气味要遮挡的房间如厨房、厕所以及用作纱门等。双面弹簧、地弹簧门，只是铰轴的地位不同，前者弹簧铰链装在门侧边；后者装在地下。双面弹簧门通常都为双扇门，适用于公共建筑的过厅、走廊及人流较多的房间的门。为避免人流出入碰撞，一般门上需装设玻璃。

弹簧门的构造与安装比平开门稍复杂。弹簧木门中特别是双面弹簧木门进出繁忙，须

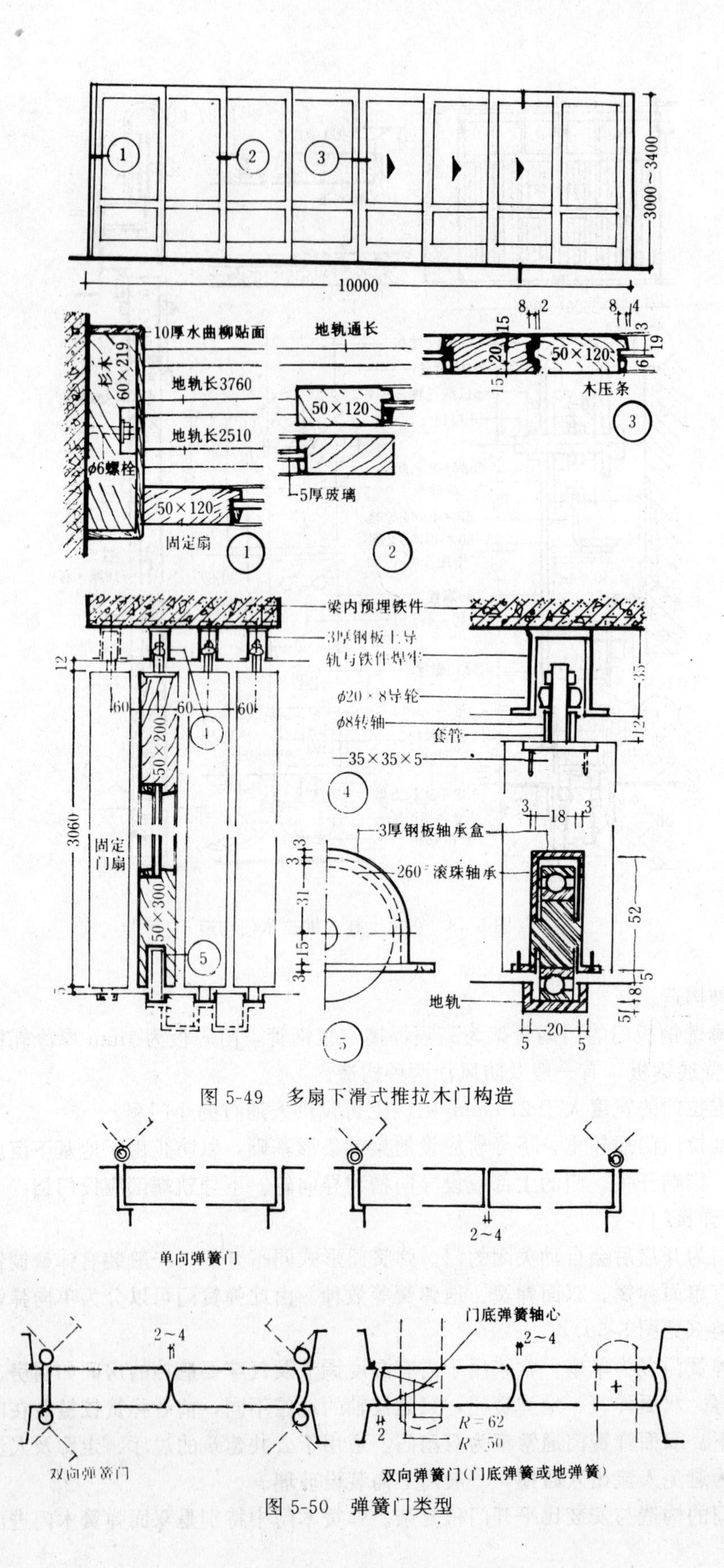


图 5-49 多扇下滑式推拉木门构造

图 5-50 弹簧门类型

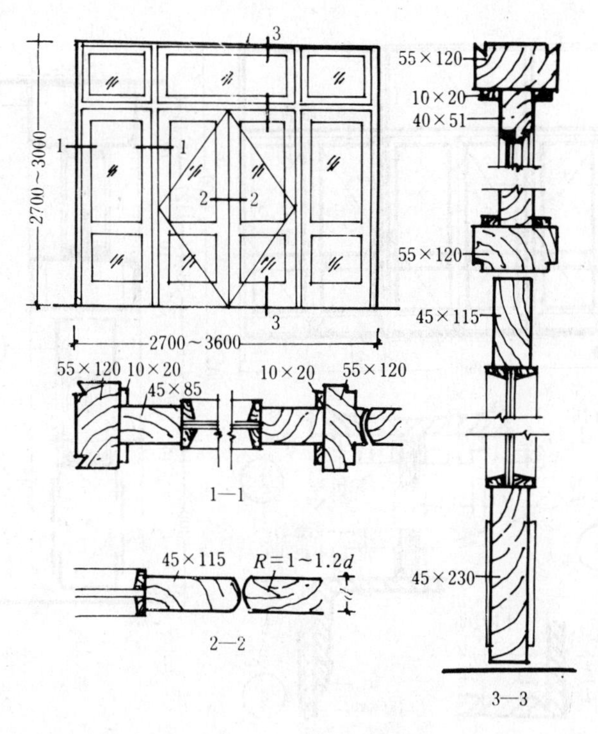


图 5-51　弹簧木门构造

用硬木，其用料尺寸常比一般镶板门稍大一些；门扇厚度为 42～50mm，上冒头及边框宽度为 100～120mm，下冒头宽为 200～300mm，中冒头视需要而定，为了避免两扇门的碰撞又不使有过大缝隙，通常上下冒头做平缝，边框做弧形断面，其弧面半径约为门厚的 1～1.2 倍左右（图 5-51）。安装玻璃的金属压条均用橡皮管压紧玻璃。型钢组合弹簧门的门框与门扇均用槽钢组合，门框用螺钉拼装，门扇用焊接。门框直料通长，横料分段，详见图 5-52。

（五）转门

转门为三或四扇门连成风车形，在两个固定弧形门套内旋转的门（图 5-1*e*）。它对防止内外空气的对流有一定的作用，可作为公共建筑及有空气调节房屋的外门。一般在转门的两旁另设平开或弹簧门，以作为不需空气调节的季节或大量人流疏散之用。转门构造复杂，造价较高，适用于非大量人流集中出入的场所。当转门设置在疏散口时，必须在转门两旁另设供疏散用的门。转门一般可分为四扇固定、四扇折叠移动和三扇固定三种（见图 5-53）。

转门的直径常为 1650～2250mm，详见表 5-6。

**转门常用尺寸**　　**表 5-6**

| D | 1650 | 1750 | 1800 | 1850 | 1900 | 1950 | 2000 | 2050 | 2100 | 2150 | 2200 | 2250 |
|---|---|---|---|---|---|---|---|---|---|---|---|---|
| O | 1125 | 1190 | 1225 | 1265 | 1300 | 1335 | 1370 | 1400 | 1440 | 1480 | 1510 | 1545 |
| W | 1280 | 1355 | 1390 | 1425 | 1455 | 1500 | 1525 | 1565 | 1600 | 1635 | 1670 | 1710 |

四扇固定转门的构造做法以钢转门为例，详见图 5-54。

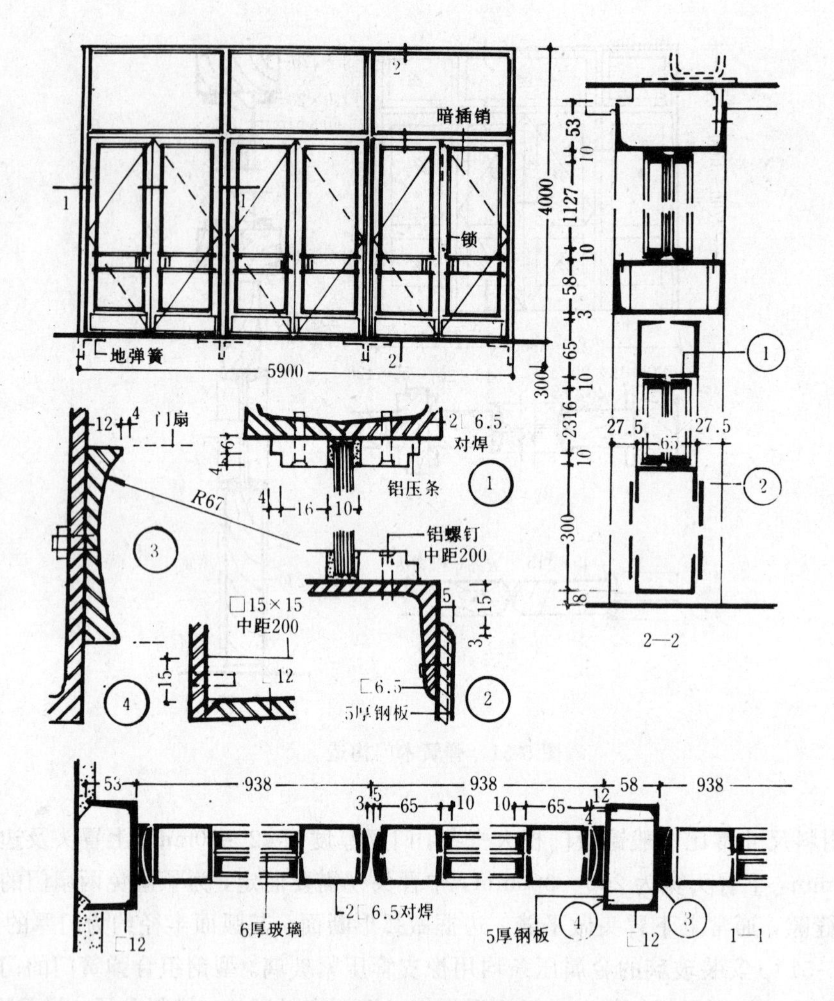


图 5-52 型钢组合弹簧门构造

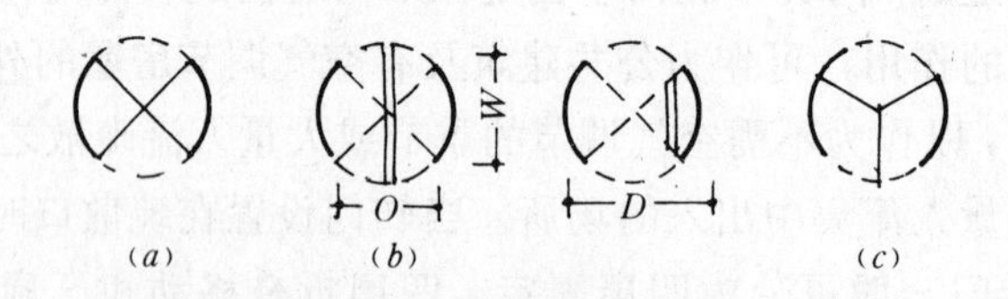


图 5-53 转门类型

(a) 四扇固定；(b) 四扇折叠移动；(c) 三扇固定

四扇折叠移动转门是可以将门扇折叠起来合并移向一边的门。当需要折叠移动时，可将下插销提起，ϕ10mm 钢筋亦随之上升并将小滑车的盖板顶起，使盖板上的 ϕ6mm 钢筋与角钢滑轨上的槽口脱扣，即可将门扇折叠起来并移向一边。四扇折叠移动转门的构造做法以木门为例，详见图 5-55。

三扇固定转门的构造做法与四扇固定转门相比，最大的区别在于转轴的不同。

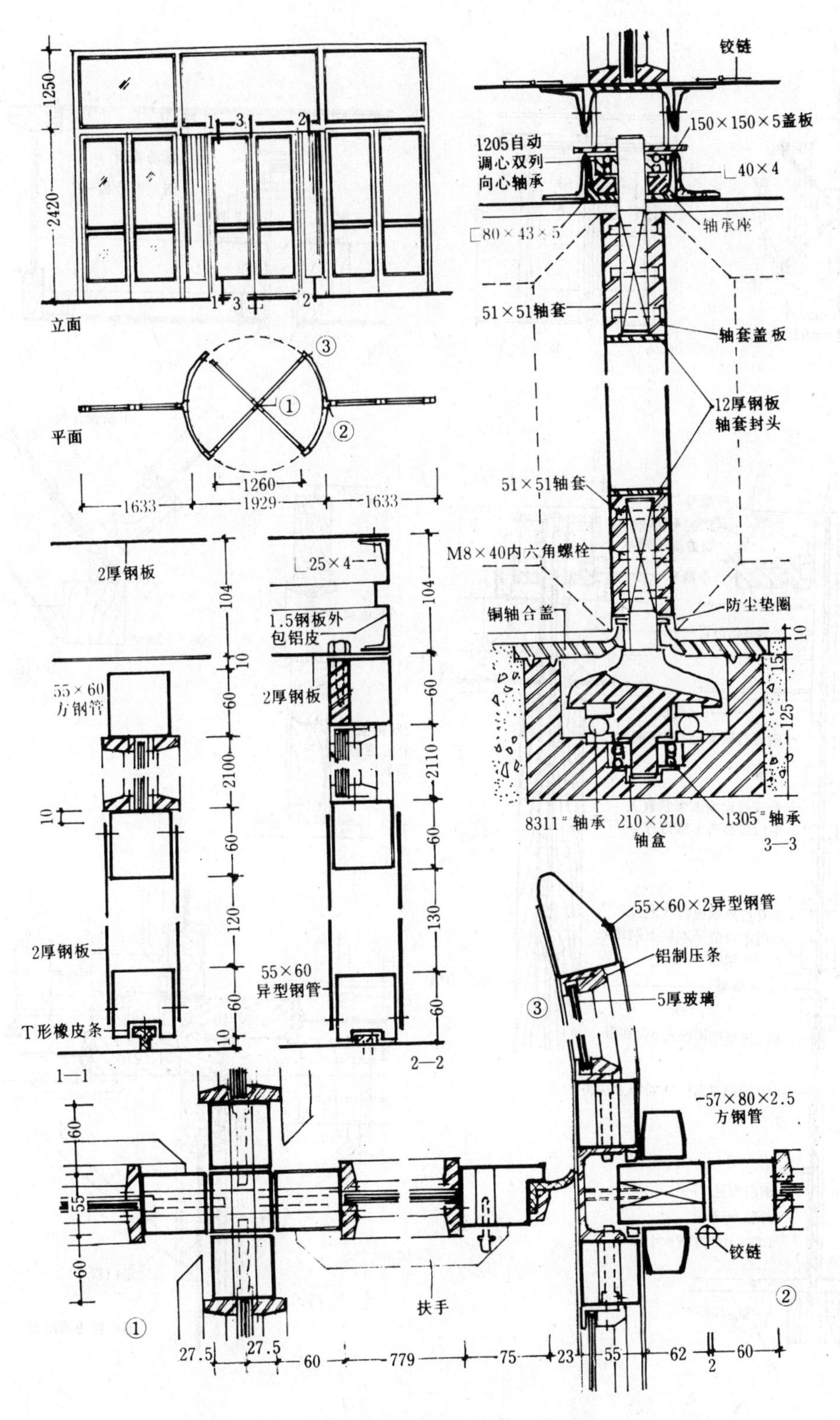


图 5-54 四扇固定钢转门构造举例

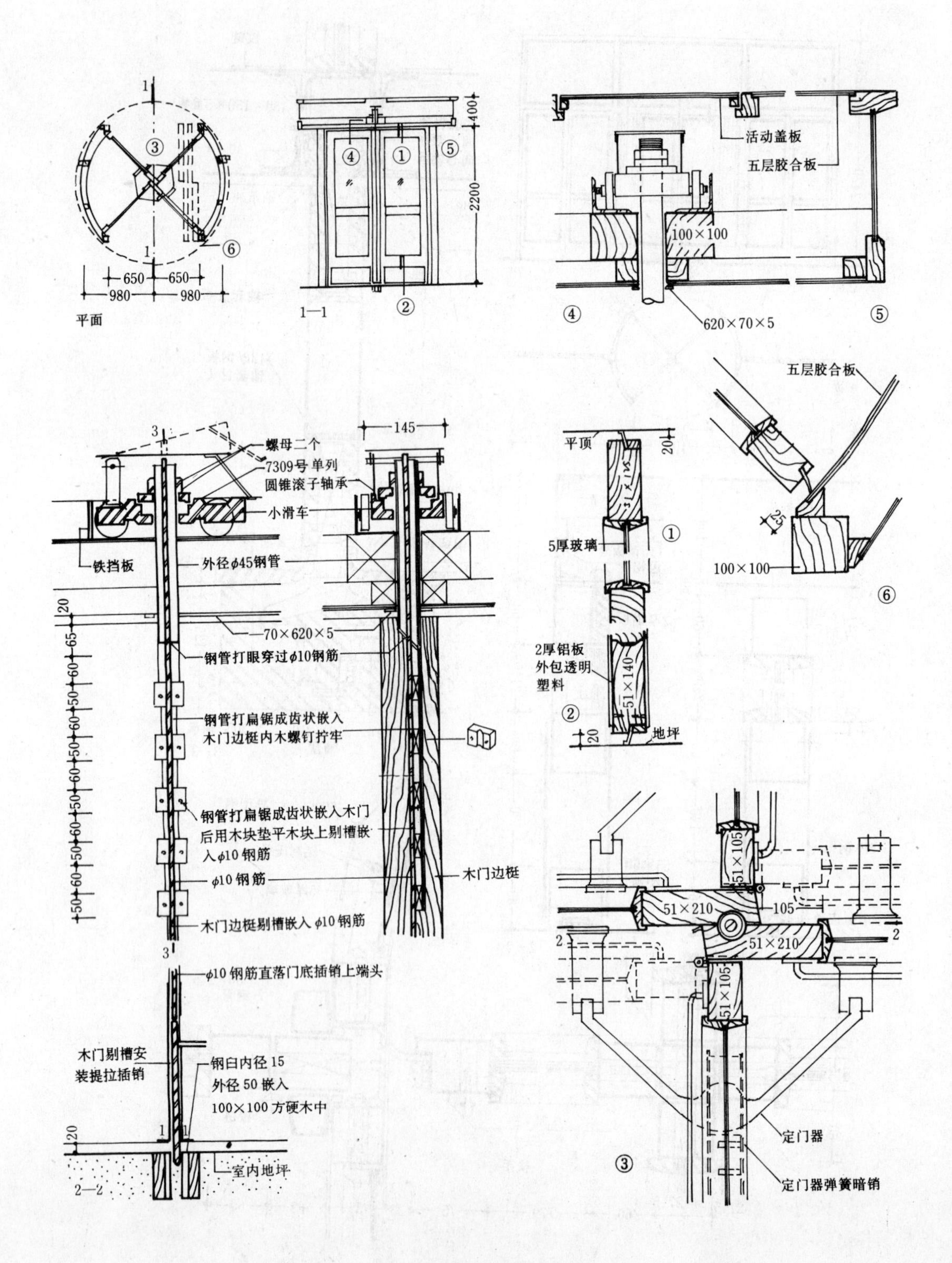


图5-55　四扇折叠移动木转门构造举例

除以上三种常用的转门外，还有筒式组合转门。筒式组合转门系由内外两个用木材或薄钢板制成的筒组成。内筒只有一个门，筒顶设有悬吊轴承，筒壁下部设有外包橡皮的轴承滚轮，可以自由转动。外筒为固定，可根据需要设二个、三个或四个门。使用时，转动内筒使内外筒上的门对准，即可出入。适用于暗室、洁净间、X 光室等。

（六）卷帘门

卷帘门主要有帘板、导轨及传动装置组成（见图 5-56)。卷帘门开启时不占室内外面积，且适用于非频繁开启的高大洞口；宽度要与帘板刚度相适应，加工制作及安装要求较高。

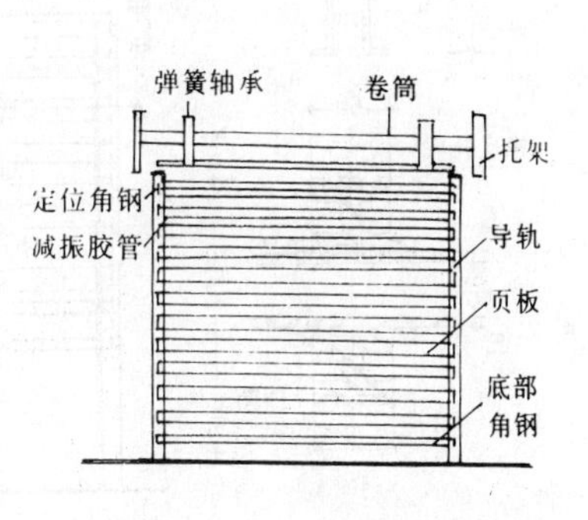

图 5-56　手动式卷帘门

帘板的形式主要有页板式和空格式两种，其中以页板式用得较多。页板式帘板是用镀锌钢板或铝合金板轧制而成。页板之间用铆钉连接。为了加强卷帘门的刚度和便于安装门锁，在页板的下部采用钢板和角钢，页板的上部与卷筒连接（见图 5-56)。开启时，页板沿门洞两侧的导轨上升，卷在卷筒上。

卷帘门的传动装置安装在门洞的上部，这种装置分手动式、链条式、摇杆式及电动式四种（见图 5-57)。手动式卷帘门的传动装置有卷筒、托架、弹簧轴承等（见图 5-56)。其利用弹簧轴承来平衡门扇自重，故这种门不宜过大。底部加强板两端装插销插入侧导轨，使

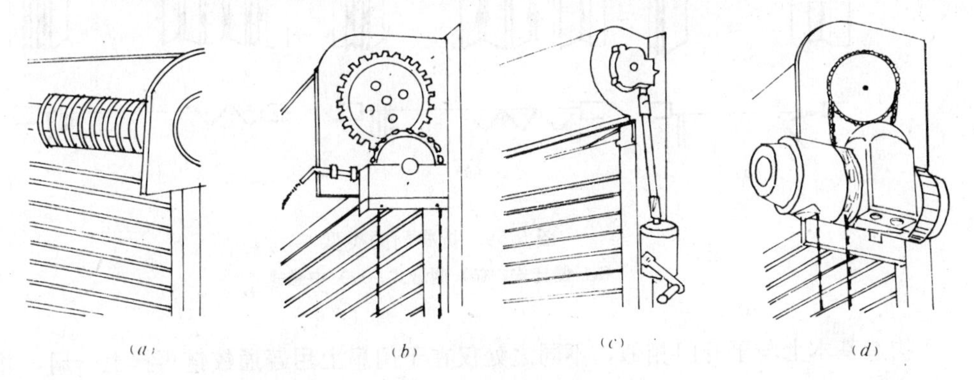

图 5-57　卷帘门传动装置类型
(*a*) 手动式；(*b*) 链条式；(*c*) 摇杆式；(*d*) 电动式

门固定。链条式卷帘门是利用链条及几个不同直径齿轮传动，减轻启闭重量。摇杆式卷帘门是利用摇杆及伞状齿轮变换传动方向，开关方便，常用于开关空格式卷帘门，比电动式经济。电动式卷帘门的电机多数装于上部，明露或设于墙内，减速器可与电机分设或设计成一个整体部件。电动式卷帘门的传动装置有卷筒、托轮、电动机、减速器等，减速器应设置手动装置，以备停电时卷帘门启闭用，见图 5-58。

（七）折叠门

折叠门一般可分为侧挂折叠门、侧悬折叠门和中悬折叠门三种类型（见图 5-59)。

1. 侧挂折叠门

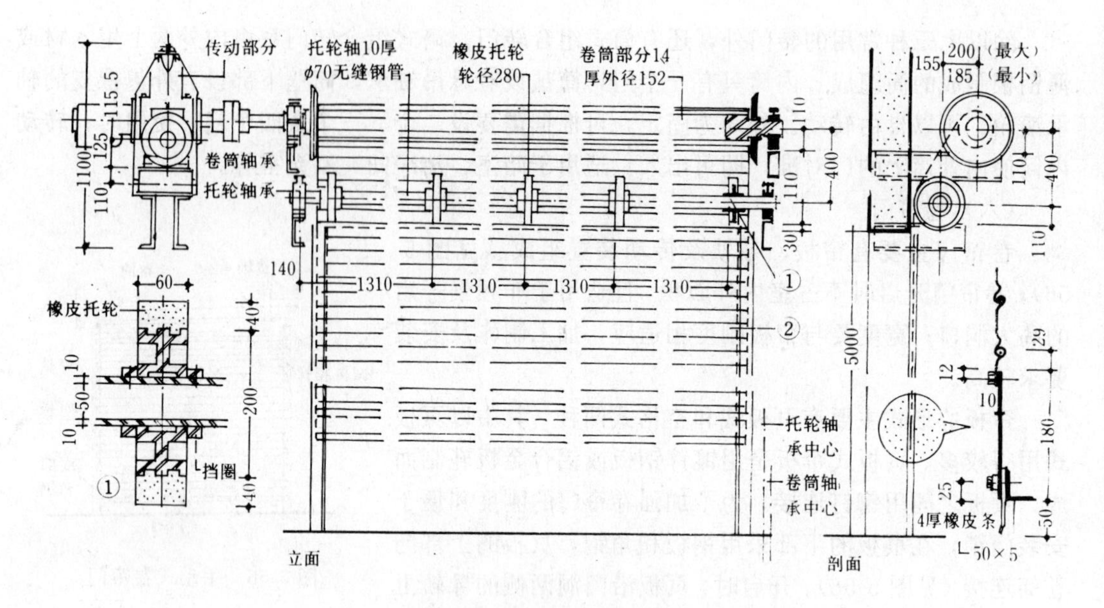


图 5-58　电动式卷帘门构造

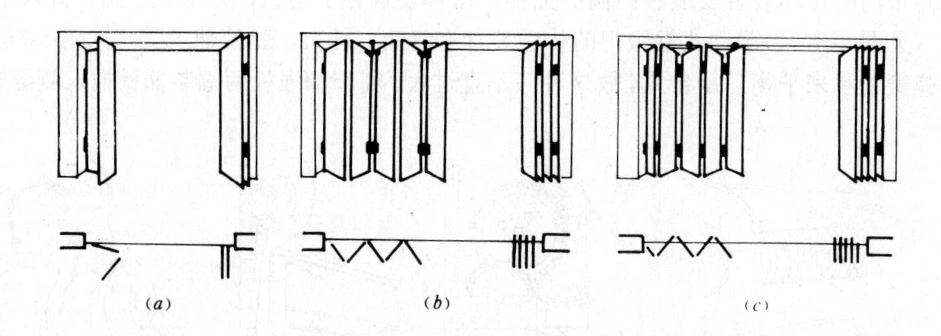

(a)　(b)　(c)

图 5-59　折叠门的类型

(a) 侧挂式；(b) 侧悬式；(c) 中悬式

构造基本上与平开门相似，不同之处仅在于门扇上用普通铰链再挂上一扇，并且一般也只能挂一扇。门扇的宽度一般不大于 900mm，门洞不能大于 3600mm。侧挂折叠门不用导轨，不适用于宽大的洞口。

2. 侧悬折叠门

有双折门、三折门和多折门。侧悬折叠门是在门框上部装有导轨，滑轮装在门扇的一边，开关时比较灵活省力。可用于室内外较宽的洞口。侧悬双折木门的构造如图 5-60 所示。

3. 中悬折叠门

同侧悬折叠门一样，也有双折门、三折门和多折门，其导轨也是安装在门框的上部，所不同的是滑轮装在门扇的当中。中悬折叠门推动一扇牵动多扇，开关时比较费力。中悬折叠门适用于建筑的较宽洞口。中悬多折钢木门的构造如图 5-61 所示。

（八）转窗

转窗分横旋式转窗和立旋式转窗两种，横旋式转窗又称悬窗、旋窗或翻窗，可以单独

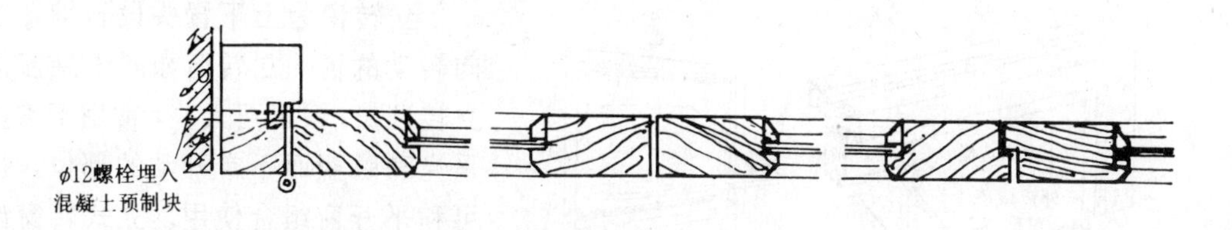


图 5-60 侧悬双折木门基本构造

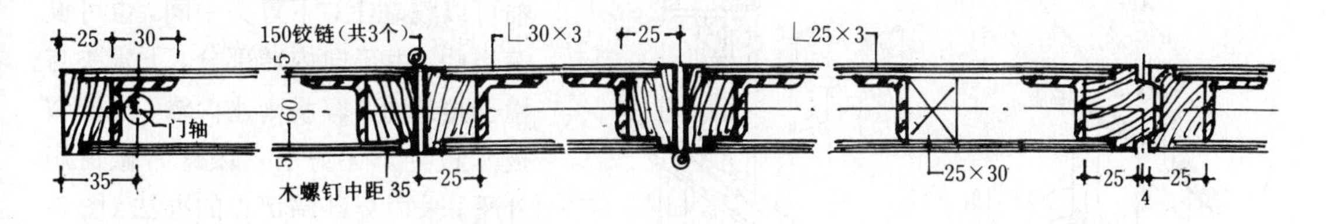


图 5-61 中悬多折钢木门基本构造

用也可组合用，通常用作亮子窗。横旋式转窗按转动铰链和转轴位置的不同，可分为上悬窗、下悬窗和中悬窗三种：

1. 上、下悬窗

只要在窗扇的上、下冒头装一般铰链即可成为上、下悬窗。上悬窗大多向外开，挡雨、通风效果较好，可作外窗之用；而下悬窗不能防雨，只适用于内窗。双层窗也可外侧上悬，内侧下悬，用联动撑杆连接，同时启闭（图 5-62）。上、下悬窗构造都比较简单。

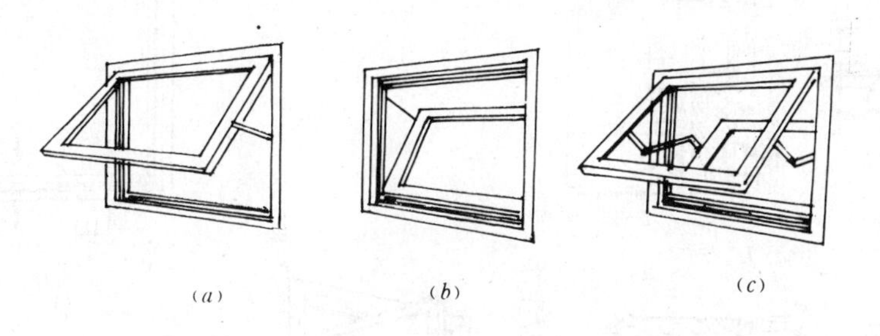


图 5-62 上、下悬窗
(a) 上悬窗；(b) 下悬窗；(c) 联动上下悬窗

2. 中悬窗

中悬窗窗扇一般采用中轴旋转，铰链装在窗扇边梃的中央。窗框外缘的上半部、内缘的下半部设铲口，开时上向内、下向外翻转。对挡雨、通风均较有利（图 5-63）。但当需要设纱窗时，须在内外裁口处装上、下两段纱窗。一般常用的中悬钢窗最大窗扇为 1312mm；中悬木窗的最大窗扇为 1512mm。

中悬木窗一般可分为靠框式、进框式两种，见图 5-64。靠框式利于排水，当窗扇发生微小变形或木材膨胀时，不影响开关，但用料稍大，且密闭性较差，不适于严寒地区。进框式密闭性较好。

3. 立转窗

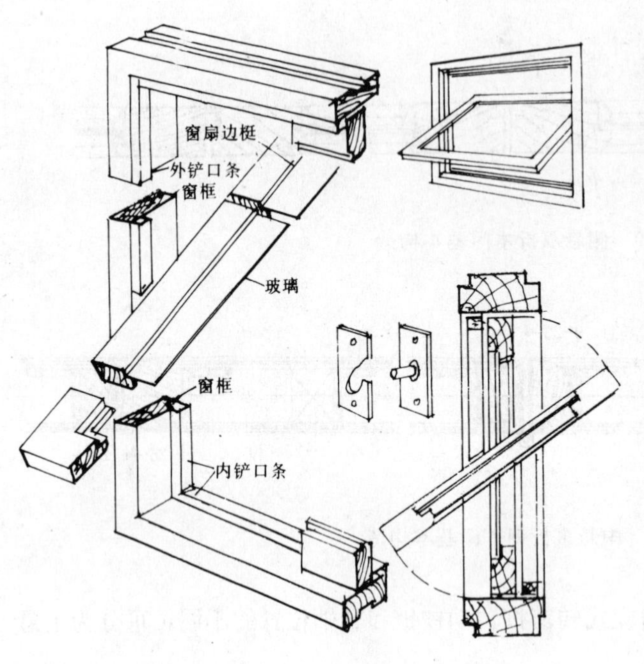


图 5-63　中悬窗构造

立转窗为上下冒头设转轴，立向转动的窗。立转窗如同中悬窗但立转过来，尺度可大些，常用于需要采光和眺望而不常开动的部位，也可和平开窗组合使用。立式转窗出挑不大时可用较大块的玻璃，不仅有利于采光和眺望，也便于擦窗。转轴可以设在上、下冒头中间，也可设偏边些。由于向内转部分，下冒头与樘子接缝处，容易雨水内渗，局部做披水板外形不好看，因此常做窗扇外平，采用局部暗铲口的办法（图 5-65）。

立转窗安装纱窗很不方便，而且在构造上也较复杂，特别要注意密闭和防雨措施。

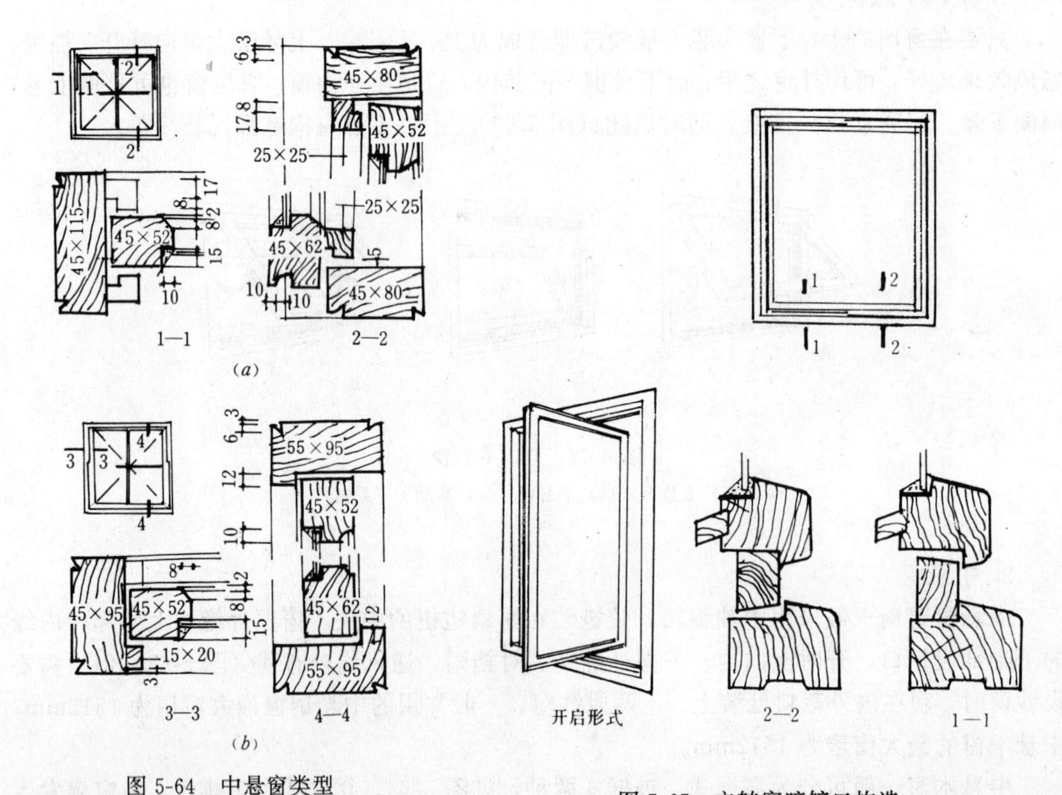


图 5-64　中悬窗类型

(*a*) 靠框式基本构造；(*b*) 进框式基本构造

图 5-65　立转窗暗铲口构造

上述不同开启方式的钢、木侧窗皆为玻璃窗。为防蚊虫进入室内可配纱窗；在只要求通风而不需要采光的地方，或为遮阳需要，可采用百页窗。窗的骨架材料除钢、木外，还可以采用铝合金、塑料、玻璃钢、钢丝水泥等。

（九）塑料门窗

塑料门窗的研制和生产于50年代始于联邦德国。塑料门窗以其造型美观、线条挺拔清晰、表面光洁，而且防腐、密封、隔热及不需进行涂漆维护等特点在门窗行业中崛起，并独受用户青睐，在建筑上得到了广泛的应用。

现代的塑料门窗，是以硬质PVC挤压成型方法生产的，而且断面尺寸较大，断面形状亦较复杂，挤出异型材的壁厚也比较大（高档产品约为3.5～4mm）。因此，其外形尺寸较为精确，各种线条及棱角也较为清晰挺拔。在装饰效果方面，是国内在70年代至80年代中期所大量使用的那些以钙塑材料、GRP材料生产的小断面低档塑料窗所不能比拟的。

塑料门窗的种类很多。常见的门有镶板门、框板门、折迭门等多种。而窗的种类就更多了，除平开窗外，可见的类型尚有百页窗、推拉窗、垂直推拉窗、滑撑窗及中悬窗等。由于门窗种类的不同，在具体的安装技术方面也相应的会有一些差异。但是，由于塑料门窗是经工厂组装成成品后再到现场安装的，因此，这种类型上的变化，对于建筑安装构造的影响并不很大。因为这些类型上的变化所涉及的主要是框与扇之间的联系问题，如窗扇的位置，所采用的铰链等五金配件的种类及安装位置等等。而对建筑装饰工程构造来说，更具重要意义的是框与墙之间的联接及其密封问题。对几乎所有类型的塑料门窗来说，在这方面的差异并不是很大的。因此，在塑料门窗各类型中，我们仅对PVC镶板门的构造进行讨论。

1. 塑料门窗的组成

塑料门窗和其他门窗一样，主要由门框、门扇或者窗框、窗扇组成。但塑料门窗的型材却因门窗类型的不同而不同。

(1) 塑料窗用异型材。窗用异型材可分为窗框异型材、窗扇异型材和辅助异型材三类。

1) 窗框异型材。窗框异型材一般可分为四种：固定窗窗框异型材、凹入式窗框异型材、外平式窗框异型材和T型窗框异型材。

固定窗窗框异型材用以构成固定窗。

凹入式窗框异型材和外平式窗框异型材都用于开启窗。

T型窗框异型材主要用于双扇窗的中间框。

2) 窗扇异型材。窗扇异型材因凹入式开启窗和外平式开启窗的差异，在细部结构上也有一些不同。

3) 辅助异型材。塑料窗用辅助异型材主要包括玻璃压条和各种密封条。此外，也包括只在某种类型窗中所使用的特殊辅助构件，如在凹入式窗扇上所常用的泄水异型材等等。

(2) 塑料门用异型材。门用异型材可分为门框异型材、门扇异型材和增强异型材三类。

1) 门框异型材。门框异型材主要包括两个组成部分，即主门框异型材和门盖板异型材。主门框异型材断面上向外伸出部分的作用遮盖门边。门盖板的作用则是遮盖门洞口的其余外露部分。

2) 门扇异型材。门扇异型材也主要包括两个组成部分，即门芯板异型材和门边框异型材。门芯板异型材又可分为大门芯板异型材和小门芯板异型材两种，以适应拼装各种不同尺寸的门板。在门芯板的两侧，均带有企口槽，以便将门芯板相互牢固地连接起来。

门扇边框异型材也可分作两种，一种称为门边框，通常被用于门扇两侧及上部的包边。

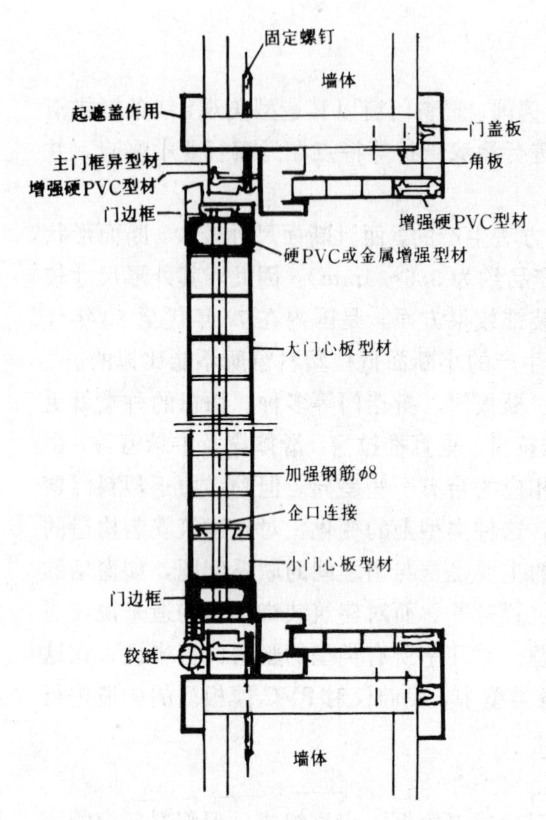


图 5-66　PVC 镶板门安装构造（平面）

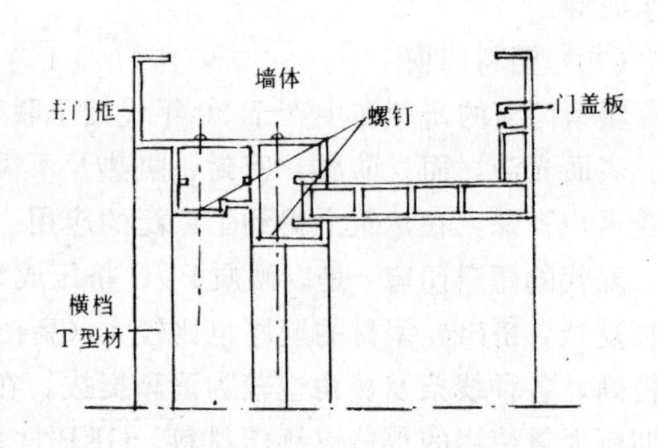


图 5-67　带气窗门横档的构造示意

另外一种习惯上称为门底框，这是一种 U 型的异型材，通常被用于门扇底部的包边，以便形成平的底面。

3）增强异型材。为了能牢固地安装铰链和门锁、把手等各种配套五金件，并且增加门扇的刚度，通常在门扇上门芯板的两端均需插入增强异型材。用于增强的型材，可以是金属型材，也可以是硬质 PVC 型材。

2. PVC 镶板门的构造

典型的镶板门的门扇是由一些大小不等的中空异型门芯板通过企口缝拼接而成的。在门扇板的两侧，为了牢固地安装铰链和门锁等五金配件，应衬用增强异型材。另外，为了保证门扇有足够的刚度，通常在它的上下边各用一根 ϕ8mm 的钢筋进行增强。门扇与主门框之间一侧通过铰链相连，另一侧通过门边框与主门框搭接。主门框和墙体之间则可用螺钉直接固定在墙内预埋的木砖上。门盖板的一侧嵌固在主门框断面上的凹槽之中，另一侧则嵌固在用螺钉固定的钢或 PVC 角板之上。图 5-66 所示的是 PVC 镶板门的典型安装构造。

当在门的上方带有气窗时，则在门扇上方与气窗之间需用 T 型横档型材来替换门边框。施工时，应先将 T 型横档与主门框用螺钉联接，然后再整体送入门洞口进行固定。图 5-67 是带气窗门横档的构造示意。

另外，最近还开发另外一种系列的塑料门用异型材。它具有三个方面的优点：①主门框异型材断面形状简单，除有一些沟槽外，基本上是一个含有中空腔室的矩形；②主门框异型材的宽度与门洞的厚度相同；③带气窗门的横档与主门框可使用同一种异型材。显然，由于上述这些特点，使得这种塑料镶门的安装构造较之前述的那种要简单得多，图 5-68 所示的是这种塑料门的构造。

3. 框与墙的连接

PVC 塑料门窗的框与扇连接是比较简单的，并且在工厂中组装完成。但是，框与墙连接的方法，或说 PVC 塑料门窗在墙体上的固定方法，却是多种多样、比较复杂的。下面所

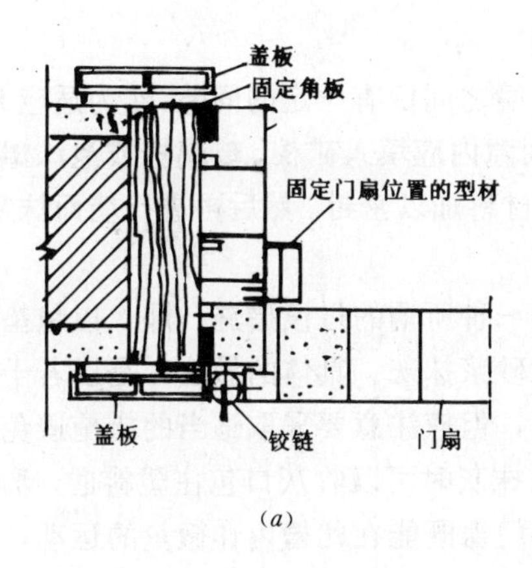


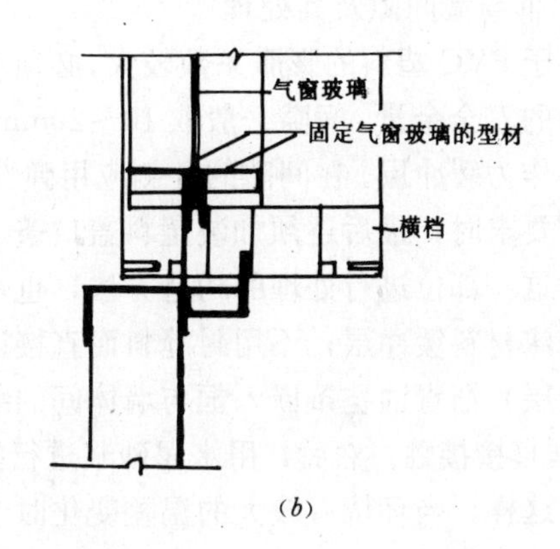


图 5-68　PVC 镶板门板的另一种构造

示的是三种主要的框与墙连接构造方法。

(1) 连接件法。连接件法指的是通过一个专门制作的铁件将框和墙体相连。参见图 5-69。其优点是比较经济，且基本上可以保证窗的稳定性。其缺点是施工时定位比较困难，对工效有一定的影响。

(2) 直接固定法。直接固定法是在门窗洞施工时先预埋木砖，将塑料门窗送入洞口定位后，用木螺钉直接穿过门窗框异型材与木砖连接，从而将框与墙体固定，也可采用在墙体上钻孔后，用尼龙胀管螺钉直接把门窗框固定在墙体之上的方法。如图 5-70 所示。

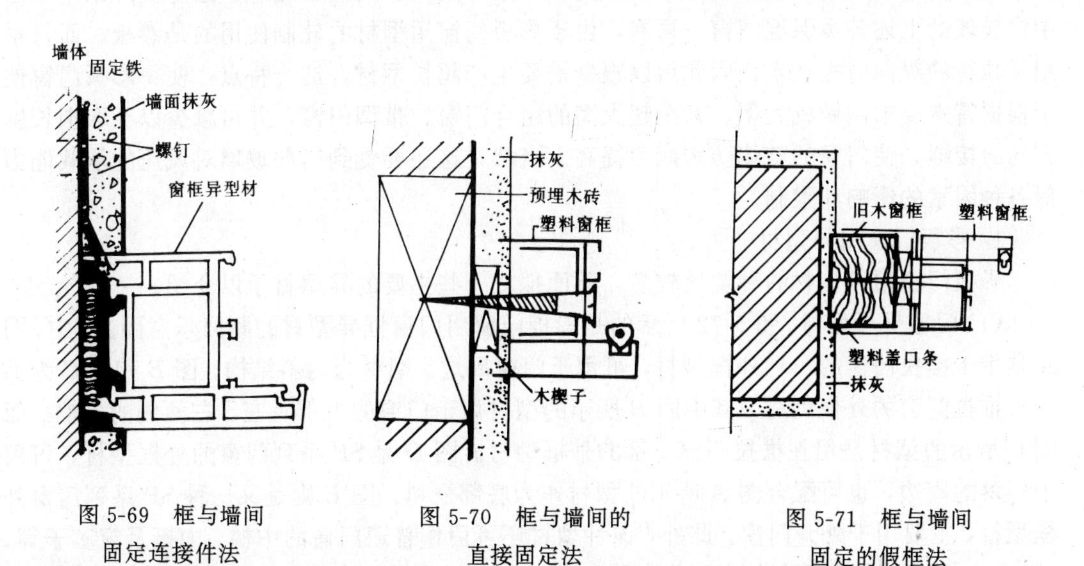


图 5-69　框与墙间固定连接件法

图 5-70　框与墙间的直接固定法

图 5-71　框与墙间固定的假框法

(3) 假框法。该方法是先在门窗洞口内安装一个与塑料门窗框相配套的“Π”形镀锌铁皮金属框，或是当将木窗换为塑料窗时，把原来的木窗框保留，待抹灰装饰完成之后，再直接把塑料框固定在上述框材上。最后，再以盖口条对接缝及边缘部分进行装饰，如图 5-71 所示。这种方法的优点是可以最大限度地避免其他施工对塑料门窗造成的损伤，并能提高塑料门窗的安装效率。

4. 框与墙间隙及其处理

由于PVC塑料的膨胀系数较大，必须在框与墙之间留有一定的间隙，作为适应PVC伸缩变形的安全余量。间隙一般取10～20mm，在间隙内应填入矿棉、玻璃棉或泡沫塑料等隔绝材料作为缓冲层。在间隙的外侧应用弹性封缝材料加以密封。然后再进行墙面抹灰封缝。工程有要求时，最后还须加装塑料盖口条。

对这一部位进行处理的构造方法，也可采用一种所谓的过渡措施。即：以毡垫缓冲层替代泡沫材料缓冲层；不用封缝料而直接以水泥砂浆抹灰。具体的做法，是以若干层（通常为3层）沥青油毡条嵌入框与墙体间的缝隙内，但应注意要采取适当的措施避免油毡与PVC框直接接触。然后，用水泥砂浆进行抹灰，抹灰时可以收灰口包住塑料框，形成一个浅槽。这样，当环境有较大的温差变化时，塑料门窗既能在此槽内作微量的运动，又能保持原有的密封效果。实际工程中的应用结果表明，这种方法的效果还是比较好的。

（十）彩板门窗

彩板门窗又称涂色镀锌钢板门窗或称彩色涂层钢板门窗。是意大利赛柯公司在20世纪70年代独创的一种金属门窗。彩板门窗的型材，直接采用彩色涂层钢板为原料进行轧制。它具有自重轻、强度高、采光面积大、保温密闭性能好、耐腐蚀、施工方便、外形挺实美观等优点，价格一般仅相当于铝合金门窗价格的60%左右。彩板门窗虽然1987年才刚刚在国内建筑市场上出现，但经过近几年的发展，已形成了较完整的体系。可以预计，彩板门窗在我国今后一段时间内，将成为金属门窗生产和应用方面的一种较为理想的换代产品。

彩板门窗的类型繁多，常见的各种门窗类型有固定式、平开式、附纱平开式、中悬式、立转式、推拉式、附纱推拉式，以及单扇和双扇双面弹簧门等。此外，还可生产采用双层中空玻璃的上述各类保温门窗。再有，由于彩板门窗用型材的轧制使用的是卷板，而且采用了独特的纵向剪板技术，因此可以根据需要生产超长型材。这一特点，使得彩板门窗便于根据特殊要求制做成大型、乃至超大型的组合门窗、带型门窗，并可减少以至取消长度方向的接缝，使门窗的整体防水能力提高。当然，这还要受到诸如玻璃对风压的承载能力等各种因素的影响和限制。

1. 彩板门窗用异型材

彩板门窗用异型材的种类比较多，下面拟对一些主要的异型材予以介绍。

(1) 门窗框异型材。图5-72所示的是彩板门窗用门窗框异型材的断面示意图。其中，图*A*是用于推拉门窗的一种外框型材，可用于门窗周边。型材为内斜结构。图*B*和图*C*为另一种推拉门窗的外框型材，其中图*B*所示的型材用于门窗的上部及左、右两侧的外框。而图*C*所示的型材是用在推拉门窗下部的外框型材。图*D*是SP系列门窗的外框型材，可用于门窗的周边，也可配合图*A*所示的型材作为底部框料。图*E*则是又一种SP系列门窗外框型材，主要用于外开门窗。此外，该种型材还可用作普通门窗的中槛、中梃及窗芯子等。

(2) 门窗拼框异型材。当制作大面积窗时（门在一定意义上可理解为落地式长窗），常常需将基本窗型中的各种窗加以组合而形成组合窗。此时，就需要使用各种拼框型材，并以此为承力构件，将门窗的各个独立部分上下左右相互连接起来。彩板门窗用的拼框异型材断面见图5-73所示。

在图5-73之中，*D*是为各种类型门窗安装配套的副框型材，必要时可以选用。当选用该型材后，该型材成为直接与门窗洞相连接的承力与传力构件，一般用于门窗洞的上部及

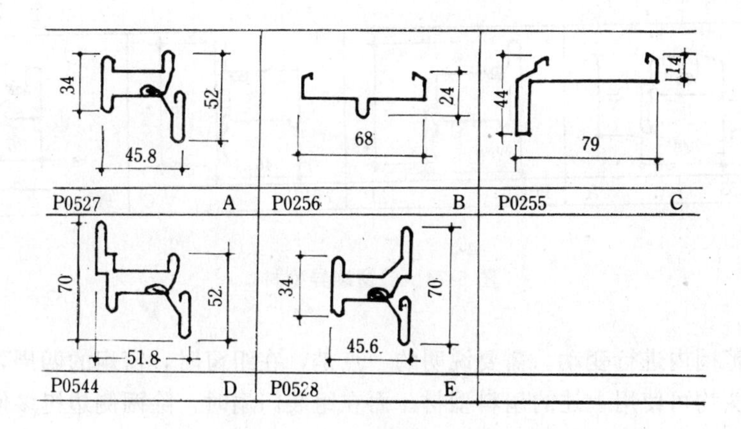

图 5-72 彩板门窗外框型材

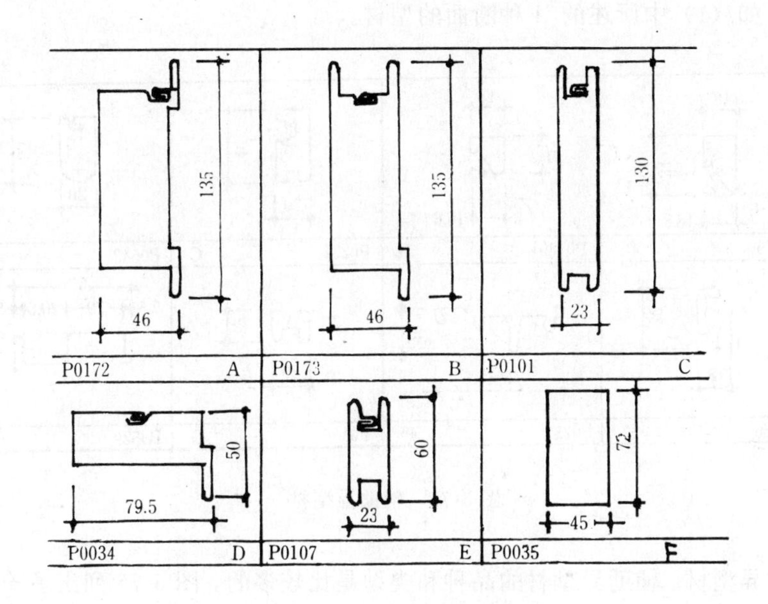

图 5-73 拼框异型材

左右两侧，即用作上槛和两侧边框。另外，该型材还可作为大面积组合门窗的组合管使用，分别起横档（当需竖向拼框时）和竖梃（当横向拼框时）的作用。图 $A$ 和图 $B$ 分别是用于内、外开门及弹簧门的中冒头和下冒头横撑型材。而 $C$、$E$ 两图所示的型材则分别是用于普通内、外开门及推拉门的中冒头和冒头横撑型材。图 $F$ 所示的是专用的组合管。严格地讲，$A$、$B$、$C$、$E$ 四种型材应属于扇料，而不应属于框料，这从上面所述这四种型材的主要使用部位即可看出。但由于它们是作为增强异型材而使用的，且异型材断面尺寸比较大，必要时，也可用作横档和竖梃。所以，上面把这四种型材也归在了拼框型材之列。

（3）门窗扇异型材。彩板门窗用的扇料型材主要有四种，如图 5-74 所示。其中 $D$ 所示的是与图 5-72中 $B$、$C$ 两图所示的推拉门窗异型材配套使用的扇料型材。而 $A$、$B$、$C$ 三种则是适于其他各类门窗使用的门窗扇异型材。通过配用不同的压玻璃条，门窗玻璃的厚度

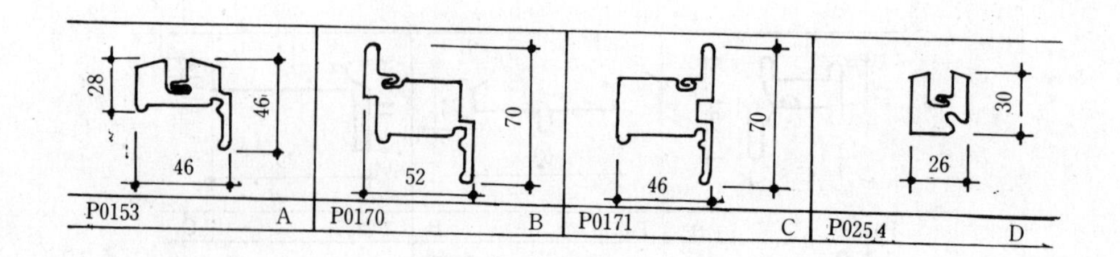


图 5-74　门窗扇异型材

可在相当大的范围内进行变动。需要说明的一点是，在组窗时，窗扇的四周，即两侧的边梃及上、下冒头均可使用上述的扇料型材。而在组装门扇时，除两侧边梃多使用扇料型材外。门扇上的横向联系杆件，即上、中、下冒头则常常采用（1）和（2）中所述的外框和横撑型材，尤其是中、下冒头更是如此。在一些特殊情况下，甚至连门扇的边梃也采用的是外框型材，如（1）中所述的 $A$ 种断面的型材。

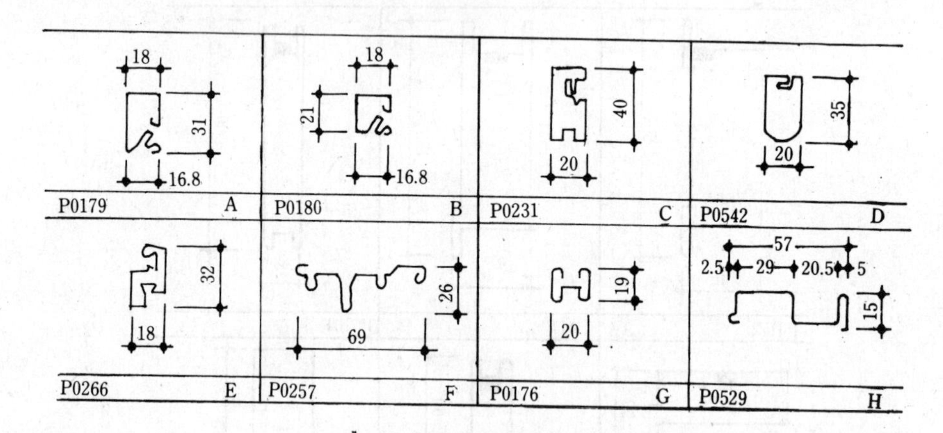


图 5-75　辅助异型材

（4）辅助异型材。辅助异型材的品种和类型是比较多的，图 5-75 列出了一些主要的品种。其中，$A$、$B$ 两种异型材均为玻璃压条，分别适用于装配 4mm 的普通平板玻璃及 14mm 的中空玻璃。而 $C$、$D$、$E$ 三个图所示的异型材，都是配装纱窗时的辅助型材。其中 $E$ 所示的纱窗型材是用于推拉窗的。图中 $F$ 所示的型材是推拉门窗用的轨道型材，上、下各需装配一根。$G$ 图所示的是适于安装 4mm 平板玻璃的扇内玻璃分格条，或称为玻璃脊。$H$ 是用于框底的收集槽型材。

除了上述的主要异型材之外，在彩板门窗中还采用了大量的零附配件。如以不锈钢、镀锌钢板、锌铝合金压铸件和金属喷塑件制成的各种门窗用小五金件、组角件、连接板，以注塑件制成的各种堵头、法兰、组角件及螺钉衬套，以及用氯丁橡胶和乙丙橡胶制成的各种密封条、纱窗压条等等。

2. 彩板门窗的安装构造

彩板门窗的安装构造，因门窗的类型不同、所采用的框料型材不同、用否副框及是采用连接件法还是采用直接固定法而有着一定的差别。一般情况下，当墙面装饰面层为大理石、马赛克、面砖等时，需要安装副框。而当墙面装饰面层为刷浆做法时，可以不安装副框。下面拟结合平开窗、推拉窗及双面弹簧门的安装介绍彩板门窗安装的构造做法。

(1) 平开窗的安装构造

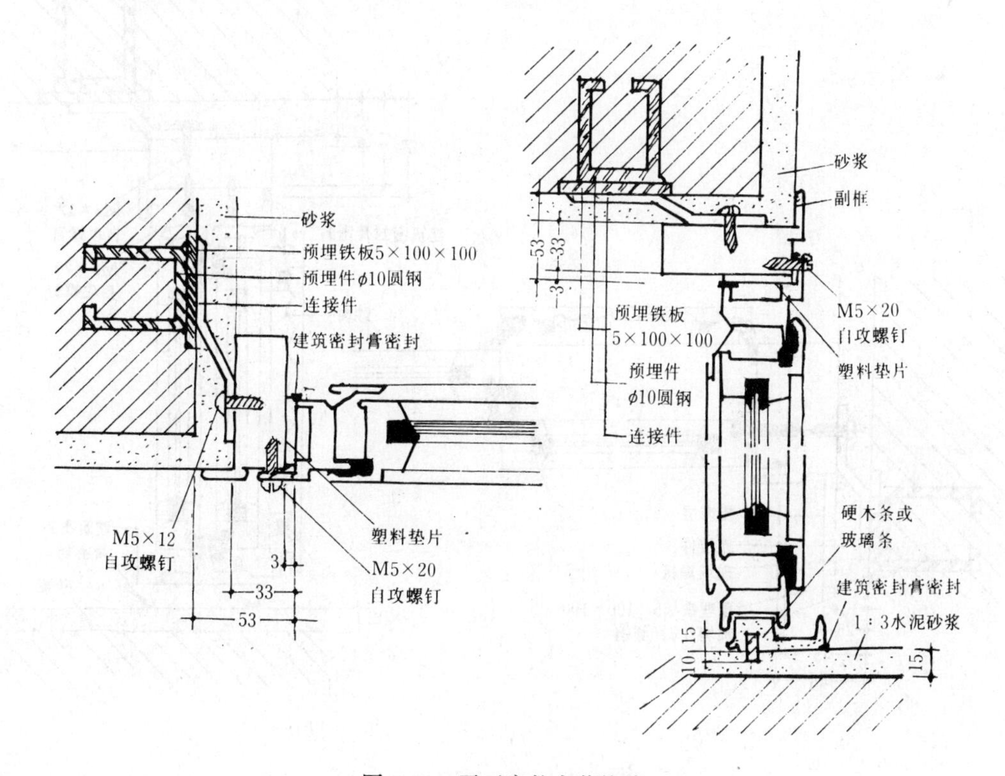


图 5-76　平开窗的安装构造

1)连接件副框安装法。图5-76所示的是平开窗的一种安装构造做法，其特点是采用了副框。先将连接件与副框固定，再将连接件与墙体内预埋铁件焊接。当没有设置预埋铁件时，也可以射钉或膨胀螺栓将连接件与洞口墙体相连。然后将成品门窗用螺钉与副框相连。最后用建筑密封膏将洞口与副框之间、副框与窗框之间的安装缝隙全部封闭。在窗框的底部采用了收集槽型材，以避免冷凝水泄入室内。

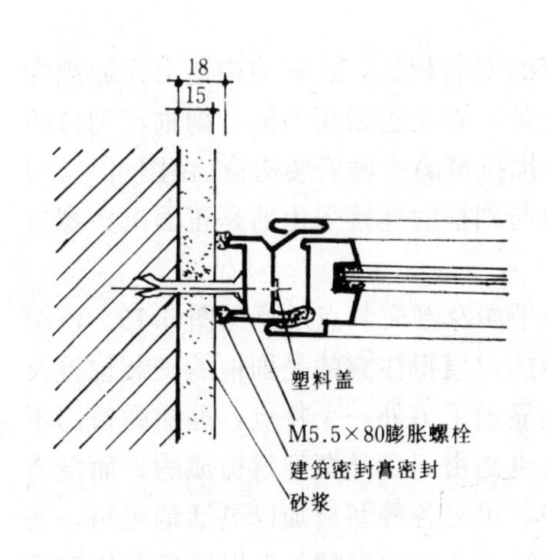


图 5-77　平开窗的直接固定安装构造示意

2)直接固定法。图5-77所示的是平开窗的另外一种安装构造的剖面图。由图可见，该种安装方法的最大特点是没有使用副框，并且也没有预埋铁件和连接件，而是直接用膨胀螺钉将窗框固定在洞口处的墙体上的。显然，采用这种方法安装构造比较简单，但这种方式只适用于装饰要求比较低的一般

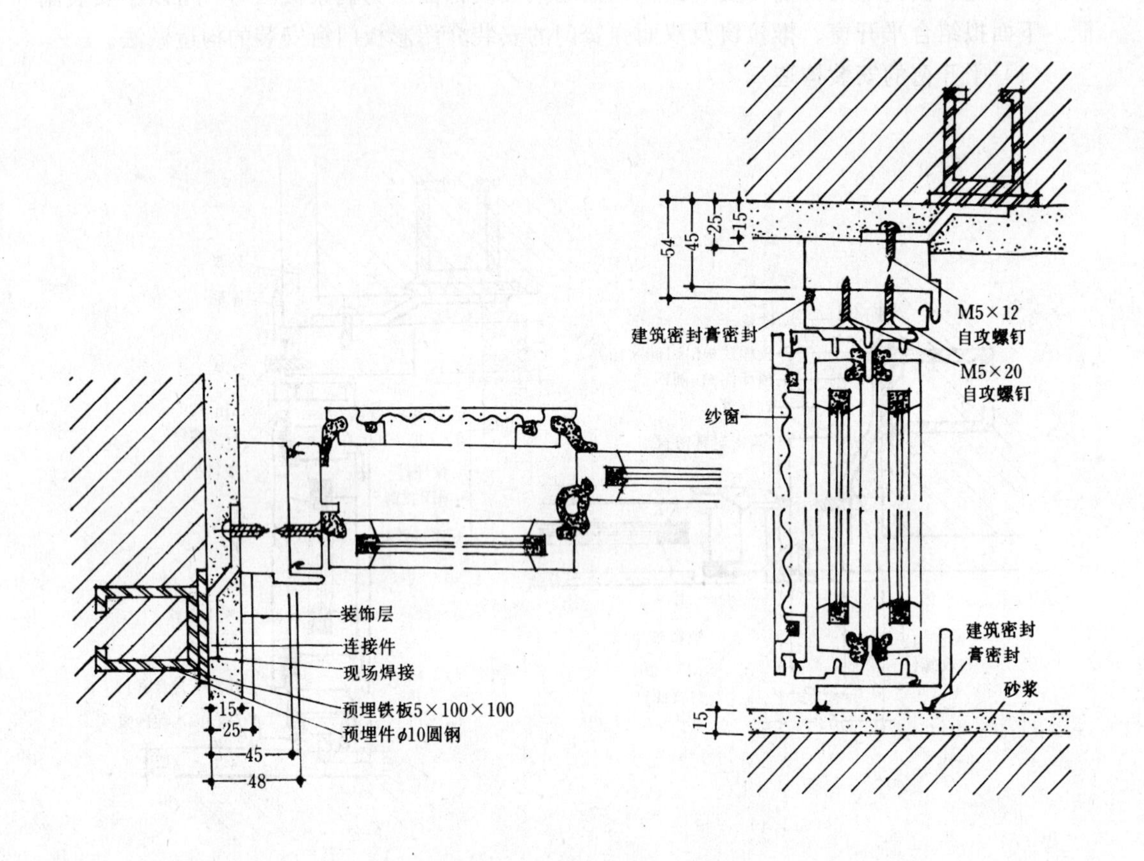


图 5-78 推拉窗的安装构造一例

性建筑及室内外墙体饰面已经结束的工程。

(2) 推拉窗的安装构造。推拉窗的安装与平开窗的安装相比，在安装构造上无原则性的不同。除必须使用推拉窗框料、扇料和轨道料等之外，在是否采用副框、副框与洞口的连接固定方法等方面是基本一致的。图 5-78 所示的是推拉窗的一种安装构造。由图可见，与图 5-76 相比，其副框的安装方向正好相反，另外窗框与副框的连接采用的是正面沉头螺钉固定，而不是象图 5-76 那样在侧面固定。

(3) 双面弹簧门的安装构造。双面弹簧门安装的平面及剖面节点示意见图 5-79。该图所示弹簧门的安装与前述的窗的安装构造是十分相似的，值得注意的是副框的安装位置及其方向。此外，还须注意门下部的处理方法。该图还显示了另外一个特点，即该弹簧门不仅边框、上下槛是由边框型材构成的，边梃和上冒头也是由门窗外框型材构成的，而没有使用扇料型材，这可以说明在彩板门窗的选用制做中，可对各种型材加以灵活地运用，而不必拘泥于其通常的或规定的用法。反过来，这种作法对彩板门窗的外形以及安装构造都会产生很大的影响。

上述几种安装构造反映了彩板门窗安装的基本构造方法，并且也反映了构造做法的基本变化规律。掌握了上述几种方法，可以处理各种不同安装条件下的彩板门窗的安装构造。

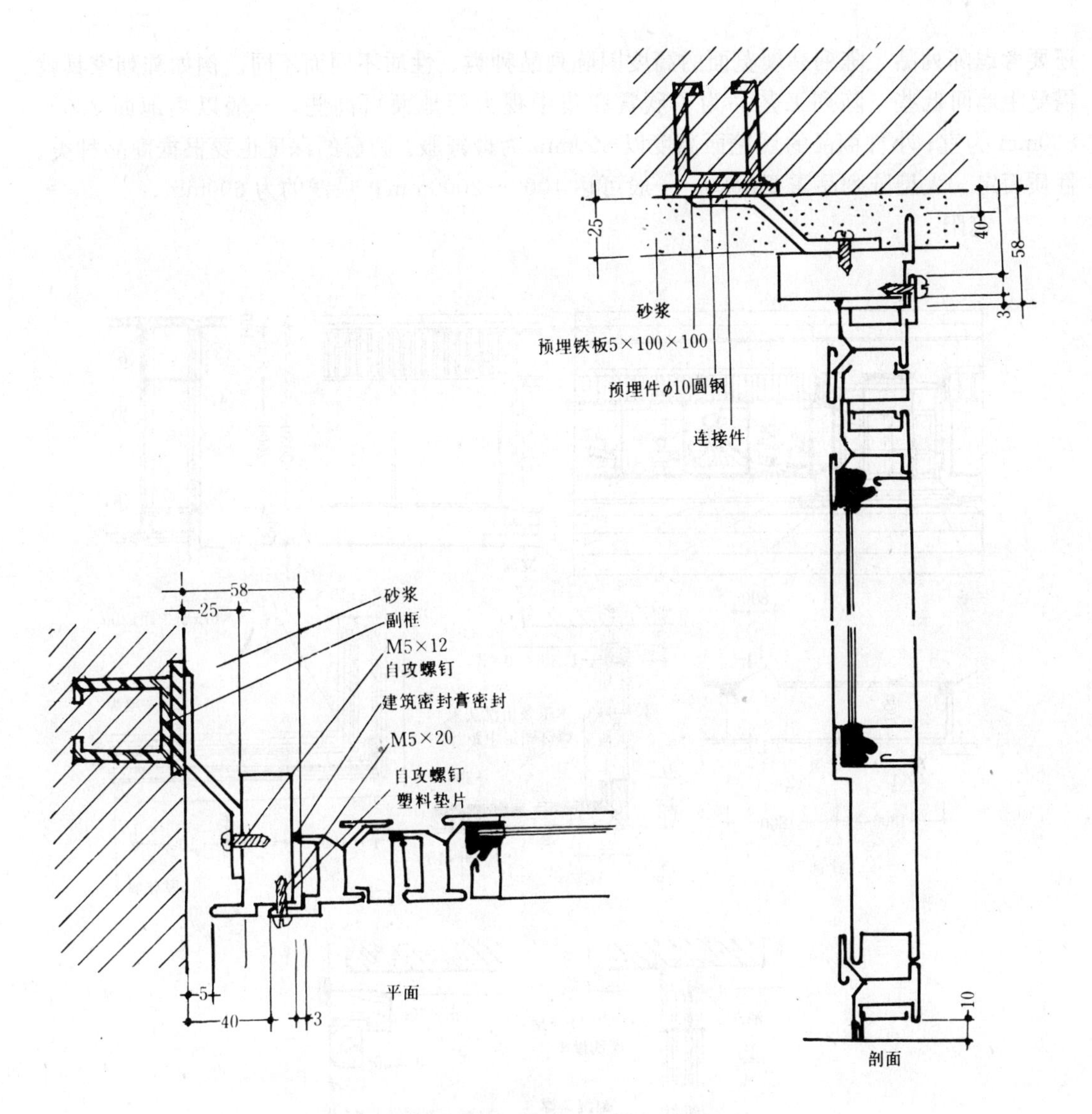


图 5-79 双面弹簧门安装的节点构造

## 第三节 特种门窗的构造

特种门窗是指有特殊功能作用的门窗。

**一、商店门面橱窗**

商店门面橱窗的功能是陈列展示商店的经营内容与特色，诱导人流进入商店。所以它与商店入口一起组成商店的门面，是商店装饰设计的重点部位。

鉴于商店门面橱窗的功能目的，它的构造应该从门面橱窗的美观、尺度、遮阳、通风采光、防止凝结水的产生、安全等方面来考虑。

1. 尺度

门面橱窗的尺度除了根据商店的位置、规模、性质、建筑的结构和构造等因素决定外，还要考虑陈列品。陈列品展览面的高度因陈列品种类、性质不同而不同。例如陈列家具就需要距地面低些；陈列工艺品为了欣赏和集中视力距地面可高些，一般以离地面 300～800mm 为宜；小件商品的展览面高度以 800mm 为最舒服。橱窗的深度也要根据商品种类、性质而定。大型陈列品需要深些，一般可达 1000～2000mm；最浅的为 600mm。

2. 遮阳

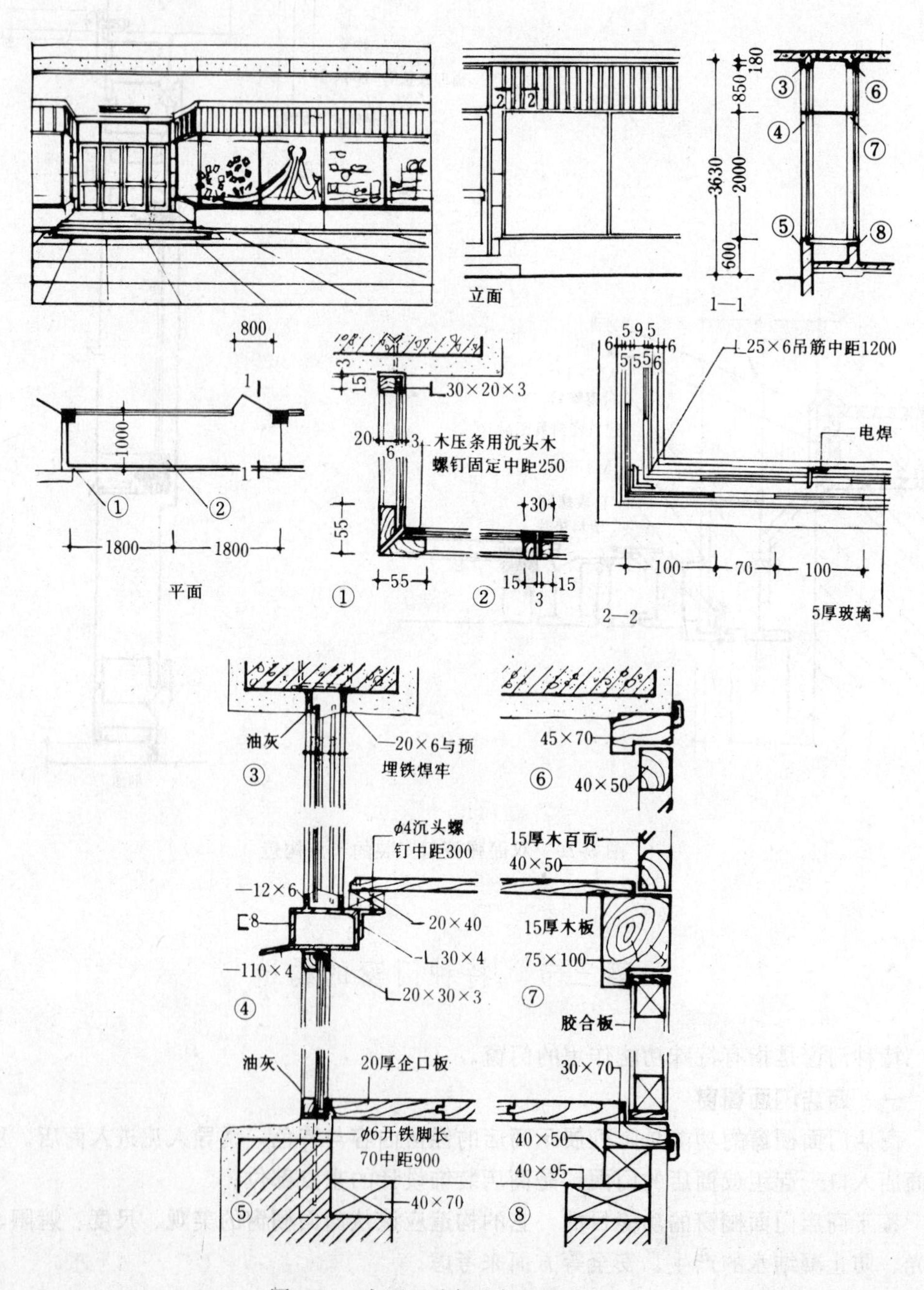


图 5-80 上通风式钢木框橱窗实例

门面橱窗遮阳的作用一是防止橱窗和展出商品因受日晒雨淋而遭到损坏；二是为驻足观览的人流提供防雨和遮阳的临时逗留场所。为此可在门面橱窗上部做钢筋混凝土雨篷、遮阳板、硬塑料板、活动帆布篷、活动百页等。一般为通长式，高度应不低于2.5m。

3. 通风采光

橱窗的通风有上通风式和下通风式两种。上通风式是在橱窗之上或雨篷之上设气窗或通风百页窗（见图5-80）；下通风式是在橱窗下面做通风窗或通风口。

如果需要补充营业厅的采光，橱窗的后墙可安装玻璃或做成敞开的。

4. 凝结水

为避免橱窗内结露，应设法使橱窗内的温度接近室外温度，如采用加设透气孔的做法。在营业厅需要采暖的地方，橱窗内应不考虑采暖，橱窗后墙要保温，并在橱窗下部设排水孔（可利用橱窗内陈列地板面层留洞与室外相通）。

5. 出入口

橱窗应设小门作为出入口。小门最好设在橱窗侧面，无法设在侧面时可设在橱窗后面，一般尺寸为700mm×1800mm，进深浅的橱窗小门可做成推拉门，以供人员进入橱窗内布置和更换陈列品。

6. 组成材料与构造

橱窗窗框有木、钢、铝合金、塑料等。框料断面的大小根据玻璃的大小和有无填料而定。当采用木料时，断面一般为60mm×100～120mm。采用型钢时可为L25mm×40mm×4mm或T40mm×40mm×4mm等。

玻璃一般采用6mm厚的橱窗玻璃；宽度最大为2m。橱窗玻璃的规格有1m×1.5m、1m×1.8m、1m×2m等，橱窗分格或玻璃分块应按玻璃规格来考虑。

安装较大面积玻璃时可采用橡皮、塑料、毛毡等填条，使之不易破碎。

为了方便橱窗内商品的灵活布置，顶棚宜用方格吊顶，以便在任意位置上加吊钩。小型橱窗一般采用胶合板等材料做顶棚。

橱窗的安装构造是：对于砖墙，应预埋木砖；对于钢筋混凝土柱或过梁，则在柱、梁上按一定间距预埋铁件，与窗框铁件焊接；或预埋螺母套管，然后将螺栓穿过窗框拧紧。

为了安全与保护橱窗，在橱窗外面要设活动卷帘门或推拉式铁栅门。

橱窗还应注意防潮，应尽量避免雨水管道穿过，地面可铺放木地板。

## 二、保温、隔声门窗

1. 保温门窗

保温门窗是指可以保持室内温度和正常湿度的门窗，用于寒冷地区的防寒门窗、恒温恒湿室的门窗、冷藏库门窗等。

（1）保温窗。一般在零下10℃以下时，应采用双层窗。双层窗的间距为50～100mm，最大为150mm，见图5-84。采用中空玻璃的窗，每层玻璃净空为6.3mm左右，可于玻璃间抽换干燥空气或盛氮气，以防止产生凝结水。保温窗的密闭材料，一般采用各式橡皮或聚氯乙烯塑料。

（2）保温门。为提高门的保温性能，门扇应使用轻质材料，门缝要有严格的密闭处理。保温门的门扇一般由板材及轻质保温填充材料组成。其作法是在门扇骨架的两边钉拼板或整体板材，当中填充保温材料，在门扇下部，于下冒头底面上装设橡皮条或者设置门槛，以使门缝密闭。常用的保温门有胶合板保温门、胶合板双层保温门和人造革面保温门。

图 5-81 所示的是胶合板保温门的构造。其节榫及门板拼装满涂鱼胶，做到无空隙、裂缝。墙体与门框、门框与门扇及门扇之间必须严密无缝，用海绵橡胶压缩贴实。

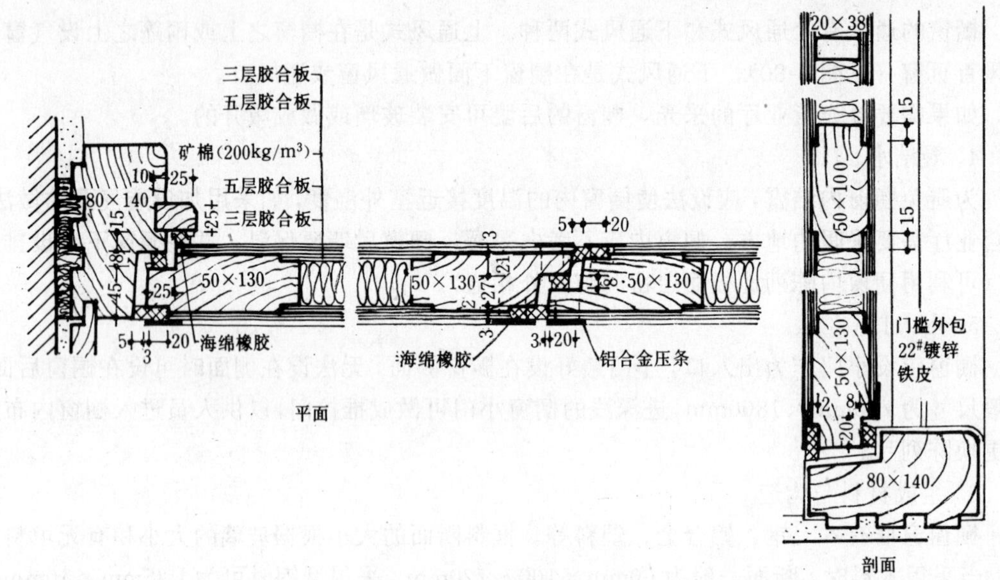


图 5-81　胶合板保温门构造

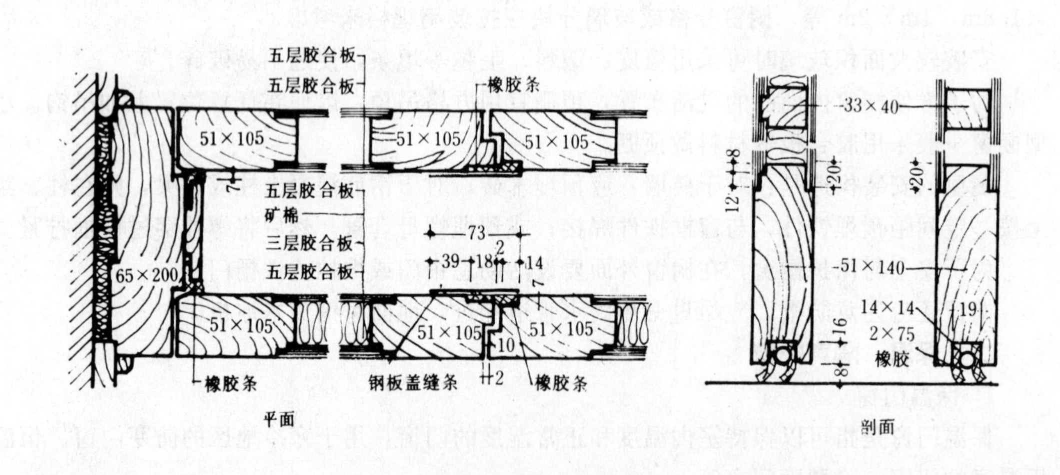


图 5-82　胶合板双层保温门构造

图 5-82 所示的是胶合板双层保温门的构造。

图 5-83 所示的是人造革面保温门的构造。人造革面用圆头钉钉牢，钉时用橡胶垫在钉帽上，以免损坏钉帽。

保温门门扇为空腔构造时，空气层的厚度以 20～30mm 较为有利，最大不超过 50mm，否则极易形成空气对流，减低保温效果。在空腔构造中用蜂窝纸限制空气对流，保温效果

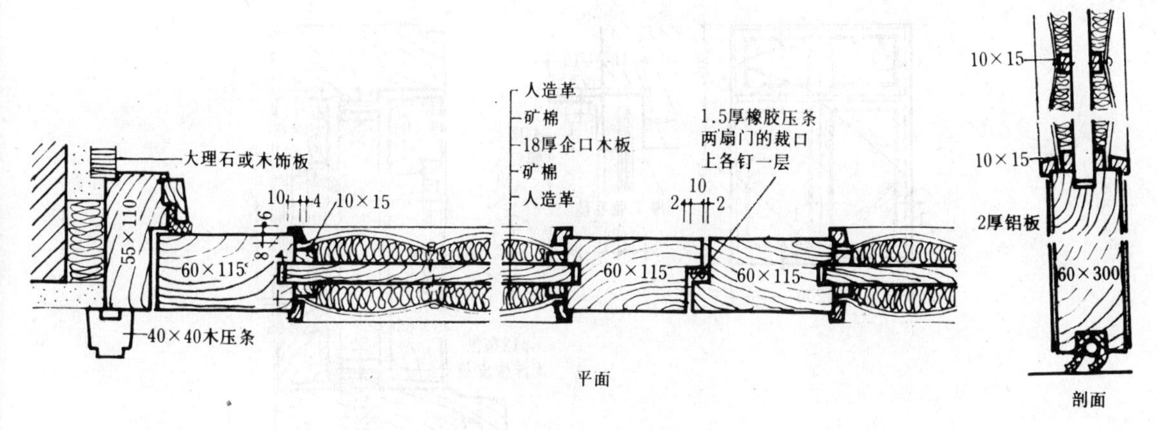


图 5-83　人造革面保温门构造

较好。

冷藏库所用门为冷藏门。冷藏门必须进行热工设计，其构造特点是：用木或钢木作框架，框架中填以软木、聚苯乙烯泡沫板等保温材料，保温材料外侧作防潮或隔气层，面层钉以铁板、铝板、钢板等材料，并在门框和门扇的接触部位，用防水性能较好的嵌缝材料加以密闭。门的五金配件亦须按要求特制。

2. 隔声门窗

隔声门窗是指可以隔除噪声的门窗。隔声门窗多用于室内噪声允许级较低的播音室、录音室等房间中。

隔声要求即室内外噪声的级数及室内噪声基数之差

门窗的隔声能力与材料的密度、构件的构造形式及声波的频率有关，一般低频率的声波较高频率的声波容易透入。普通木门的隔声能力为 19～25dB，6mm 厚的钢门隔声能力为 35dB，双道木门，间距 50mm 时，隔声能力为 30～34dB，而有隔声和密闭措施的单扇门可隔声 35～43dB。普通木窗的隔声能力为 20～30dB，双层窗的隔声能力为 25～35dB，双层玻璃的窗子可隔除噪声 35～40dB。

(1) 隔声窗。隔声窗可以分为固定式和平开式两种。播音室、录音室等往往向外不开窗，而且作双层墙体，固定窗作观察窗使用。平开窗用于隔声要求的房间中，多作成双层密闭窗式，见图 5-84。隔声窗的玻璃间距以 80～100mm 为宜，在窗间四周应设置有良好吸收作用的吸声材料，或将其中一层玻璃斜置，以防止玻璃间的空气层发生共振现象，保证隔声效果良好。

(2) 隔声门。隔声门的隔声效果是与门扇的隔声量、门缝的密闭处理直接有关。门扇构造与门缝处理要互相适应；整个隔声门的隔声效果又应与安装隔声门的墙体结构的隔声性能互相适应。

门扇隔声量与所用材料有关，密度大、密实的材料，隔声效果较好。但过重则开启不便、五金配件易损坏。一般隔声门扇多采用多层复合结构，利用空腔构造和吸声材料来提高隔声性能。复合结构不宜层次过多、厚度过大和质量过重。门扇的面层以采用整体板材为宜，因为企口木板干缩后将产生缝隙，对隔声性能产生不利影响。

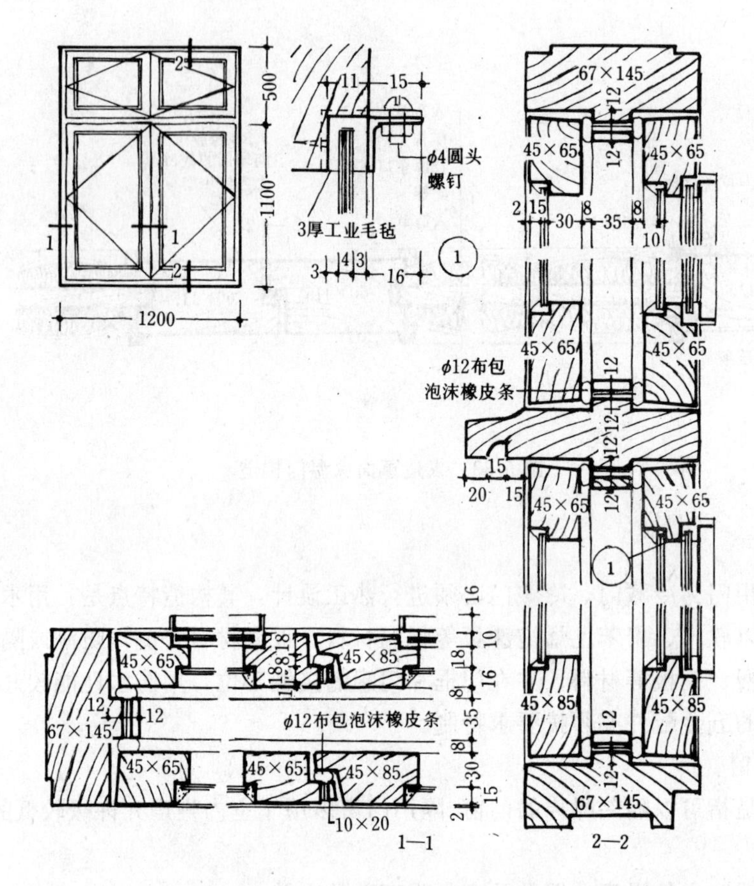


图 5-84　密闭保温隔声窗构造

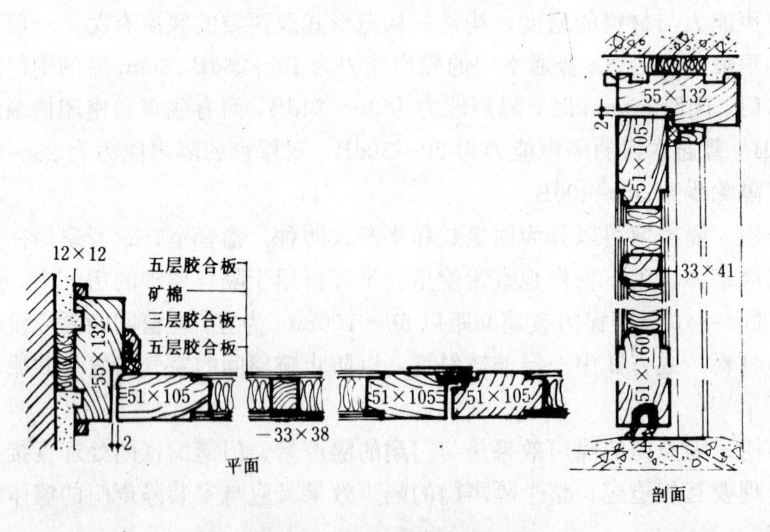


图 5-85　胶合板隔声门构造

门缝处理要求严密和连续，通常的作法是在门缝内粘贴具有弹性和压缩性的材料。同时，门框及门扇的裁口做成斜面以利于密闭。另外，还须注意五金配件安装处的薄弱环节。

由于使用要求及具体条件不同，可在同一门框上做两道隔声门。亦可在建筑平面布置中设置具有吸声处理的隔声间，或利用门斗、门厅及前室作为隔声间。

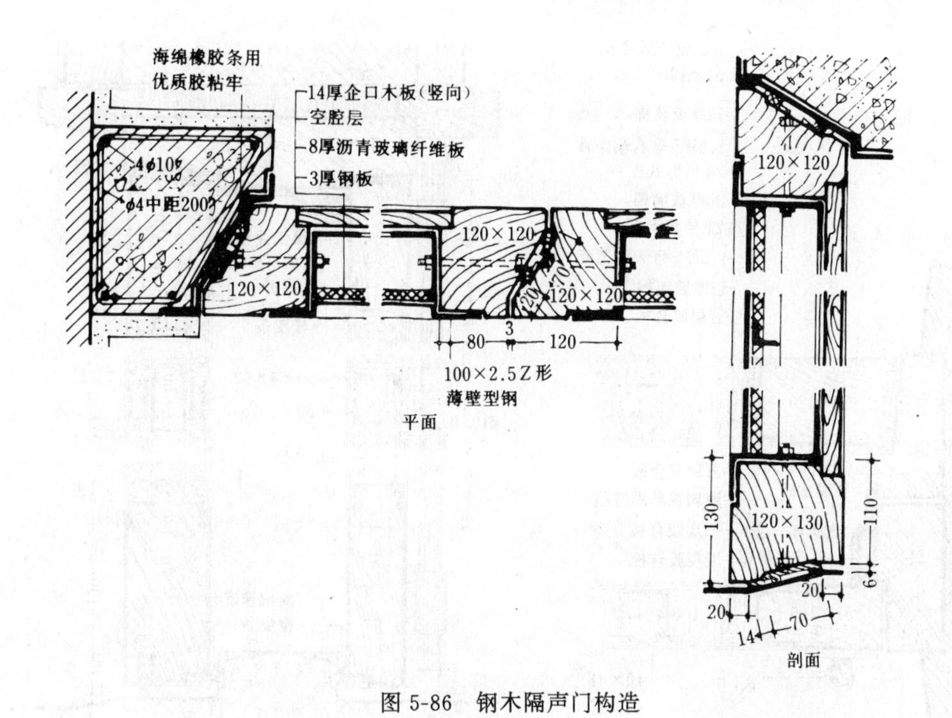


图 5-86 钢木隔声门构造

图 5-87 钢隔声门构造

常见的隔声门有胶合板隔声门、钢木隔声门、钢隔声门以及双层隔声门（见图 5-85、图 5-86、图 5-87、图 5-88）。

3. 门窗缝的处理

（1）窗缝处理。保温、隔声窗在构造上应注意尽量减少窗缝；对缝隙做好密闭填塞，以保证达到密闭效果。

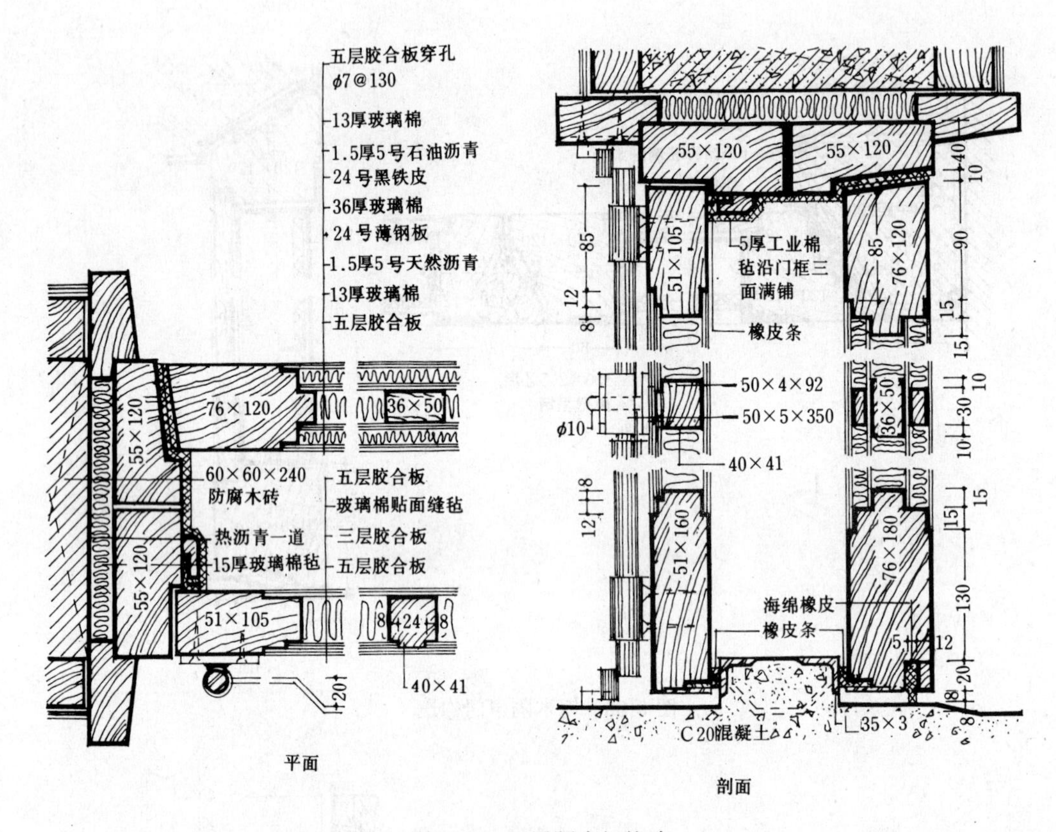


图 5-88　双层隔声门构造

1）窗扇与窗框间缝的处理。这类缝的处理方法可以分为贴缝式、内嵌式、垫缝式三种。

贴缝式是将密闭条附在窗框外沿嵌入小槽钢内，或用扁钢固定。这种安装方法比较简单，便于检查，但当开启扇尺寸较大或小槽钢的固定件间距较大时，小槽钢易翘曲影响密闭质量。贴缝式的几种构造见图 5-89。

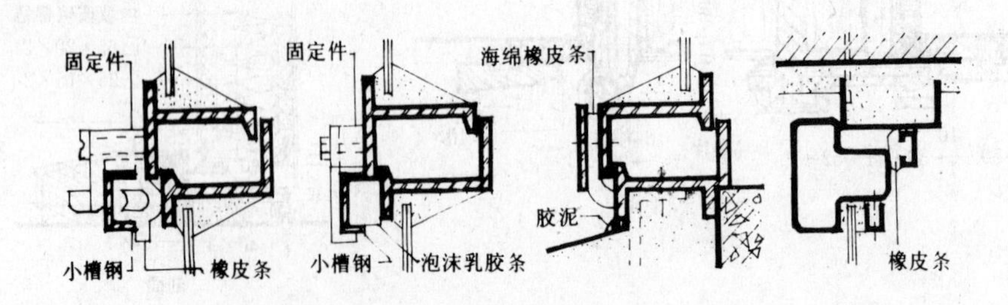


图 5-89　贴缝式的几种构造

内嵌式是将密闭条装在框、扇之间的空腔内堵住窗缝。其优点是构造简单，不受窗扇开启形式的影响，不妨碍安设纱窗，但不易检查，对制作安装的精度要求较高。内嵌式的几种构造见图 5-90。

垫缝式是将密闭条装在框、扇接触面处，或嵌入窗料的小槽中，或用特制胶粘贴于窗

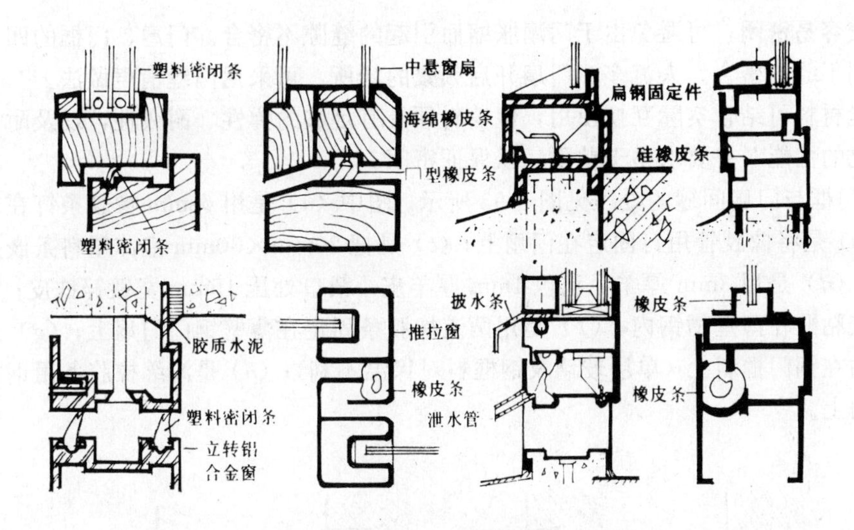


图 5-90　内嵌式的几种构造

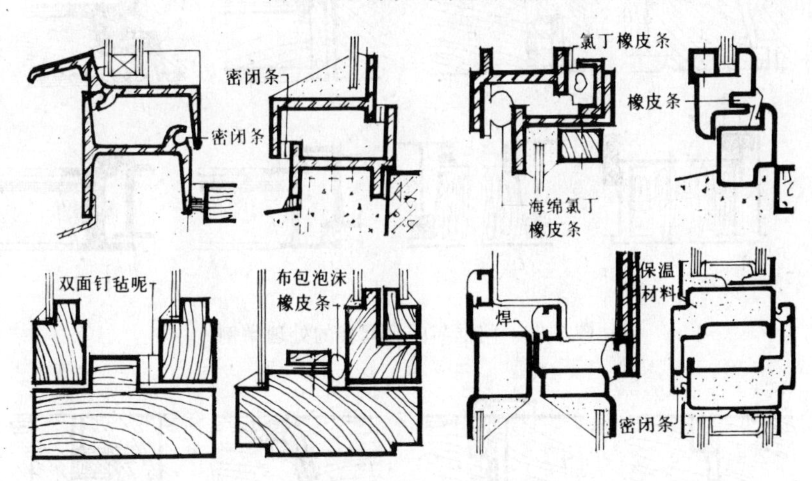


图 5-91　垫缝式的几种构造

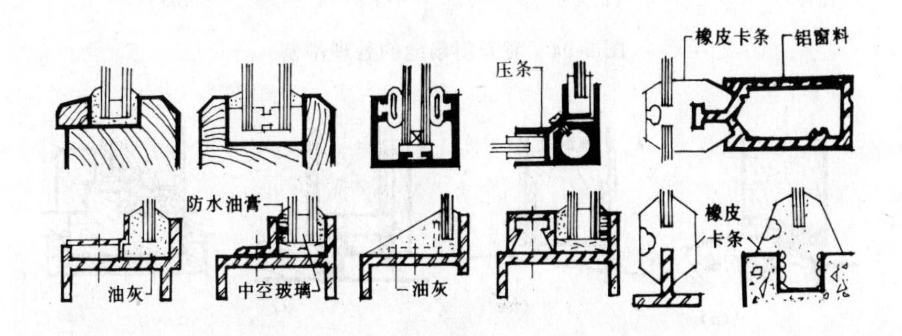


图 5-92　玻璃与窗扇间的密闭处理构造

料上。其构造简单，密闭效果较好，但加工精度要求较高。垫缝式的几种构造见图 5-91。

2）玻璃与窗扇间缝的处理。这类缝的处理主要是采用各种密闭材料，详见图 5-92。

（2）门缝处理。保温、隔声门的门缝隙密闭处理，对门的隔声、保温等功能和使用要求都具有很大意义。门扇从构造上考虑裁口不宜多于两道，以免开关困难或变形失效。斜裁口比较容易密闭，可避免由于门扇胀缩而引起的缝隙不密合。门扇、门框的四角做成圆弧，有利于缝隙密合。人流多、门扇开启频繁的场所，可采用门缝消声做法。

填缝材料可结合实际互换使用，但填料须具有足够的弹性、耐久性，以及耐化学腐蚀和耐老化的性能，并要求易于贴附，以保证密闭。

1）门框与门扇间缝的处理见图 5-93 所示。图中（*a*）是用 ϕ8mm 橡胶条钉在门框或门扇上；（*b*）是将橡胶管用钉固定在门扇上；（*c*）是把 20mm×30mm 泡沫塑料条嵌入门框用胶粘牢；（*d*）是用 3mm 厚羊毛毡包 1mm 厚羊皮，裁口处压 15mm 宽镀锌铁皮；（*e*）是用泡沫乳胶粘贴在薄壁槽钢内；（*f*）是用两道橡胶条固定在薄壁钢门门扇上；（*g*）是用软橡胶条粘贴在钢门框料上（单层玻璃及钢框料对保温不利）；（*h*）是海绵橡胶条用钢板压条固定在门扇上。

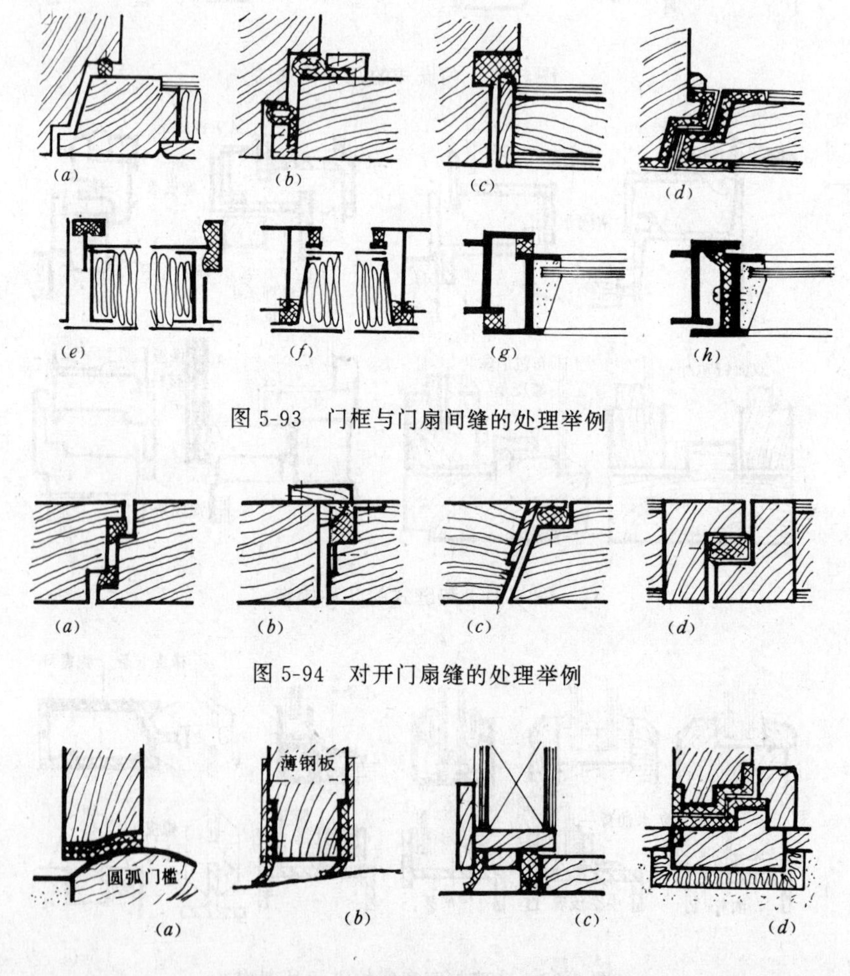


图 5-93　门框与门扇间缝的处理举例

图 5-94　对开门扇缝的处理举例

图 5-95　门扇底部缝的处理举例

2）对开门扇缝的处理见图 5-94 所示。图中（*a*）是用扇形海绵橡胶粘贴在门扇裁口上，两扇做法相同；（*b*）是用 20mm×30mm 海绵橡胶条外包化学纤维布，以 20mm×2mm 厚钢板在两侧压紧；（*c*）是用海绵橡胶条固定在门扇上，2mm 厚钢板压缝，板面要求平滑；（*d*）是用羊皮包毡条，再用 25mm 长铁钉钉牢，中距 50mm，固定在一个门扇上。

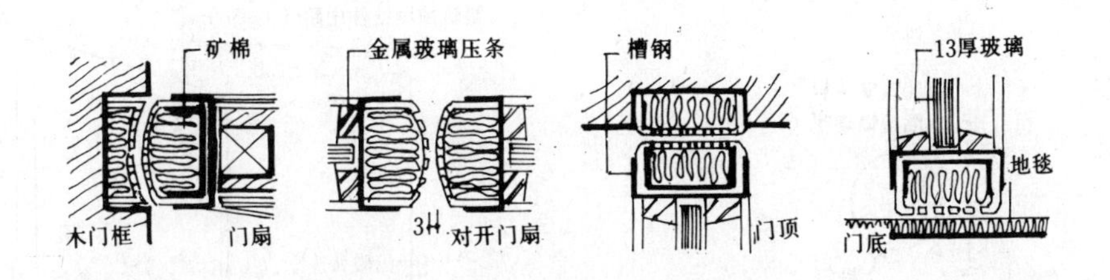


图 5-96 门缝消声做法构造举例

3）门扇底部缝的处理见图 5-95 所示。图中（*a*）是用毛毡或海绵橡胶钉于门底；图（*b*）是橡胶条或厚帆布用薄钢板压牢；图（*c*）的盖缝用普通橡胶，压缝用海绵橡胶；（*d*）是用海绵橡胶外包人造革，门槛下垫浸沥青毡子。

4）门缝消声做法。门缝消声做法是在门扇四周及门框贴穿孔金属薄片，后衬多孔性吸声材料。声音透过门缝时由于遇到布包吸声材料而大为减弱。图 5-96 所示是门扇侧部、门扇之间、门扇顶部和底部的门缝消声做法构造举例。

**三、防风雨、防风沙门窗**

1. 防风雨门窗

在暴风雨中门窗若遭到破坏，会进而波及房屋的内部构造，甚至掀翻屋顶，造成倒塌事故。高层建筑更是如此。

防止暴风雨侵入门窗，一般要求在门窗缝减弱风力、改变风向、排除积水。为此，这类门窗的构造必须采取以下措施：

(1) 加强密闭，可以用橡皮条封闭缝隙。

(2) 增加玻璃厚度与提高玻璃强度。

(3) 内开玻璃窗加作披水板，防止向室内渗水，并在窗下框处留出排水孔，防止积水。

(4) 选用强度较大的钢窗。

2. 防风沙门窗

风沙的渗透量与空气的渗透量是有关系的。它与风速、风压关系极大。压力差愈大，渗透量愈多。高层建筑尤为突出。

风沙渗透主要途径是门窗缝。防止风沙进入室内，一般采取减弱风速、改变风向、阻挡和积聚尘土等原则。

防风沙门窗构造主要是改变断面设计，避免直缝，采用企口盖板和双铲口作法比较有利。

**四、防火门窗**

1. 防火门

防火门的构造根据耐火等级要求的不同而有所不同。一般民用建筑中防火门按耐火极限分为甲、乙、丙三级。甲级防火门的耐火极限为 1.2h，主要用于防火单元之间防火墙上的洞口；乙级防火门的耐火极限为 0.9h，主要用于疏散楼梯与消防电梯的进口处；丙级防火门的耐火极限为 0.6h，用于管道井壁上的检修门。防火门包括木板铁皮门、骨架填充门、金属门、防火漆门多种作法。经常采用的是木板铁皮门。

木板铁皮门的构造因耐火时间不同而不同，耐火时间较长的，应在木板门外钉石棉板，

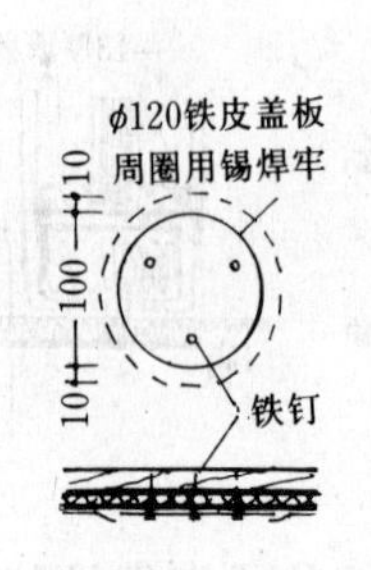

图 5-97　泄气孔构造示意

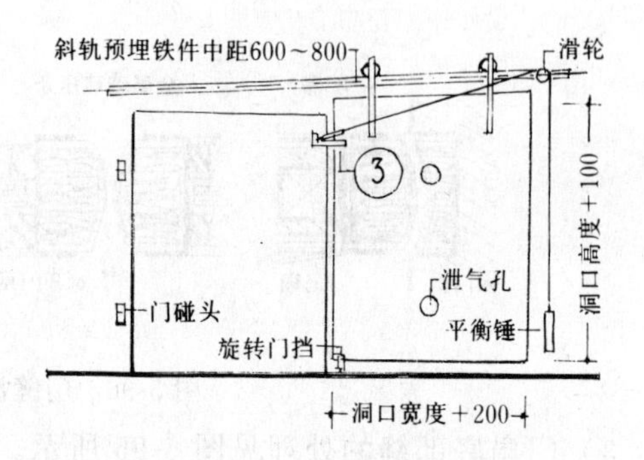

图 5-98　自重下滑防火门构造

再包镀锌铁皮；耐火时间较短的，就直接在木板门外包镀锌铁皮。防火门单面包铁皮时，铁皮应面向室内或有火源的房间。防火门外包铁皮最薄用 26 号镀锌铁皮，亦可用 0.5mm 厚的普通铁皮代替。普通铁皮需进行校正及清除污锈后方可使用。先涂防锈漆 1～2 道，安装完毕再涂调和漆或铅油。因火灾门扇被烧时木材受高温会碳化，放出大量气体，为防止胀破门扇，在门扇上还应设置泄气孔。防火门的两面都有可能被火烧时，门扇两面应各设泄气孔一个，位置错开。孔缝用低于 350℃ 的焊料焊牢，详见图 5-97。室内有可燃，如液体容器破裂液体流淌地面有扩大火灾蔓延危险者，防火门宜设门槛，其高度以使液体不流淌至邻室为准。另外，每樘门上应有不少于 0.2m² 的夹丝玻璃。

大型防火门通常采用自重下滑关闭门（见图 5-98）。门洞上方的导轨做成 5%～8% 坡度，平时用 ϕ4mm 钢丝绳通过滑轮利用平衡锤的荷载使门扇保持在开启的位置。火灾时，钢丝绳上的易熔合金熔断，平衡锤落地，门扇依靠自重下滑关闭。

防火钢门的门框及门扇的骨架料与钢门窗类同，只是门芯板部改用一块薄钢板即可。

2. 防火窗

防火窗必须采用钢窗，镶嵌夹丝玻璃以免破碎掉下伤人。装一层夹丝玻璃的防火窗，其耐火极限为 0.7～0.9h，双层夹丝玻璃的防火窗耐火极限为 1.2h（相当于甲级防火门的耐火极限），钢化玻璃的防火窗耐火极限仅为 0.25h。

**五、防放射线门窗**

放射线对人体有一定的危害，尤其是 X 射线。

放射科室应尽量布置在建筑的尽端、底层，最好是放在平房内。防护设施应包括内墙面和门；在楼上还包括楼板层。

放射线的防护材料以金属铅为主，如钡抹灰、钡混凝土或重晶石砂泥，混凝土或钢筋混凝土、砖也有一定的防护性能。铅板应用较为广泛。

X 光防护门主要镶钉铅板，其位置可以夹钉于门板内或包钉于门板外。

X 光观察窗采用铅玻璃，窗面积为 300mm×400mm，不宜过大。放射室的窗户应距地 1.8m 以上，可以不加防护设施。亦可以在窗外安装百页窗，百页窗采用金属片为主，包括钢、铝片和防护用的铅片等。

## 第四节　遮　阳　设　施

遮阳设施是指为了防止直射阳光照入室内，以减少透入室内的太阳辐射热量，防止夏期室内过热，特别是避免局部过热和避免产生眩光以及保护物品而采取的一种措施。

遮阳设施应根据地区气候、技术、经济、使用房间的性质及要求等不同条件，综合形成遮阳、隔热、通风、采光等功能。遮阳设施还应构造简单、经济、耐久、轻巧、美观。

遮阳的类型主要有绿化遮阳、活动遮阳和建筑构件遮阳三种。绿化遮阳适用于低层建筑，在建筑周围可以种植树木及攀缘植物，起到一定的遮阳的作用。活动遮阳种类比较多，临时性的建筑和标准较低的住宅，可用竹子芦苇、竹、木、布等材料作遮阳；要求较高的建筑，可以挂能调整角度的百页帘。百页帘片可用硬木、塑料、塑料织物、铝合金片等制作。目前大量使用的是铝塑软百页帘，市场上有各种成品供应。建筑构件遮阳可以分别采用挑檐、外廊、阳台、遮阳板等。

当采用建筑构件作遮阳时，应与建筑使用要求、建筑立面的处理和窗过梁的设置统一考虑，其基本上属于建筑设计的范畴。从装饰的角度来说，这些建筑构件的装饰类同于墙体饰面装饰。故本节仅对遮阳板的构造加以介绍。

遮阳板按其形状及效果而言，可分为四种基本形式：水平式、垂直式、综合式和挡板式（图 5-99）。各种形式又有固定式及活动式两种，活动式使用灵活，但构造复杂，造价较高，目前已不多用。常见的一般多用固定式，因此本节着重介绍固定式。

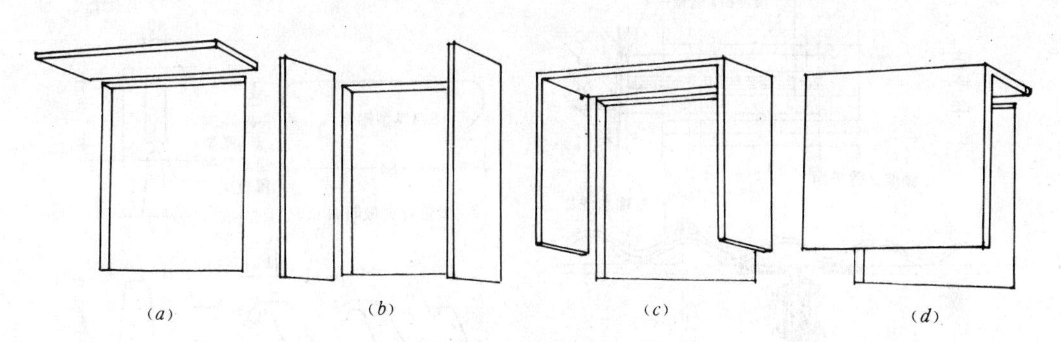


图 5-99　遮阳板基本形式

(*a*) 水平遮阳板；(*b*) 垂直遮阳板；(*c*) 综合遮阳板；(*d*) 挡板遮阳板

## 一、水平遮阳板

水平遮阳板能够遮挡高度角较大的、从窗口上方照射下来的阳光，故适用于南向及其附近的窗口或北回归线以南低纬度地区之北向及其附近的窗口（图 5-99*a*）。

固定式水平遮阳板的种类有：实心板，见图 5-100 (*a*)、(*c*)；栅形板，见图 5-100 (*b*)；百页板，见图 5-100 (*d*)。其形式有单层和双层水平板、离墙或靠墙水平板等几种。双层水平遮阳板在遮挡同样高度角的阳光时，遮阳板伸出的长度可比单层水平遮阳板为短，如图 5-100 (*a*)。栅形板、百页板及离墙的实心板如图 5-100 (*b*)、(*d*)、(*c*) 所示，有利于通风、采光及外墙面散热。

在取材上可采用钢筋混凝土、石棉水泥瓦、绿色塑料波形瓦或金属片等。可以根据通风、采光、视野、构造及立面处理等要求妥善选择。

## 二、垂直遮阳板

垂直遮阳板能够遮挡高度角小的，从窗口侧边斜射过来的阳光，对高度角较大的，从

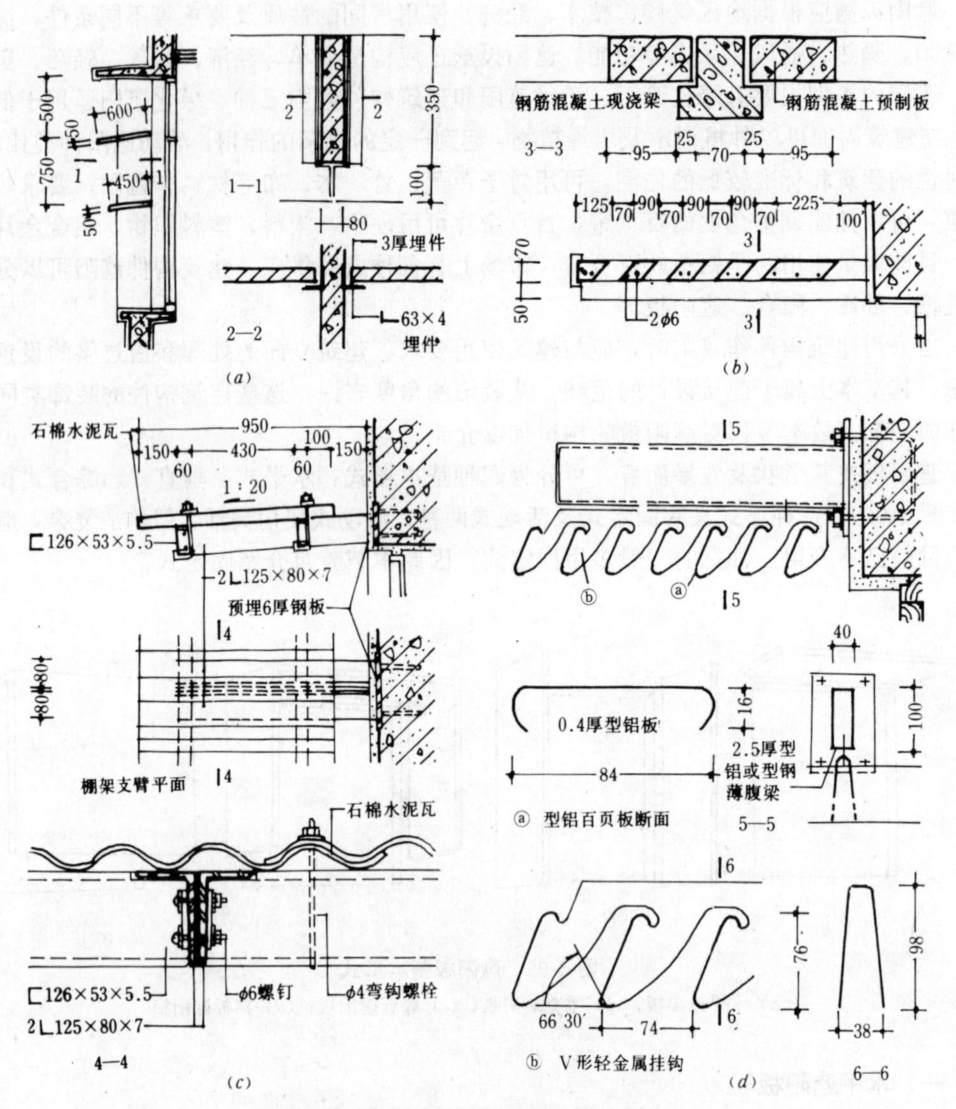


图 5-100　固定式水平遮阳板构造举例

(*a*) 多层钢筋混凝土板遮阳板；(*b*) 钢筋混凝土栅形板遮阳板；
(*c*) 石棉水泥瓦水平遮阳板；(*d*) 金属百页遮阳板

窗口上方照射下来的阳光或接近日出日落时向窗口正射的阳光，它不起遮挡作用。所以，主要适用于偏东、偏西的南或北向及其附近的窗（图 5-99*b*）。

根据遮阳和立面处理的需要，垂直遮阳板可以做成倾斜式的（见图 5-101*a*），适用于东西向立面；或垂直于窗口式的（见图 5-101），适用于北向立面。

构造上常用钢筋混凝土现浇或预制；也有用钢板网水泥砂浆分层抹灰，做成线条轻巧的薄板；或用金属材料制造。

连跨多层的垂直板构造处理上有离墙与靠墙两种做法。离墙时必须横向加固（见图 5-101*a*）或与各层窗顶水平板连结固定（如图 5-101*b*）。

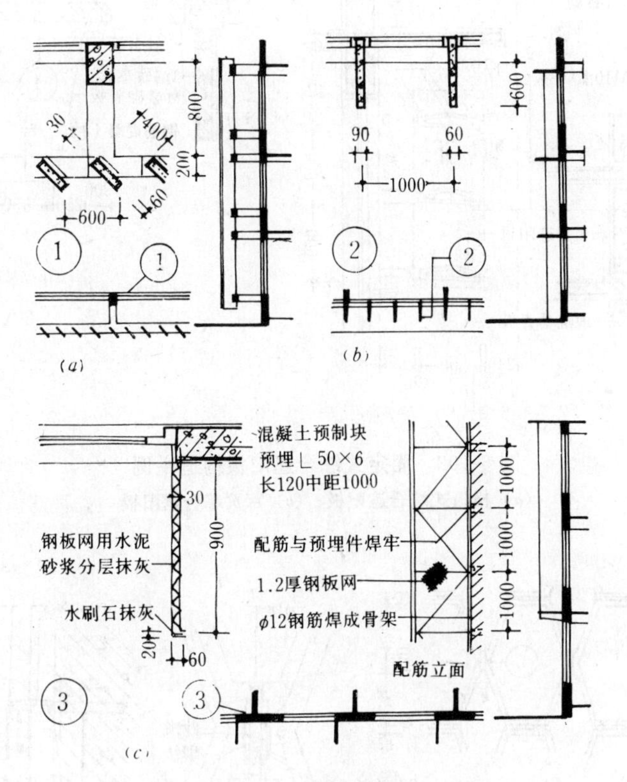


图 5-101　固定式垂直遮阳板构造举例

(*a*) 预制钢筋混凝土斜板；(*b*) 现浇钢筋混凝土板；(*c*) 钢板网水泥板

## 三、综合遮阳板

综合遮阳板是以上两种遮阳板的综合，能够遮挡从窗左右侧及前上方斜射来阳光，遮阳效果比较均匀，主要适用于南、东南、西南及其附近的窗口（图 5-99*c*）。

固定式综合遮阳板可分为：格式综合遮阳板、板式综合遮阳板和百页综合遮阳板。

由格式和板式结合而成的格板式综合遮阳板（见图 5-102*a*）一般采用钢筋混凝土捣制或预制。格板的深度按遮阳、视野、采光等要求而定，由各种不同形式、大小不一的格子组成。其构造及立面处理可用不同颜色的材料饰面，既起到遮阳的效果，又丰富了建筑物的立面。

百页综合遮阳板（见图 5-102*b*）有木百页、混凝土百页和金属百页几种。

## 四、挡板遮阳板

挡板遮阳板能够遮挡高度角较小的、正射窗口的阳光，主要适用于东、西向及其附近的窗口（图 5-99*d*）。常用的有格式挡板、板式挡板和百页挡板等。

格式挡板又称花格挡板遮阳或蜂窝形挡板遮阳。这种挡板的间隔宜小，深度宜大，可用混凝土预制件、水磨石或轻金属板制成。大面积的蜂窝形挡板，应在中间适当的位置设加劲杆，与墙面或柱连接。加劲杆可用角钢或钢筋混凝土悬臂梁做成，见图 5-103。混凝土花格砌成后，表面可刷彩色水泥浆或白色水泥浆。

板式挡板常用磨砂玻璃、吸热玻璃、塑料或混凝土制作。

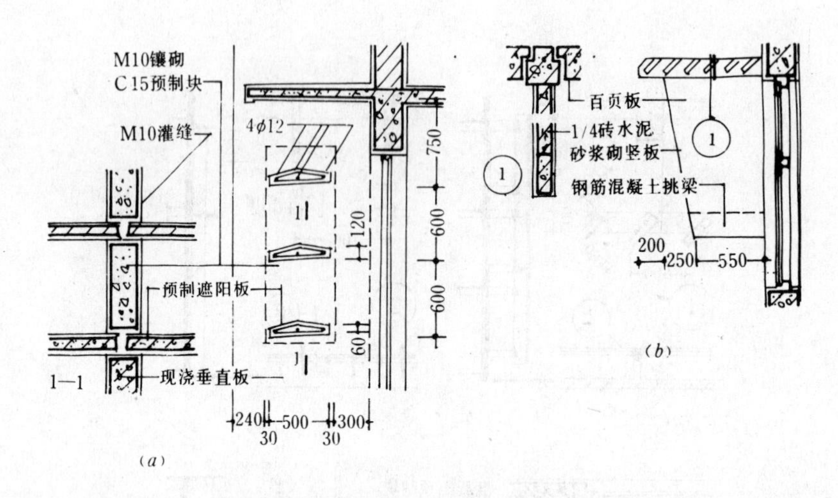


图 5-102 固定式综合遮阳板构造举例

(a) 格板式综合遮阳板；(b) 百页综合遮阳板

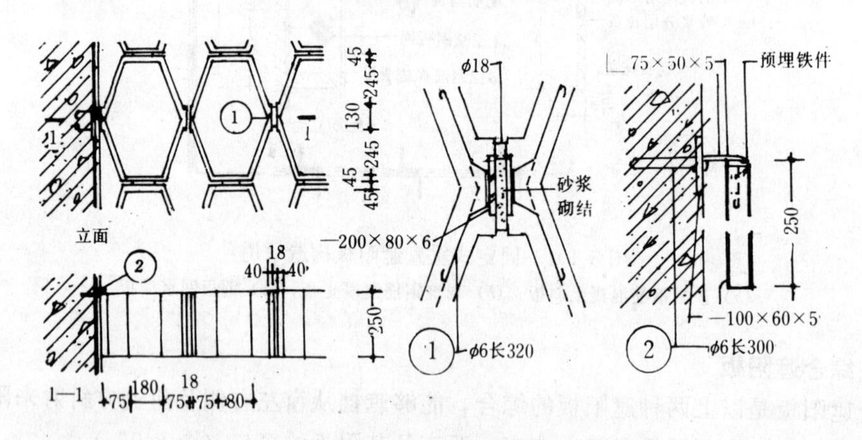


图 5-103 混凝土花格挡板构造举例

磨砂玻璃和吸热玻璃挡板常用空腹或实腹钢窗料作为挡板框，填入 3mm 厚磨砂玻璃或 5mm 厚吸热玻璃，再以油灰或橡胶条密封。挡板直接与建筑连接部位的预埋铁件固定。其构造也可参照钢窗部分。

图 5-104 所示是阳台栏板和挡板遮阳结合为一体的倾斜式塑料挡板。塑料挡板由角铁与彩色塑料板构成。

固定式百页挡板遮阳常用钢筋混凝土或石棉瓦制造，也有用镀锌铁皮及铝合金制造。轻型铝百页遮阳板采用 0.5mm 厚铝合金板弯成，V 形铝挂钩用 0.8mm 厚铝板制造，其内外表面均用搪瓷、喷漆或烘漆等处理。铝百页遮阳板的倾斜角可根据日照角及要求确定。安装时将百页片夹在铝挂钩上，而不需用螺栓或铆钉固定，见图 5-105。铝百页具有耐久、轻质和安装简易等优点，是较好的遮阳材料。

根据以上这些遮阳板的基本形式，可以演变成各种各样的其他形式。例如：单层水平板遮阳，其挑出长度过大时，可做成双层或多层水平板，以使遮阳板的挑出长度可缩小而具有相同的遮阳效果；又如综合式水平式遮阳，在窗口小、窗间墙宽时，以采用单个式为宜；若窗口大而窗间墙窄时以采用连续式为宜。其他如花格、挡板也可连续应用。

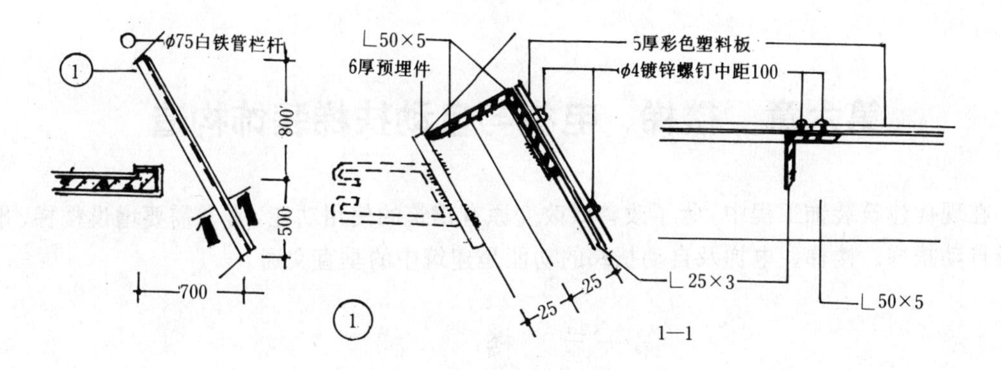


图 5-104　倾斜式塑料挡板构造

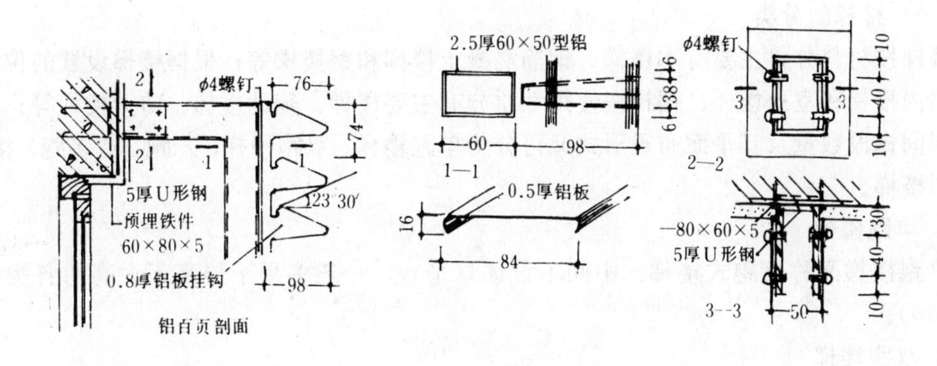


图 5-105　轻型铝百页遮阳板构造

在解决房间的遮阳问题的同时，往往又对房间的通风、采光带来一定的影响。因此，采用遮阳设施应与房间的通风、采光、构造及建筑设计等统一起来考虑，选择较好的方案。

## 复习思考题

1. 门和窗分别有哪些功能？
2. 门按开启方式可分为哪几类？并说出它们的特点。
3. 窗按所用的材料可分为哪几类？并说出它们的特点。
4. 天窗按其构造方式可分为哪几类？并说出它们的特点。
5. 简述门的基本组成部分。
6. 简述窗的基本组成部分。
7. 平开木窗在构造作法上应采用哪些措施来提高防风雨能力？
8. 双层窗按其窗扇和窗框的构造，通常可分为哪几类？
9. 平开木门按门扇的不同，可分为哪三大类？并说出它们的特点。
10. 试述塑料门窗和彩板门窗的优越性。
11. 商店门面橱窗的构造作法应从哪几个方面来考虑？
12. 一般民用建筑中防火门按耐火极限分为几级？并说出各级防火门的耐火极限和适用范围。
13. 遮阳板按其形式及效果分成哪几种基本形式？试述它们的适用范围。

# 第六章　楼梯、电梯与自动扶梯装饰构造

在现代建筑装饰工程中，为了改善或改变原有建筑的使用功能，常常需要增设楼梯、电梯及自动扶梯。楼梯、电梯及自动扶梯的功能是建筑中的垂直交通。

## 第一节　楼　　梯

### 一、楼梯的分类与要求

(一) 楼梯的分类

楼梯按材料分，主要有木楼梯、钢筋混凝土楼梯和钢楼梯等；根据楼梯设置的位置可分为室内楼梯和室外楼梯；楼梯按使用性质分有主要楼梯、辅助楼梯、防火楼梯等；楼梯按楼层间梯段数量及其平面布置形式又可分为单跑楼梯、双跑楼梯、三跑（或多跑）楼梯、弧线形楼梯。

1. 单跑楼梯

单跑楼梯又称直跑式楼梯。中间不设休息平台，一般多用于层高不太高的各类建筑(图 6-1*a*)。

2. 双跑楼梯

双跑楼梯有：双跑直楼梯、双跑折角梯、双跑并列楼梯、双合式并列楼梯、双分式并列楼梯、剪刀式楼梯等，如图 6-1 (*b*) ～ (*g*) 所示。其中以双跑并列楼梯应用最广泛，其他楼梯多用于公共建筑中。

3. 三跑（或多跑）楼梯

三跑（或多跑）楼梯多用于楼梯间平面接近方形的公共建筑，如图 6-1 (*h*) 所示。由于它有较大的楼梯井，这种楼梯不能用于住宅、小学校等儿童经常使用楼梯的建筑，否则应有可靠的安全措施。楼梯井空间较大时，还可用来布置电梯。

4. 弧形楼梯

弧形楼梯是将楼梯梯段平面呈弧线形布置。这种楼梯产生流线型的立体效果，造型优美，可以丰富室内空间艺术效果。但是由于构件不规整，结构受力复杂，材料用量较多，施工也较复杂，一般用于美观要求较高的公共建筑中，如图 6-1 (*j*) 所示。弧形楼梯梯段的弧度可以根据空间的大小而变化。在空间狭小的地方，可采用螺旋楼梯，如图 6-1 (*i*) 所示。螺旋楼梯踏步围绕一根中央立柱布置，占空间小，但是每一个踏步均为扇形，内窄外宽，行走不便，一般用在人流少的地方。由于螺旋楼梯造型较优美，也常用于公共场所。

(二) 楼梯的基本要求

楼梯是建筑中的垂直交通设施，应满足以下几方面的基本要求。

1. 功能要求

功能要求主要是指楼梯数量、宽度尺寸、平面形式、细部作法等均应满足功能要求。

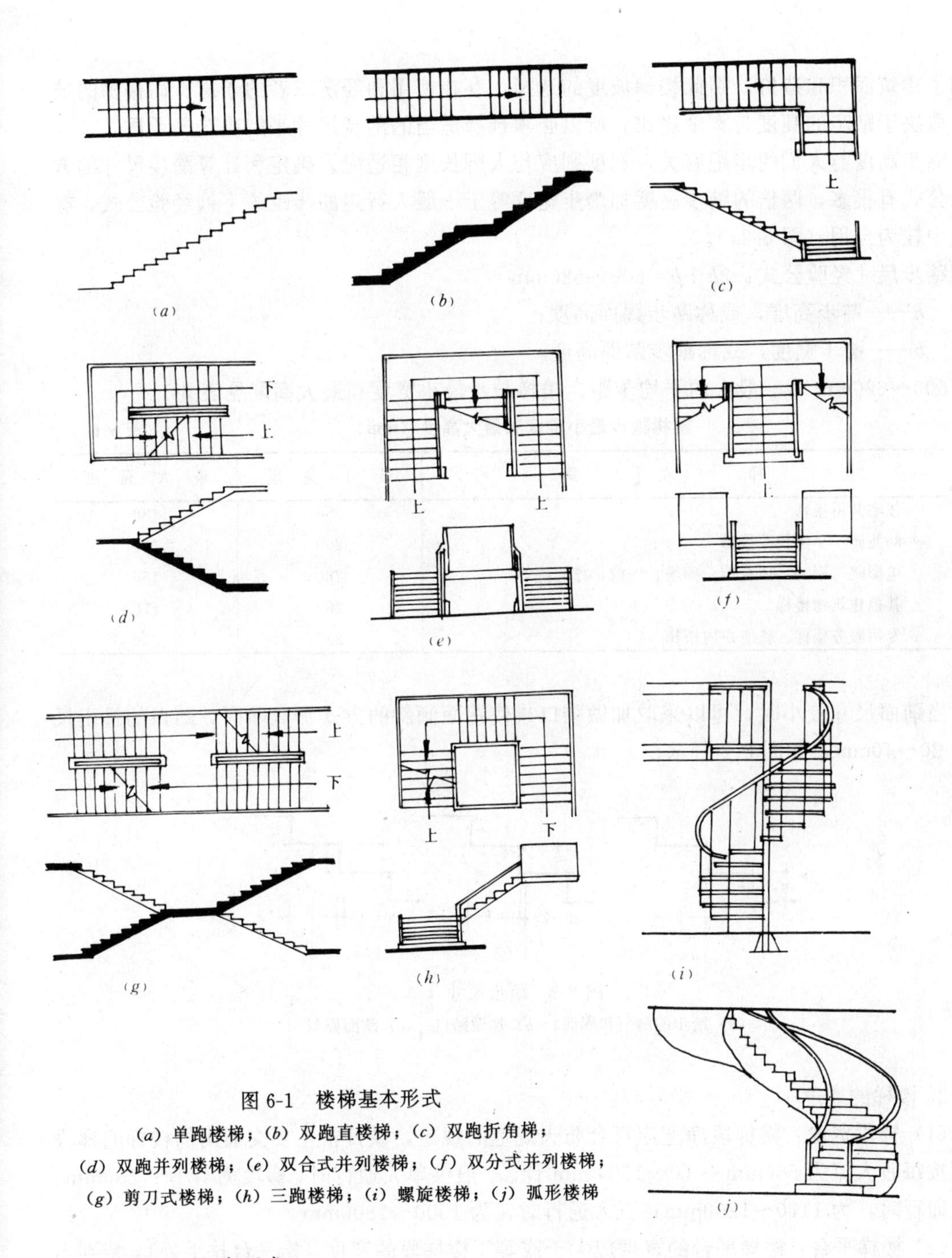


图 6-1　楼梯基本形式

(a) 单跑楼梯；(b) 双跑直楼梯；(c) 双跑折角梯；
(d) 双跑并列楼梯；(e) 双合式并列楼梯；(f) 双分式并列楼梯；
(g) 剪刀式楼梯；(h) 三跑楼梯；(i) 螺旋楼梯；(j) 弧形楼梯

2. 结构、构造要求

楼梯应有足够的承载能力、采光条件及牢固的构造措施。

3. 防火、安全要求

楼梯的间距、数量均应符合有关的规范要求。楼梯四周至少有一面墙体为耐火墙体，以保证疏散安全。

(三) 楼梯的尺度要求

1. 楼梯的坡度和踏步尺寸

一般地讲，楼梯的坡度越小越平缓，行走也越舒适，但却增加了楼梯所需空间的深度，增加了建筑面积和造价。因此楼梯坡度的选择，存在使用和经济二者的矛盾。而楼梯的坡度又取决于踏步的高度与宽度之比。所以必须选择适当的踏步尺寸来解决这一矛盾。

踏步高度与人们的步距有关，宽度则应与人脚长度相适应。确定和计算踏步尺寸的方法和公式有很多，两倍的踏步高度加踏步宽度等于一般人行走的步距的下列经验公式，在实践中较为合用（图 6-2*a*）。

踏步尺寸经验公式：$2h+b=600\sim620$mm

式中　$h$——踏步高度，或称踏步踢面高度；

　　　$b$——踏步宽度，或称踏步踏面高度。

600～620mm 为一般人的平均步距。楼梯踏步最小宽度和最大高度见表 6-1。

**楼梯踏步最小宽度和最大高度（mm）**　　表 6-1

| 楼梯类别 | 最小宽度 | 最大高度 |
|---|---|---|
| 住宅共用楼梯 | 250 | 180 |
| 幼儿园、小学校等楼梯 | 260 | 150 |
| 电影院、剧场、体育馆、商场、医院、疗养院等 | 280 | 160 |
| 其他建筑物楼梯 | 260 | 170 |
| 专用服务楼梯、住宅户内楼梯 | 220 | 200 |

当踏面尺寸较小时，可以采取加做踏口或使踢面倾斜的方式加宽踏面，踏口的挑出尺寸为 20～40mm，如图 6-2 所示。

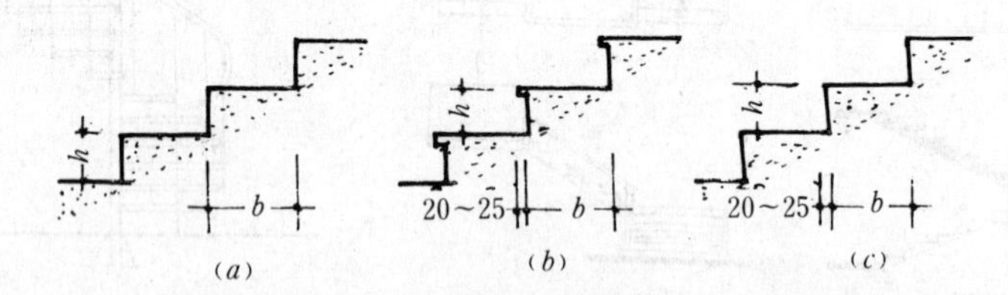


图 6-2　踏步尺寸

（*a*）踏步的踏面和踢面；（*b*）加做踏口；（*c*）踏面倾斜

2. 楼梯的宽度

（1）梯段宽度：楼梯段净宽应符合防火规范的规定，供日常主要交通用的楼梯的梯段宽度按每股人流为 550mm+（0～150）mm 计。一般供单人通行时，梯段宽不小于 850mm；双人通行时，为 1100～1200mm；三人通行时，为 1500～1800mm。

（2）楼梯平台：楼梯平台的宽度应大于或等于楼梯段的宽度（指平台扶手处），特别当有大件物体需搬运时应适当加宽。

3. 楼梯的净空高度

楼梯的净空高度指任一踏面至上一段楼梯段底面或平台底面的净高（见图 6-3）。一般楼梯的净高应大于或等于 2000mm，公共建筑应大于或等于 2200mm，个别次要地方也不应小于 1950mm。

对于楼梯的净空高度，应特别注意不包括楼梯平台构件所需的高度。

4. 楼梯扶手

楼梯扶手的高度和楼梯的坡度、建筑物的使用性质有关。很陡的楼梯，其扶手的高度须稍高些；在有些建筑中需加设儿童扶手。一般楼梯的扶手高度是踏面宽度中点至扶手面的竖向高度，为 900mm（图 6-4）。靠楼梯井一侧的水平扶手超过 500mm 长时，其高度应不小于 1000mm。

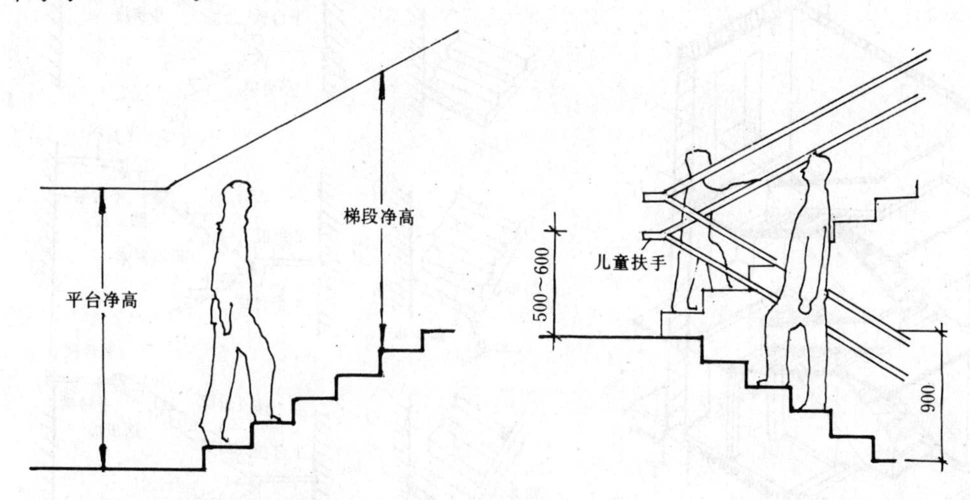


图 6-3　楼梯净空高度　　　　图 6-4　栏杆高度

楼梯应至少在一侧设扶手；当楼梯段的宽度在三股人流时，应两侧加扶手；楼梯段的宽度在四股人流及以上时，应加设中间扶手。

5. 踏步数量

每个梯段的踏步一般不应超过 18 步、亦不应少于 3 步。如果超过 18 步，应设休息平台。

6. 楼梯井

两个楼梯段之间的投影间隙叫楼梯井，其最小尺寸考虑到施工方便应不小于 100mm。

## 二、楼梯的基本构造

### （一）楼梯的组成

一般楼梯主要由梯段、平台和栏杆扶手三部分组成（图 6-5）。

1. 楼梯段

楼梯段一般是由踏步和楼梯斜梁或梯段板组成，荷载由踏步传至斜梁或梯段板（或墙身），再传至平台梁及楼面梁。踏步由水平的踏板（亦称踏面）与垂直的踢板（亦称踢面）组成。

2. 平台

平台是供行走时缓解疲劳和转换方向设置的。一般踏步数超过 18 步需设休息平台。平台标高与楼层相同的称为楼层平台，在楼层之间的称为中间平台（或称休息平台）。平台一般由平台板和平台梁组成。

3. 栏杆扶手

栏杆扶手是设在梯段及平台边缘的保护构件。当梯段较宽时，也可在梯段中间加设扶手。

### （二）钢筋混凝土楼梯的基本构造

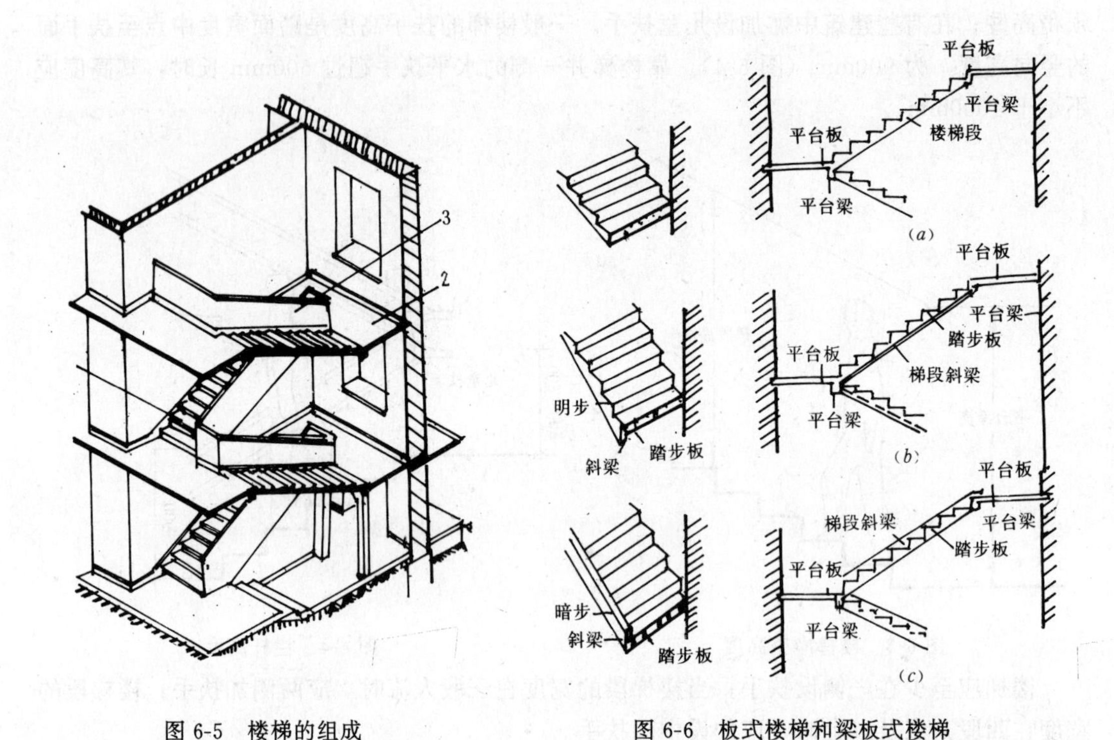


图 6-5　楼梯的组成

1—梯段；2—平台；3—栏杆或栏板

图 6-6　板式楼梯和梁板式楼梯

(*a*) 板式楼梯；(*b*) 梁板式楼梯梁在下面；(*c*) 梁板式楼梯梁在上面

钢筋混凝土楼梯的耐火性能较好，在一般建筑中应用广泛。钢筋混凝土楼梯可分为现浇钢筋混凝土楼梯和预制装配式钢筋混凝土楼梯两大类。

1. 现浇钢筋混凝土楼梯

现浇钢筋混凝土楼梯又称整体式钢筋混凝土楼梯，是在施工现场支撑、绑扎钢筋和浇注混凝土而成。它具有整体性好，防火性能好，节点构造简单，不需吊装设备等优点，但它施工进度慢，耗费模板。现浇钢筋混凝土楼梯按照楼梯段结构形式的不同，可分为板式楼梯及梁板式楼梯两种。

(1) 板式楼梯。板式楼梯是将楼梯段作为一块斜板，板的两端支承在休息平台的边梁上，边梁又支承在两边承重墙或柱上，荷载由踏步板直接传给平台梁再传到墙或柱上（见图 6-6*a*）。另一种做法是取消平台梁，将踏步板与平台板合在一起成为一块折线形板，荷载直接传到墙上。梯段板的厚度与配筋需由结构计算而定。板式楼梯底面光滑平整，外形简洁，模板简单，但踏步板一般较厚，宜在梯段跨度不大和外形要求较高的情况时使用。

(2) 梁板式楼梯。梁板式楼梯是由楼梯斜梁支承踏步板，斜梁支承在平台边梁上，平台边梁再支承在承重墙或柱上。荷载由踏步板经斜梁传到平台梁，再传到墙或柱上。斜梁可设在踏步板两侧的下面（图 6-6*b*），也可设在踏步板上面（图 6-6*c*）。斜梁在踏步板上面时，便于清洁和安装栏杆，底面平整。缺点是斜梁占据梯段的宽度。斜梁在板下时，踏步板可以作成三角形或折板形。斜梁可以是每梯段两边两根，也可以是中间一根。梁板截面及配筋也需由结构计算而定。这类形式适用于各种长度的楼梯，比较经济，但模板比较复杂。

2. 预制装配式钢筋混凝土楼梯

预制装配式钢筋混凝土楼梯是在工厂预制踏步、梯段等构件，在施工现场装配而成的楼梯。

根据生产、运输、吊装和建筑体系的不同，预制装配式钢筋混凝土楼梯有许多不同的构造形式。根据构件尺度的不同，大致可分为小型构件装配式和大型构件装配式两大类。按梯段构造与支承方式的不同，可分为梁承式、墙承式、悬挑式和悬吊式等几种。本文采用前一种分类体系。

（1）小型构件装配式楼梯。小型构件装配式楼梯的主要特点就是构件小，一般预制踏步和它们的支承结构是分开的。虽然构件小，质量轻，易制作，但施工繁而慢，有些还要用较多的人力和湿作业。因此适用于施工条件较差的地区和施工场地受到限制的建筑物。

1）预制踏步。钢筋混凝土预制踏步的构件断面形式，一般有一字形、L 形和三角形三种。

一字形踏步制作比较方便，踏步的高宽可调节，搁置及悬挑均可。可加做立砖踢面，也可露空，因此适用面较广。若能在预制时就把面层及防滑条做好，则更为方便（图 6-7*d*）。

L 形踏步有正反两种。肋向下者，接缝在下面，踏面和踢面上部交接处看上去较完整。踏步稍有高差，可在拼缝处调整。两端搁置时，等于带肋的平板，结构合理；肋向上者，接缝在板下，搁置安放时，下面的肋可作上面板的支承，所以接缝处的砂浆要饱满（图 6-7*c*）。

三角形踏步最大的优点是拼装后底面平整（图 6-7*a*、*b*），但踏步尺寸较难调整。为了减轻自重，在构件内可抽孔，这种踏步一般用于两端搁置较多。

2）预制踏步的支承结构。预制踏步的支承结构一般有梁支承、墙支承以及从砖墙悬挑三种。

*a*. 梁支承。梁支承结构是将预制踏步搁置在斜梁上形成梯段，梯段斜梁搁置在平台梁上，平台梁搁置在两边墙或柱上。而平台可用空心板或槽形板搁在两边墙上，也可用小型的平台板搁在平台梁和纵墙上。

梁支承梯段上述三种形式的预制踏步均可采用，其中三角形踏步，明步可用平面矩形斜梁（图 6-7*a*）；暗步可用 L 形边梁（图 6-7*b*）。一字平板及正反 L 形踏步板均要用预制成锯齿形的斜梁（图 6-7*c*）。三角形踏步梯段底面可用砂浆嵌缝或抹平；一字形及 L 形踏步板自重较轻，底面形成折板形。

预制踏步一般用水泥砂浆叠置，L 形及平板形可在预制踏步板上预留孔，套于锯齿形斜梁每个台阶上的插铁上，用砂浆窝牢（图 6-7*c*、*d*），这个预留孔和插铁还可作为栏杆的固定件。

梯段的斜梁与平台梁连结时注意，为不使平台梁落低从而降低平台下净空，通常平台梁多做成 L 形断面，使斜梁能搁置在平台梁挑出的翼缘上，将插铁套装在斜梁的预留孔中用水泥砂浆窝牢（图 6-7*c*），也可彼此设预埋铁焊接。

*b*. 墙支承。这种支承结构是把预制踏步搁置在两面墙上，而省去梯段上的斜梁。一般适用于单向楼梯，或中间有电梯间的三折楼梯。对于双折楼梯来说，采用两面搁墙就需要在楼梯间的中间加一道中墙作为踏步板的支座。楼梯间有了中墙以后，视线和光线都受到

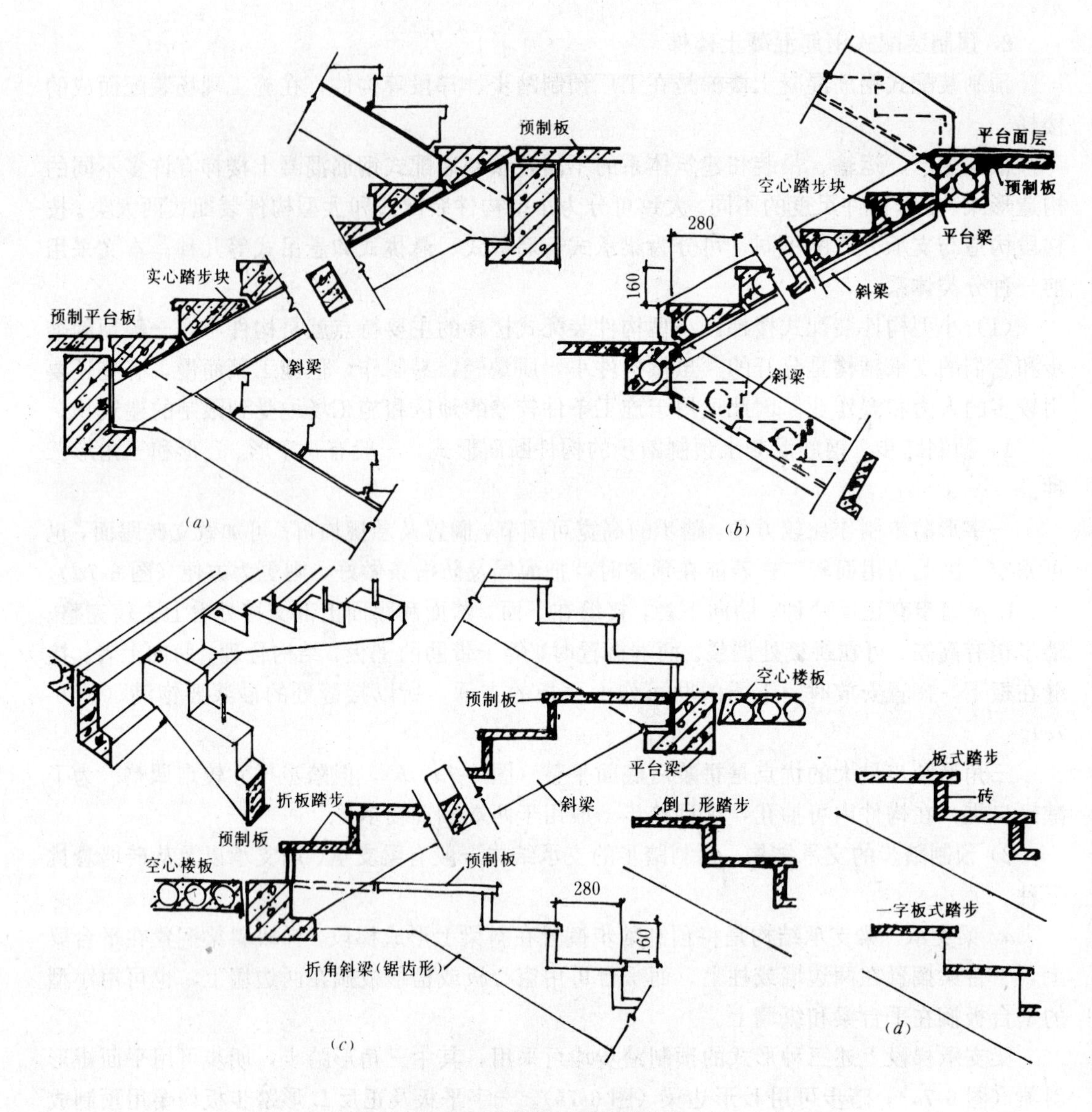


图 6-7 预制梁承式楼梯构造

(a) 三角形踏步块与矩形斜梁组成；(b) 三角形空心踏步块与L形斜梁组成；
(c) 正反L形踏步与锯齿形斜梁组成；(d) 一字形踏步与锯齿形斜梁组成

阻挡，空间狭窄，搬运家具及较多人流上下均感不便，但因为预制及安装均较方便、简易和经济，所以还有不少地方采用。

这种支承结构的楼梯上述三种预制踏步均可采用。楼梯宽度也不受限制，平台可以采用空心或槽形楼板。由于省去平台梁，下面的净高也有所增高。中间的砖墙一般采用半砖，为了采光和扩大视野，可在墙上适当部位留洞口，墙上最好装有扶手。

c. 悬挑踏步。悬挑踏步是将预制踏步构件一端固定，另一端悬挑。

悬挑踏步楼梯是小型预制构件楼梯中最方便、简单的一种构造形式。只要预制一种悬挑的踏步构件，按楼梯尺寸需要，依次砌入砖墙内即可。支承悬挑踏步板的侧墙厚度应不

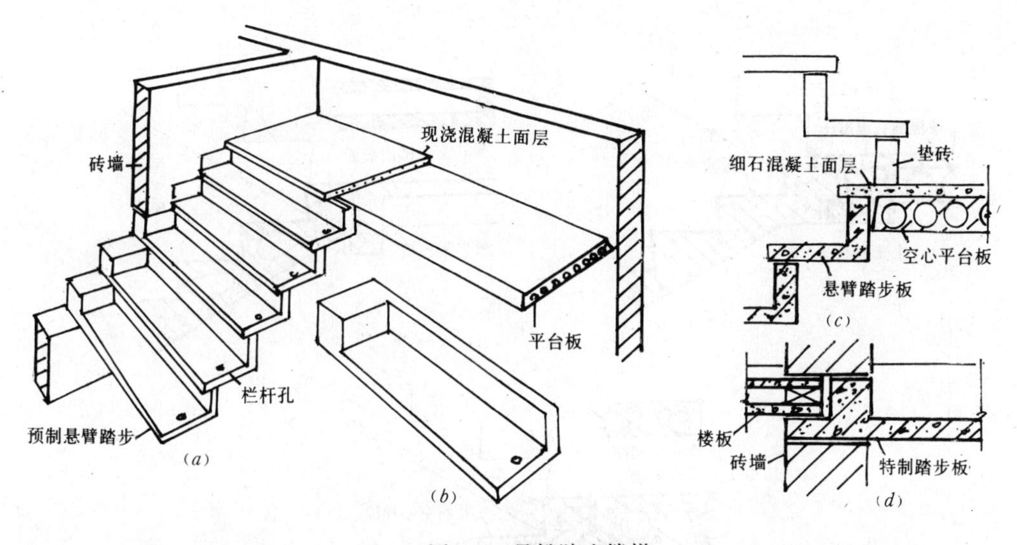


图 6-8 悬挑踏步楼梯

(*a*) 悬挑踏步楼梯示意；(*b*) 踏步构件；(*c*) 平台转换处剖面；(*d*) 遇楼板处构件

小于 240mm，砖的强度等级不低于 MU10，砌筑砂浆的强度等级不低于 M5。踏步板用一字形及正反 L 形板式均可，一般肋在上的 L 形踏步，结构较合理，使用最为普遍，砌入墙内部分有的扩大成矩形，墙的厚度不小于一砖，遇楼板搁置处须作特殊构件（图 6-8）。

这种楼梯悬挑长度通常为 1200～1500mm，最长可达 1800mm。楼梯平台一般可用空心板或槽形板，而省去平台梁，梯段也没有斜梁，因此造型较为轻巧；平台下的净高有所增加。这种悬挑式楼梯，一般情况下，只要没有特殊的冲击荷载，还是安全可靠的，但不宜用于 7 度以上的地震区建筑。

(2) 中型、大型构件装配式楼梯。从小型构件改变为中型或大型构件装配，主要可以减少预制件的品种和数量；可以利用吊装工具进行安装，并可简化施工、加快速度、减轻劳动强度等。

中型构件装配式双折楼梯一般是以楼梯段和楼梯平台各作一个构件装配而成。

1) 平台板。若为预制、吊装能力所限，楼梯平台可采用平台梁和平台板分开做法，平台板可用一般的楼板，如图 6-9 (*a*) 所示。预制生产和吊装能力较强的地方，平台可用平台梁和平台板结合成一体的构件，一般采用槽形板或空心板，如图 6-9 (*b*)、(*c*) 所示。空心平台板因厚度较大，较少采用。

2) 楼梯段。楼梯段有板式、梁式两种。

*a*. 板式梯段。板式梯段上面为明步，底面平整，结构形式有实心空心之分；实心板，自重较大（图 6-9*a*)。空心板有纵向和横向抽孔两种，纵向抽孔厚度较大，横向抽孔孔型可以是圆形或三角形的（图 6-9*b*、*c*)。

*b*. 梁式梯段。梁式梯段又称槽板式梯段。这种梯段的两侧有梁，梁板制成一个整件，见图 6-10。这种结构形式比板式梯段节约材料。

(三) 楼梯的细部构造

楼梯的细部构造包括踏步面层、踏步防滑、栏杆、栏板、扶手、首层起步等构造。

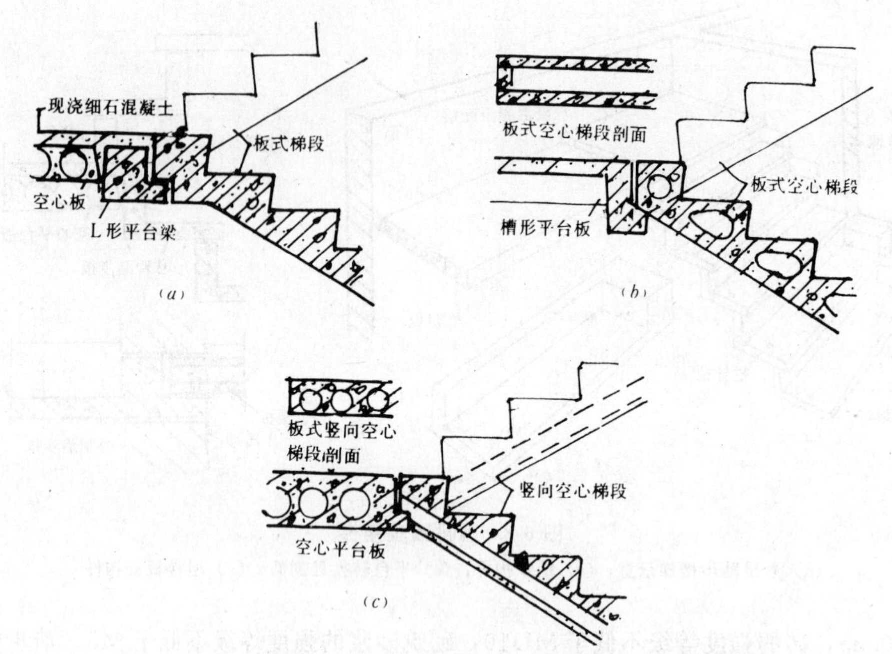


图 6-9 板式梯段与平台结构形式

(a) 板式梯段、平台梁、空心板平台；(b) 板式横孔梯段、槽形平台板；
(c) 板式竖孔梯段、空心平台板

1. 踏步

(1) 踏步面层。踏步的表面要求耐磨，便于清洁。它的饰面面层做法与楼地面饰面基本相同，一般抹面材料可以用水泥砂浆，标准较高的建筑物可以用水磨石、缸砖、大理石等作踏步面层（图 6-11）。

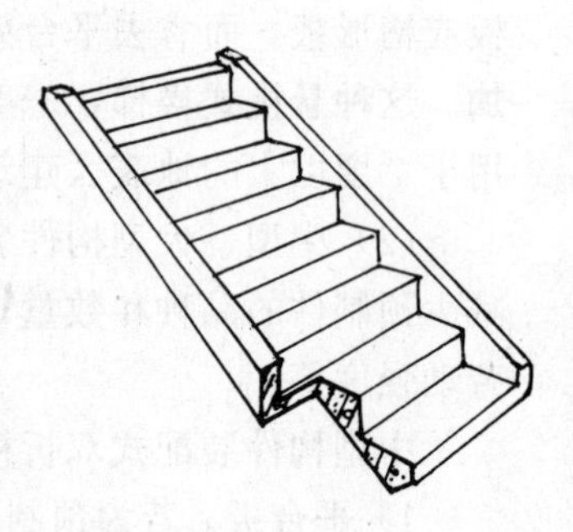

图 6-10 梁式梯段

(2) 踏步防滑。采用上述水泥砂浆、水磨石、缸砖、大理石做踏步面层虽然耐磨、便于清洁，但在行走时容易滑倒，故踏步表面应有防滑措施，一般在踏步口做防滑凹槽、防滑条或防滑包口，见图 6-12。也可以铺地毯或防滑贴面作为踏步的防滑措施。

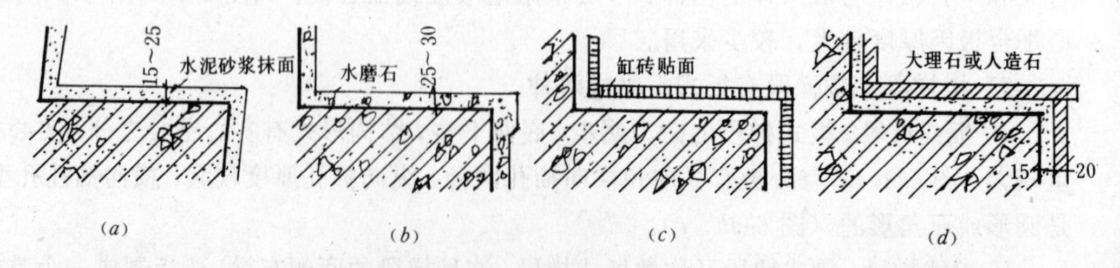


图 6-11 踏步面层构造

(a) 水泥砂浆踏步面层；(b) 水磨石踏步面层；(c) 缸砖踏步面层；(d) 大理石或人造石踏步面层

(3) 首层起步。首层第一个踏步下应有基础支撑。基础与第一个楼梯踏步之间应加设地梁。地梁断面应不小于 240mm×240mm，梁长应等于基础长。若为装配式楼梯时，其作

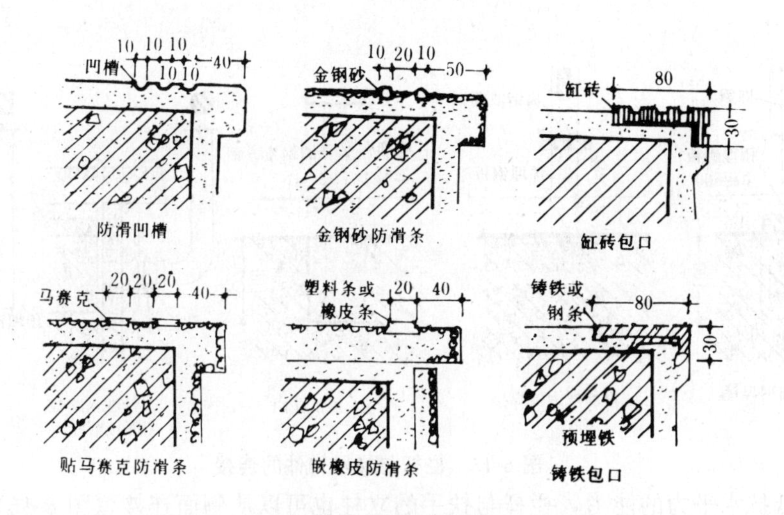


图 6-12 踏步防滑构造

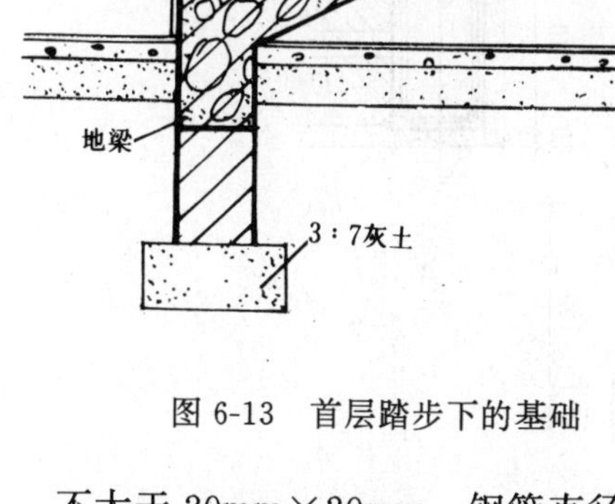


图 6-13 首层踏步下的基础

法与现浇楼梯相似（图 6-13）。

2. 栏杆、栏板和扶手

栏杆、栏板和扶手是在梯段与平台边所设的安全设施，也是建筑中装饰性较强的构件。栏杆、栏板的上沿为扶手，作行走时依扶之用。较宽的楼梯，在靠墙一边还要安装靠墙扶手。栏杆、栏板与扶手组合后应有一定的强度，要求能承受一定的水平推力，坚固耐久，构造简单，造型美观。

(1) 栏杆和栏板

1) 栏杆。楼梯栏杆一般由扁钢、圆钢、方钢及管料做成（图 6-14），其中扁钢不大于 40mm×6mm，一般用 40mm×4mm，圆钢直径一般小于 20mm，方钢不大于 20mm×20mm，钢管直径一般为 20～50mm，栏杆花格的空隙不宜大于 130mm。

栏杆与楼梯段或平台应有牢固的连接，它们的组合大多用电焊或螺栓连接。栏杆立柱与梯段的连接一般系电焊在预埋铁件上，或用水泥砂浆埋入混凝土构件的预留孔内。为了

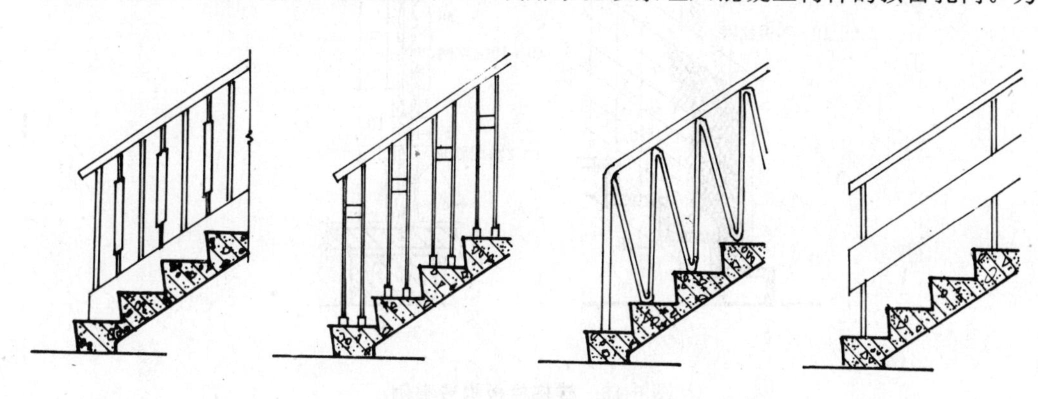

图 6-14 楼梯栏杆

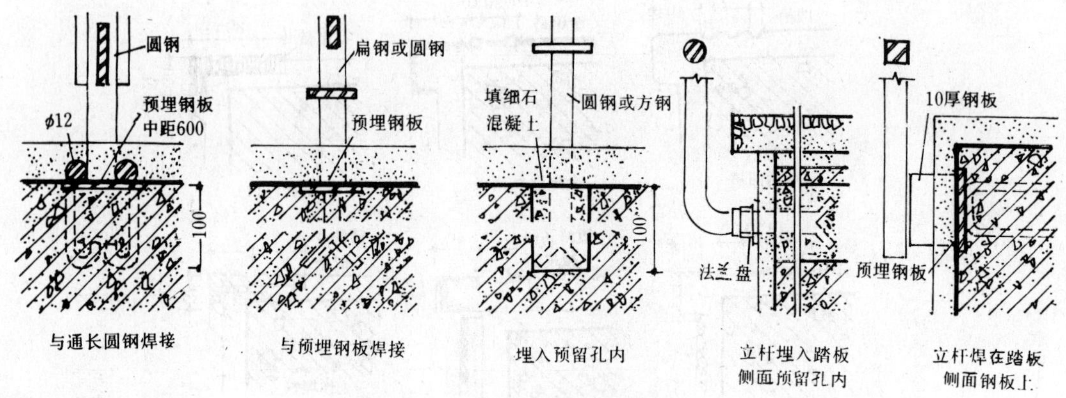


图 6-15 栏杆与梯段构件的连接

加强栏杆抵抗水平力的能力，栏杆与扶手的立柱也可以从侧面连接（图 6-15）。

2）栏板。楼梯栏板可用砖、预制或现浇钢筋混凝土、钢丝网水泥或玻璃等做成。它们

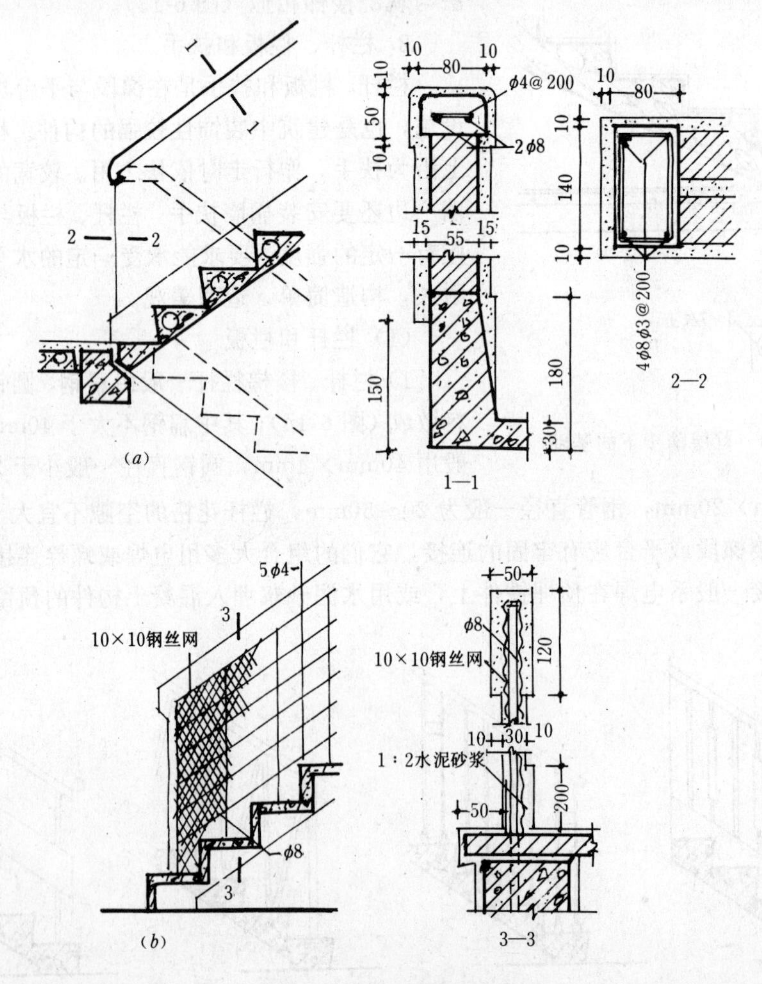


图 6-16 楼梯栏板构造举例

（a）1/4 砖砌栏板；（b）钢丝网水泥栏板

的饰面面层做法与墙面、墙裙或踢脚基本相同。

砖砌栏板一般采用1/4砖，厚度仅60mm，为了加强稳定性须用现浇混凝土作扶手将栏板联成整体，并在栏板内适当部位或每隔1000～1200mm加筋和立栏，以增加刚度。

砖砌栏板和钢丝网水泥栏板构造详见图6-16。

现浇钢筋混凝土栏板一般用于现浇钢筋混凝土楼梯中，栏板可以与踏步同时浇注，厚度一般不小于80～100mm。

玻璃栏板近年来在公共建筑中的主楼梯、大厅回马廊等部位用得较多。它是采用大块的透明安全玻璃，固定于地面或踢脚中，上面加设不锈钢管、铜管或木扶手。从立面的效果上看，通长的玻璃栏板，给人一种通透、简洁的效果。和其他材料做成的栏板或栏杆相比，装饰效果别具一格。

玻璃栏板的玻璃目前用得较多的是12mm厚的钢化玻璃，也有的使用夹层钢化玻璃。玻璃块与块之间，宜留出8mm的间隙。玻璃与其他材料相交部位，不宜贴得很紧，而应留出8mm的间隙。然后注入硅酮系列密封胶。密封胶的颜色应同玻璃的色彩，以便整个立面色调一致。当玻璃与金属扶手、金属立柱相交，所用的硅酮密封胶应为非醋酸型硅酮密封胶，因为醋酸型对金属有腐蚀。

玻璃的固定构造如图6-17所示，多采用角钢焊成的连结铁件。两条角钢之间，留出适

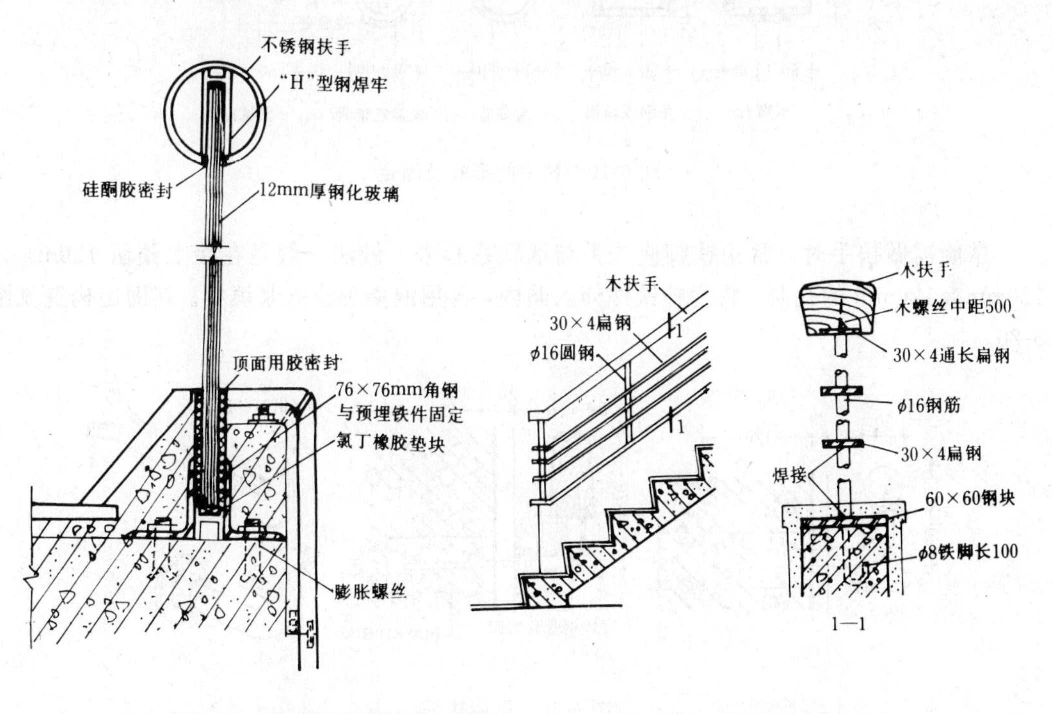


图6-17　玻璃的固定构造

图6-18　组合式栏杆举例

当的间隙。一般考虑玻璃的厚度，再加上每侧3～5mm的填缝间距。固定玻璃的铁件高度不宜小于100mm，铁件的中距不宜大于450mm。玻璃的下面，不能直接落在金属板上，而是用氯丁橡胶块将其垫起。玻璃两侧的间隙，可以用氯丁橡胶块将玻璃夹紧，上面注入硅酮密封胶，也可直接用氯丁橡胶垫于玻璃两侧，然后用螺丝将铁板拧紧。

踢脚板饰面的处理，应同室内楼梯饰面或其他饰面统一考虑。

栏杆与栏板有时组合在一起形成组合式栏杆（图 6-18）。一般做法是，上部空花部分用金属制作，下部栏板部分为混凝土或砖砌，还可以用有机玻璃及钢化玻璃作栏板。

（2）扶手。楼梯扶手位于栏杆顶面，为行人依扶之用。

扶手一般用水泥砂浆、硬木、钢管、铜管、硬塑料、水磨石、大理石和人造石等材料制作。其断面形状有矩形、圆形、梯形、多边形等。其高度一般离踏面 900mm。

扶手与栏杆的构造一般为，当用钢管扶手时，与栏杆主柱连接多用焊接；用硬木或硬塑料扶手时，可在栏杆顶部先焊一根通长的扁铁，然后用螺栓将其固定；用人造石或大理石扶手时，以水泥砂浆粘结。铜管扶手常用于玻璃栏板（见图 6-17），扶手的形式及固定见图 6-19。

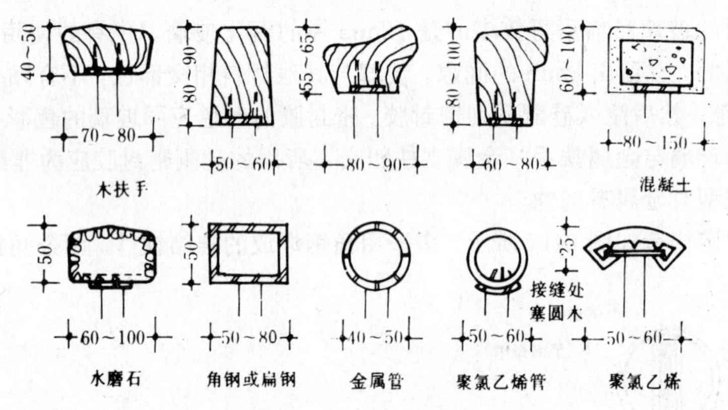


图 6-19　扶手的形式及固定

靠墙需做扶手时，常用铁脚使扶手与墙联系起来。做法一般是在墙上预留 120mm×120mm×120mm 的孔洞，将栏杆铁件伸入洞内，再用混凝土或砂浆填实。其固定构造见图 6-20。

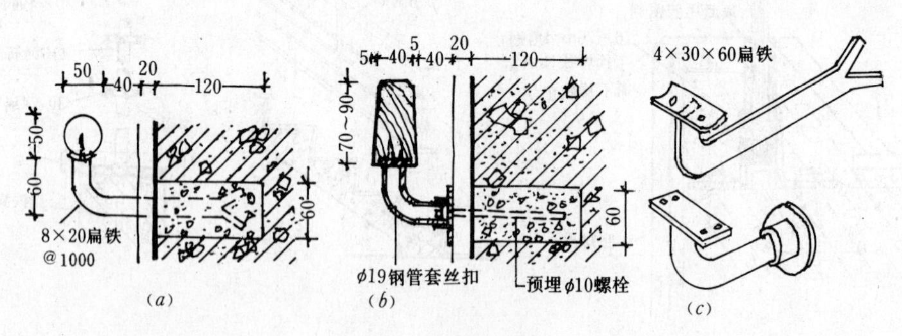


图 6-20　靠墙扶手

(*a*) 圆木扶手；(*b*) 条木扶手；(*c*) 扶手铁脚

在楼梯转折处应注意扶手高差的处理。在双折楼梯的平台转弯处，上行楼梯和下行楼梯的第一个踏步口常设在一条线上，如果平台处栏杆紧靠踏步口设置，则栏杆扶手的顶部高度突然变化，扶手需做成一个较大的弯曲线，即所谓鹤颈扶手（图 6-21），使上下相连。这种处理方法费工费料、使用不便，应尽量避免。常用方法有以下几种：

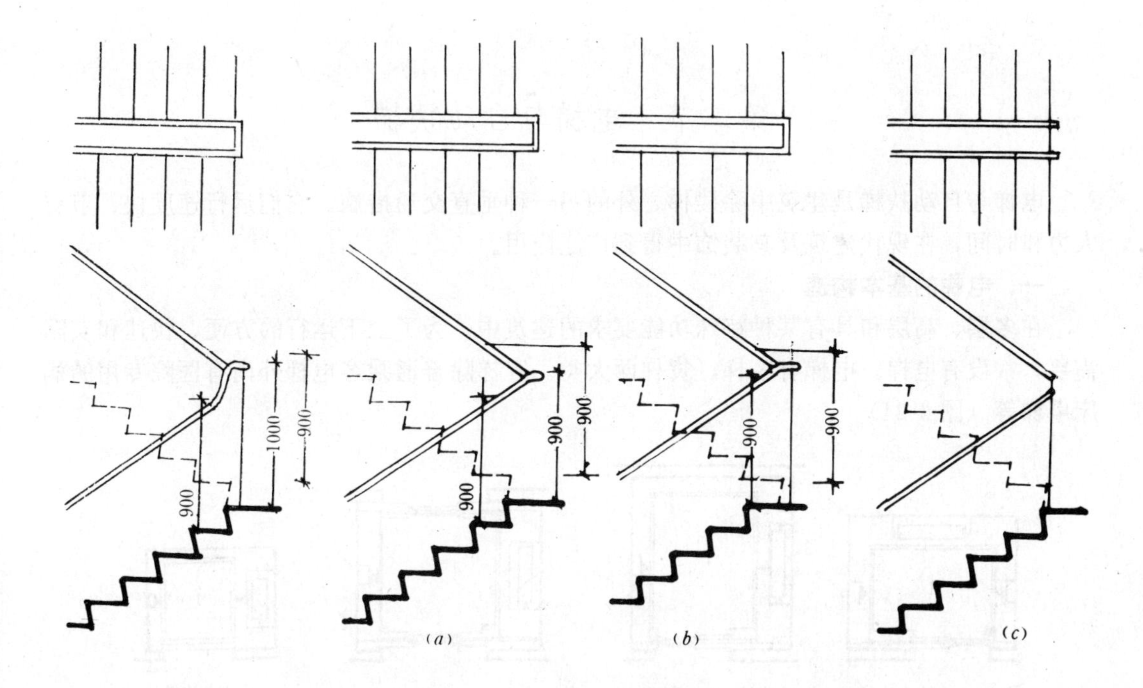


图 6-21 鹤颈扶手

图 6-22 转折处扶手高差处理

(a) 栏杆扶手伸出踏步半步；(b) 上下梯段错开一步；(c) 上下扶手分开

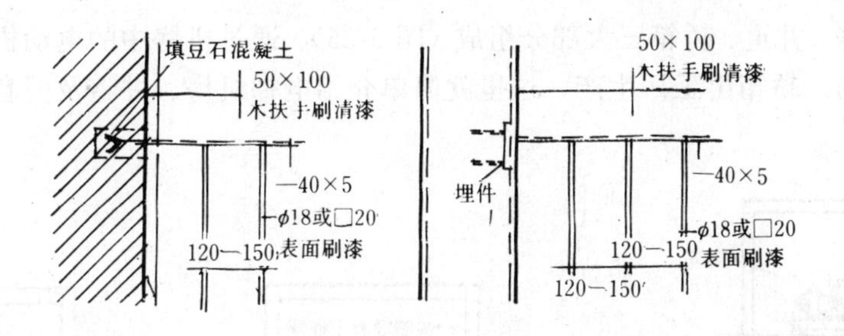


图 6-23 水平栏杆

1) 将平台处栏杆伸出踏步口线约半步，这时扶手连接可较顺（图 6-22*a*）。但这样处理使平台在栏杆处的净宽缩小了半步宽度，可能造成搬运物件的困难；

2) 下行楼梯的第一级踏步退缩一步（图 6-22*b*），这样扶手的连接也可较顺，但增加了楼梯的长度；

3) 上下行扶手在转弯处断开，各自收头，互不连续（图 6-22*c*），不过在结构上还是要设法互相连系以加强其刚度。

(3) 顶层水平栏杆。顶层的楼梯平台应加作水平栏杆，以保证人身的安全。顶层栏杆靠墙处的作法为，用木扶手时将铁板伸入墙内，用钢扶手时将钢管伸入墙内，并弯成燕尾形，然后浇注混凝土。也可以将铁板焊于钢筋混凝土柱身铁件上（图 6-23）。

(4) 护窗栏杆。当休息平台或楼梯段侧面碰窗时，应加作护窗栏杆，以保护窗子。护窗栏杆的具体作法与楼梯栏杆相同。

## 第二节 电梯与自动扶梯

电梯与自动扶梯是建筑中除楼梯之外的另一种垂直交通措施。它们运行速度快、节省人力和时间，在现代建筑及其装饰中得到广泛应用。

### 一、电梯的基本构造

在多层、高层和具有某种特殊功能要求的建筑中，为了上下运行的方便、快速和实际需要，常设有电梯。电梯有客梯、货梯两大类。客梯除普通乘客电梯外尚有医院专用的病床电梯等（图 6-24）。

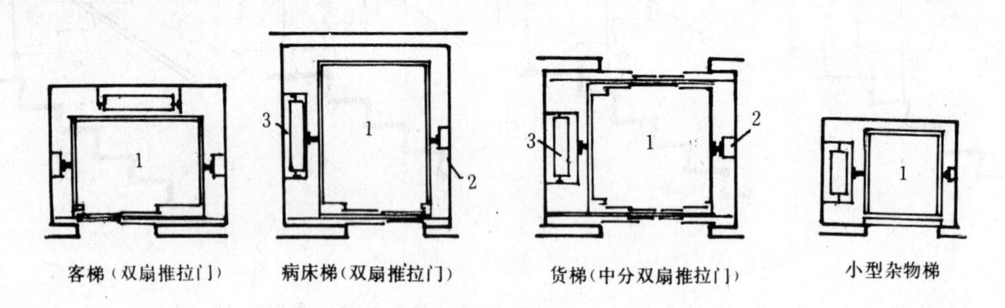


图 6-24 电梯分类与井道平面

1—电梯箱；2—导轨及撑架；3—平衡重

电梯由机房、井道、轿箱三大部分组成（图 6-25）。通过机房中的电动机转动升降轿箱载运乘客和货物。轿箱由工厂生产，这里就简单介绍电梯机房、井道及门套的构造。

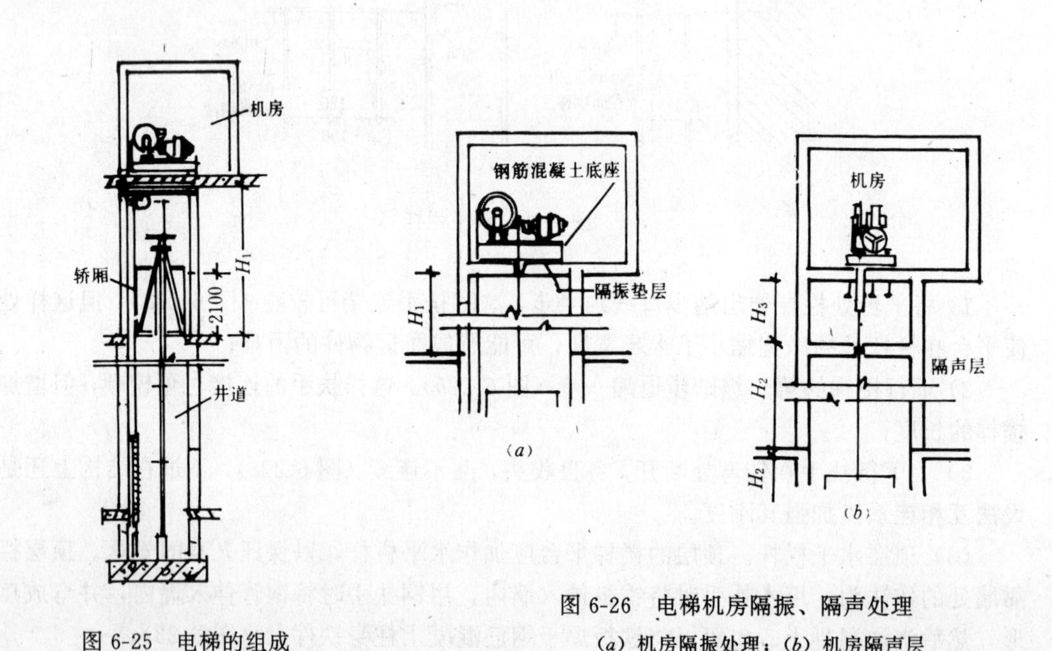


图 6-25 电梯的组成

图 6-26 电梯机房隔振、隔声处理

(a) 机房隔振处理；(b) 机房隔声层

#### （一）电梯机房

电梯机房一般设置在电梯井道的顶部（图 6-25）。机房的平面尺寸须根据机械设备尺寸的安排及管理、维修等需要来决定。高度一般为2.5～3.5m。

机房围护构件的防火要求应与井道一样，详见井道部分。为了便于安装和修理，机房的楼板应按机器设备要求的部位预留孔洞。

（二）电梯井道

电梯井道是电梯运行的通道，包括出入口、导轨、导轨撑架、平衡重及缓冲器等。不同用途的电梯，其井道平面形式也不同，如图6-24所示。

电梯井道可以用砖砌筑或用钢筋混凝土浇注而成。砖墙厚度一般为365mm，钢筋混凝土板墙厚度一般为200mm。井道在每层楼面处应留出门洞，并设置专用门。电梯井道的构造重点是解决防火、隔声、通风及检修等问题。

1. 井道的防火

井道是建筑中穿通各层的垂直通道，火灾中容易形成火焰及烟气漫延。因此井道围护构件应根据有关防火规定进行建造，一般应采用钢筋混凝土墙。

建筑的电梯井道内，超过两部电梯时应用墙隔开。

2. 井道的隔声

为了减轻机器运行时对建筑物产生振动和噪声，应采取适当的隔振及隔声措施。一般情况下，可在机房机座下设置弹性垫层来隔振和隔声。当电梯运行速度超过1.5m/s时，除设弹性垫层外，还应在机房与井道间设隔声层。隔声层的高度为1500～1800mm，并设出入口，尺寸为800mm×800mm（见图6-26）。

电梯井道外侧应避免作为居室，否则应设置隔声措施。最好楼板与井道壁脱开，另作隔声墙；简易的也可在井道外加砌加气混凝土块衬墙。

3. 井道的通风

井道除设排烟通风口外，还要考虑电梯运行中井道内空气流动问题。一般运行速度在2m/s以上的客梯，在井道的顶部和底坑应有不小于300mm×600mm的通风孔，上部可以和排烟孔（井道面积的3.5%）结合。层数较高的建筑，中间也可酌情增加通风孔。

4. 井道的检修

井道内为了安装、检修和缓冲，井道的上下均须留有必要的空间（图6-25、图6-26），其尺寸与运行速度有关，见表6-2。

**井道顶层及底坑尺寸** **表6-2**

<table>
<tr><th>额定速度（m/s）</th><th>顶层高 $H_1$</th><th>底坑深 $H_2$</th><th>隔声层高度 $H_3$</th></tr>
<tr><td>0.5；0.75；1.0</td><td>4500</td><td>1400</td><td>—</td></tr>
<tr><td>1.5</td><td>5000</td><td>1800</td><td rowspan="2">1500</td></tr>
<tr><td>1.75</td><td rowspan="2">5300</td><td rowspan="2">2200</td></tr>
<tr><td>2</td><td rowspan="3">1800</td></tr>
<tr><td>2.5</td><td>5700</td><td>2500</td></tr>
<tr><td>3</td><td>6000</td><td>3000</td></tr>
</table>

注：货梯 $H_1 \geqslant 4500$；$H_2 = 1400$。

井道底坑壁及底均须考虑防水处理。为便于检修，须考虑坑壁设置爬梯和检修灯槽，坑底位于地下室时，宜从侧面开一检修用小门，坑内预埋件按电梯厂要求确定。

5. 电梯导轨

电梯导轨固定在导轨撑架上，导轨撑架固定在井道壁上，导轨撑架的固定见图 6-27。

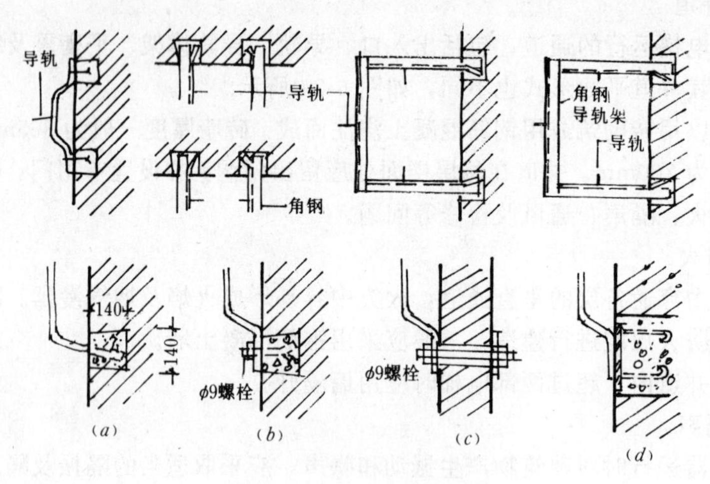


图 6-27 导轨撑架的固定

(*a*) 预埋；(*b*) 预埋螺栓；(*c*) 对穿螺栓；(*d*) 焊接

（三）电梯门套

电梯厅电梯间门门套的装饰及其构造做法应与电梯厅的装饰统一考虑。电梯门套可用水泥砂浆抹灰、水磨石或木装饰；高级的还可采用大理石或金属装饰（图 6-28)。

电梯门一般为双扇推拉门，宽 900～1300mm，有中央分开推向两边的，和双扇推向同一边的两种。推拉门的滑槽通常安置在门套下楼板边梁如牛腿状挑出部分，构造见图 6-29。

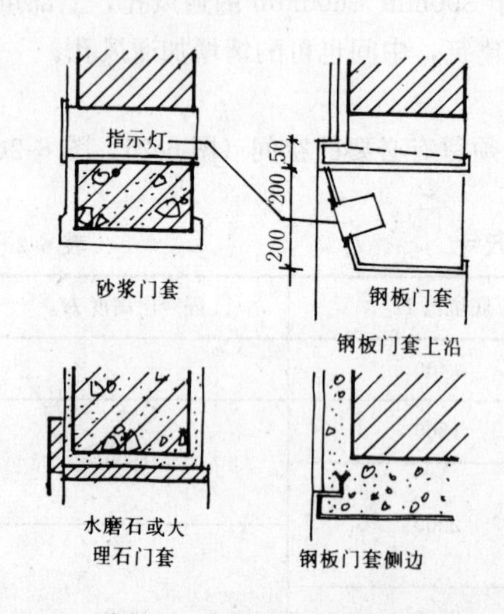


图 6-28 电梯厅门门套构造

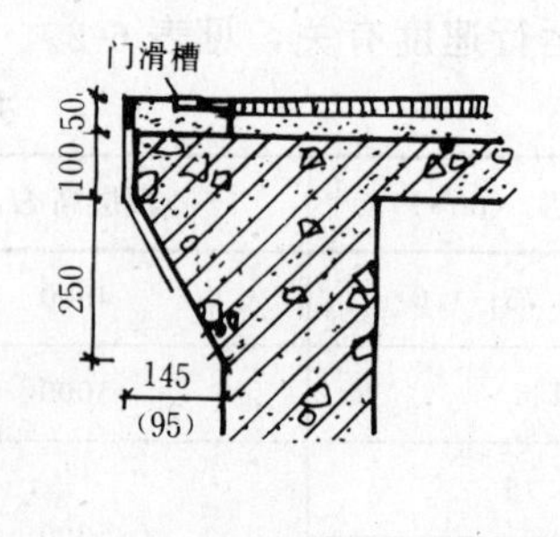


图 6-29 推拉门牛腿滑槽构造

(括号内数字为中分式推拉门尺寸)

## 二、自动扶梯的基本构造

自动扶梯适用于大量人流上下的建筑物，如机场、火车站、地下铁道站、商店及展览

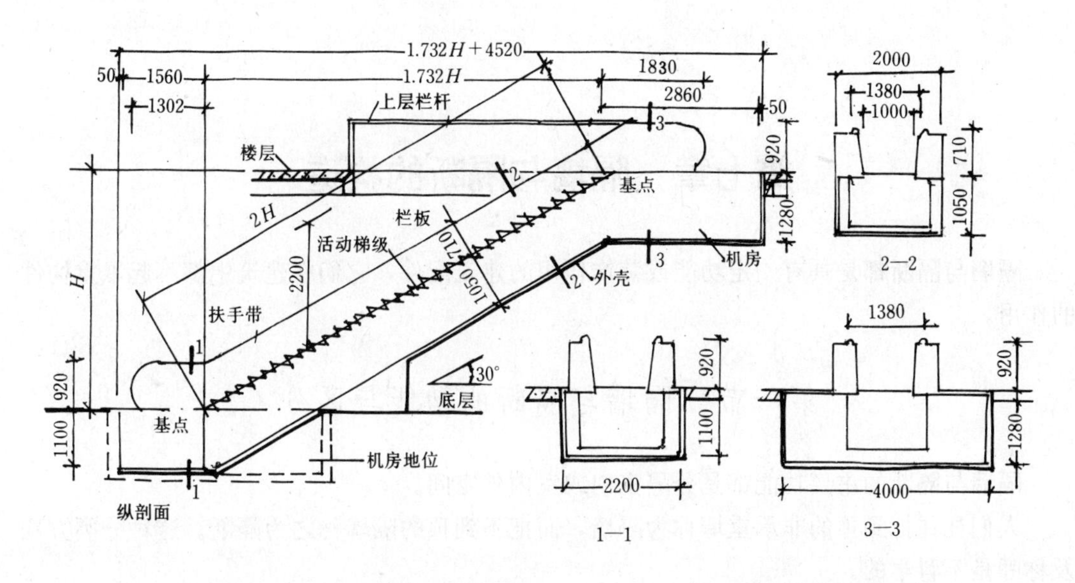


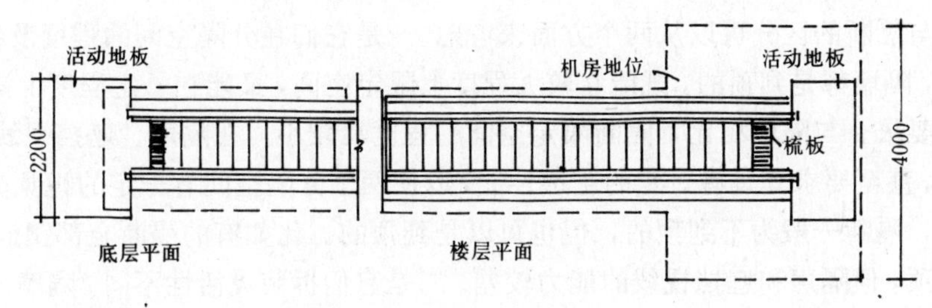


图 6-30　自动扶梯基本构造

馆等。一般自动扶梯均可正逆方向运行，即可作提升及下降使用。在机器停止运转时，又可作临时性的普通楼梯使用。

自动扶梯由电动机械牵动，梯级踏步连同扶手同步运行，机房设在地面以下或悬在楼板下面，这部分楼板须做成活动的（图 6-30）。

自动扶梯的倾斜角一般为 30°。宽度根据通行量来决定，一般分为单人和双人两种。

自动扶梯由装有踏步的齿轮、小轮、导轨和活动连杆构成，自动扶梯所有荷载都由梯身的钢桁架传到自动扶梯两端的平台结构上。

## 复习思考题

1. 楼梯按楼层间梯段数量和平面布置形式可分成哪几种类型？
2. 楼梯主要由哪几部分组成？各部分的作用是什么？
3. 楼梯的宽度、净空的高度、踏步尺寸及扶手高度有什么要求？
4. 在现浇钢筋混凝土楼梯中，板式楼梯和梁板式楼梯有什么不同？
5. 预制梁承式楼梯由哪几部分构成？简述它的构造作法。
6. 简述墙承式楼梯的构造作法。
7. 楼梯踏步的防滑措施有哪些？
8. 楼梯的栏杆、栏板和扶手的主要功能是什么？
9. 简述楼梯栏杆和扶手的连接构造作法。
10. 电梯主要由哪三部分组成？电梯井道的构造重点是要解决什么问题？

# 第七章　隔墙与隔断的构造

隔墙与隔断都是具有一定功能或装饰作用的建筑配件，它们在建筑中都不起承重构件的作用。

## 第一节　隔墙与隔断的功能与区分

隔墙与隔断的主要功能都是分隔室内或室内外空间。

人们往往把到顶的非承重墙称为隔墙，而把不到顶的隔墙称之为隔断。这种分类方法及称呼是不科学的。

隔墙与隔断的区分可以从两个方面来考虑。一是它们在分隔空间的程度及特点上不同。通常认为，隔墙都是到顶的，既能在较大程度上限定空间，又能在一定程度上满足隔声、遮挡视线等要求。与隔墙相比，隔断限定空间的程度比较小，在隔声、遮挡视线等方面往往并无要求，甚至要求其具有一定的空透性能，以使两个分隔空间有一定的视觉交流等等。从高度上说，隔断一般为不到顶的，但也可以是到顶的。比如有的隔断全部镶嵌大玻璃，虽然也做到顶，但隔声和遮挡视线的能力较差。二是它们拆装灵活性不同。隔墙一经设置，往往具有不可更改 性，至少是不能经常变动的。而对隔断来说，如果其具有隔声和遮挡视线等能力，还应是容易移动或拆装的，从而可在必要时使被分隔的相邻空间连通在一起。如推拉、折叠式隔断，虽然也可以做到顶，关闭时也具有一定隔声能力和遮挡视线的能力，但是根据需要可以随时打开，使分隔的两空间连通到一起，空透式及屏风式隔断，在分隔空间上就更灵活了。

## 第二节　隔墙的构造

隔墙一般应满足自重轻、墙体薄、隔声性能好等功能要求，对于一些特殊部位的隔墙还应具有防火、防潮能力。

隔墙按其构造方式可以分为三大类，即砌块式隔墙（如普通粘土砖、空心砖、加气混凝土块等块材砌筑的非承重墙），立筋式隔墙（如板条抹灰墙、钢板网抹灰墙、轻钢龙骨石膏板墙等），板材式隔墙（如加气混凝土条板隔墙、石膏珍珠岩板隔墙、碳化石灰板隔墙、空心石膏板隔墙以及各种各样的复合板隔墙）。

### 一、砌块式隔墙

1. 1/2 砖隔墙

这种隔墙施工简便，防水、隔声较好，但自重较大。由于墙的厚度小，稳定性较差，高度不宜大于 3m，长度不宜大于 5m。否则，沿高度方向每 1m 左右可放 2ϕ6mm 钢筋与主墙连接；沿长度方向可加壁柱。

2. 1/4 砖隔墙

1/4 砖隔墙节省面积，适用于砌小面积的墙。砌筑砂浆常用 M10 号。面积较大时，沿长度方向每 1m 左右可加与墙同厚的细石混凝土小立柱，内配 2ϕ10mm 钢筋，上下与楼板或地面垫层锚固；沿高度方向每 1m 左右放 1ϕ6mm 钢筋与主墙连牢。墙面上开设门洞时，门框最好到顶，门上部可钉灰板条抹灰。

3. 空心砖、多孔砖隔墙

这类隔墙厚约 100mm，质量轻，但吸湿性较大，墙下部可砌 2～3 皮普通粘土砖。隔墙面积较大时，也要采取增强稳定的措施，办法同 1/2 砖隔墙。

**二、立筋式隔墙**

立筋式隔墙是指那些主要由龙骨（骨架）和墙面材料组成的轻质隔墙。常用的隔墙龙骨有木龙骨和金属龙骨两种。另外，一些利用工业废料和地方材料制成的龙骨也常有使用，诸如石棉水泥骨架、浇注石膏骨架、水泥刨花板骨架等等。

1. 木龙骨隔墙

木龙骨骨架由上槛、下槛、墙筋、斜撑构成。木料截面视房间高度可为 50mm×70mm 或 50mm×100mm。墙筋间距配合上面所钉材料的规格一般为 400～600mm。斜撑间距约 1.5m。木骨架上可做灰板条抹灰、编竹抹灰、苇箔抹灰、灰板条加钢丝网抹灰、钢板网抹灰，或钉胶合板、纤维板、石膏板等。木骨架与墙及楼板应连接牢固。为防水防潮，隔墙下部可砌二至三皮普通粘土砖。

2. 金属龙骨隔墙

金属龙骨一般用薄壁钢板、铝合金薄板或柱眼钢板构成。金属龙骨隔墙是用饰面板材镶嵌于骨架中间或贴于骨架两侧而形成。在隔声要求比较高的建筑中，也可在两层面板之间加设隔声层，或可同时设置三、四层面板，形成 2～3 层空气层，以提高隔声效果。常用的饰面板有胶合板、纤维板、石膏板、水泥刨花板、石棉水泥板、金属薄板和玻璃板。厚度一般都在 50mm 以下。

金属龙骨隔墙的骨架一般由沿顶龙骨、沿地龙骨、竖向龙骨、横撑龙骨及加强龙骨和各种配套件组成。一般做法是在沿地、沿顶龙骨布置固定好后，按面板的规格布置固定竖向龙骨，间距一般为 400～600mm。在竖向龙骨上，每隔 300mm 左右应预留一个专用孔，以备安置管线使用，见图 7-1 所示。面板与骨架的固定方式有钉、粘或通过专门的卡具连接三种。

轻钢龙骨石膏板隔墙因其质量轻，防火性能好和施工方便的特点，近年来得到了越来越广泛的应用。

轻钢龙骨石膏板隔墙一般是用纸面石膏板和纤维石膏板作内隔墙，可不受楼板荷载的限制，只要将单板和龙骨复合后即可在楼板上安装。石膏板安装前，首先应将固定石膏板的龙骨安装好，其构造作法一般有两种。一种作法是在楼地面施工时上下设置预埋件；另一种作法是采用射钉枪进行后埋。将沿顶、沿地龙骨固定在顶板的预埋件上或用射钉枪将其钉在顶板上。根据石膏板的宽度设置竖向龙骨，竖向龙骨固定在沿顶龙骨及沿地龙骨上，由于石膏板体形薄刚度差，主要依靠龙骨加强刚度和稳定性，故龙骨的安装和复合直接关系着石膏板墙的质量。龙骨的外型一般有 T 型和冂型。

纸面石膏板可以用螺丝钉直接将其钉在金属龙骨上，采用双层纸面石膏板时，两层板的接缝一定要错开，竖向龙骨中间通常还需设置横向龙骨，一般距地 1.2m 左右。第一层石膏板安装时用 25mm 长的螺丝钉，第二层用 35mm 长的螺丝钉，螺丝钉钉入板内，其钉帽应低于板面 2～3mm，阴角处可以用铁角固定。在设有插座处、开洞周围应贴玻璃纤维（图 7-2）。

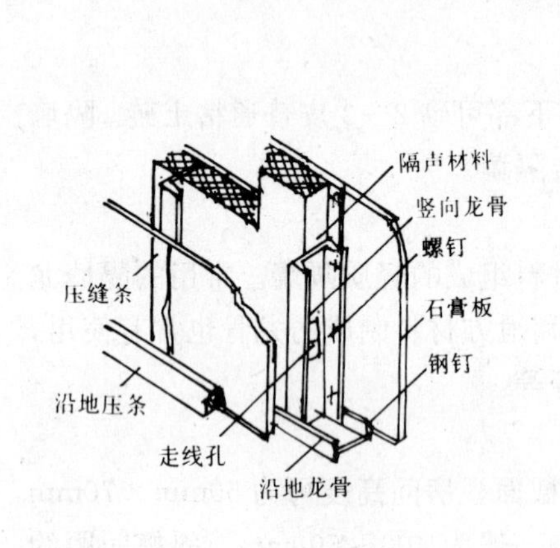

图 7-1　立筋式隔墙的构造

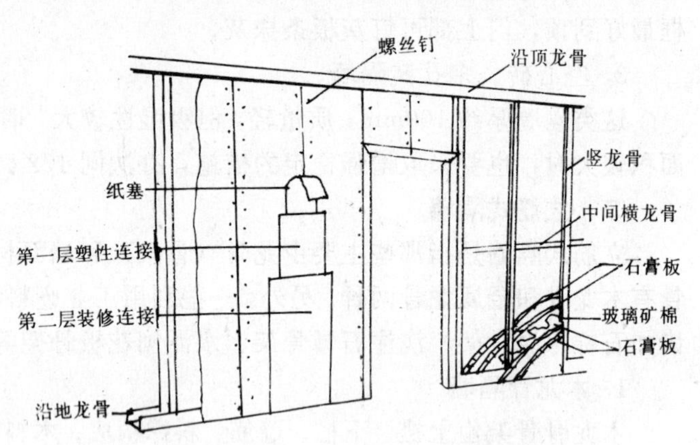

图 7-2　纸面石膏板墙的安装

石膏板块之间接缝分明缝和暗缝两种，明缝一般适用于公共建筑大开间隔断，暗缝适用于一般居室。明缝做法是石膏板墙安装时留有 8～12mm 间隙，再用石膏油腻子嵌入并用勾缝工具勾成凹面立缝。为提高装饰效果，在明缝中可嵌入压条（铝合金或塑料压条）。暗缝的做法是将石膏板边缘刨成斜面倒角，再与龙骨复合，安装后在拼缝处填嵌腻子，待初凝后再抹一层较稀腻子，然后粘贴穿孔纸带，待水分蒸发后，再用石膏腻子将纸带压住并与墙面抹平（图 7-3）。

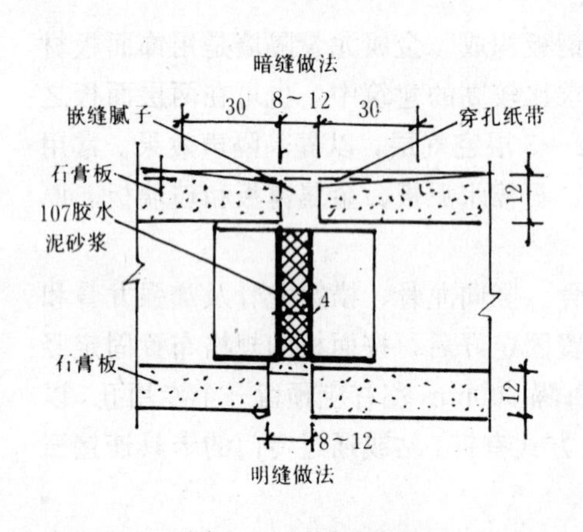

图 7-3　板缝节点做法

为避免石膏板吸水导致变形，石膏板墙安装后宜随即做防潮处理，一般处理方法有两种：一种方法是涂料法防潮，通常是在石膏墙面刮腻子前涂刷一道乳化熟桐油，但不宜产生流淌。如石膏板表面平整，就不需刮腻子找平，可直接在涂乳化熟桐油的面上刷聚乙烯醇作饰面。另一种作法是在石膏板墙上裱糊塑料壁纸，裱糊前应先在石膏板面满批石膏油腻子一遍，结硬后用砂纸打磨平整，这样不但兼有找平和防潮作用，还能提高壁纸与石膏板基层的粘结强度，然后可按粘贴壁纸的工艺在其石膏板墙面上粘贴壁纸。

## 三、板材式隔墙

板材式隔墙系指那些不用骨架、以较厚的高度等于隔墙总高（通常为室内净度）的板材拼装成的隔墙。在必要时，也可按一定间距设置一些竖向龙骨，以提高其稳定性。

板材式隔墙所用的板材是各种厚板。常用的有加气混凝土条板、石膏条板、碳化石灰板、石膏珍珠岩板，以及各种各样的复合板。各种面层的蜂窝板是这种隔墙材料的典型代表。这种隔墙板材的厚度多在 50～200mm 之间。但也有较薄的，如有些复层蜂窝板的厚度仅为 20～35mm。

板材式隔墙固定方法一般有三种：即将隔墙与地面直接固定、通过木肋与地面固定以及通过混凝土肋与地面固定等三种，见图 7-4 所示。

为了保证隔墙能够固定稳固，通常须用木楔在地面和板材底面之间楔紧，以便板材顶部能够与平顶或是沿顶龙骨紧紧相连，见图 7-5 所示。

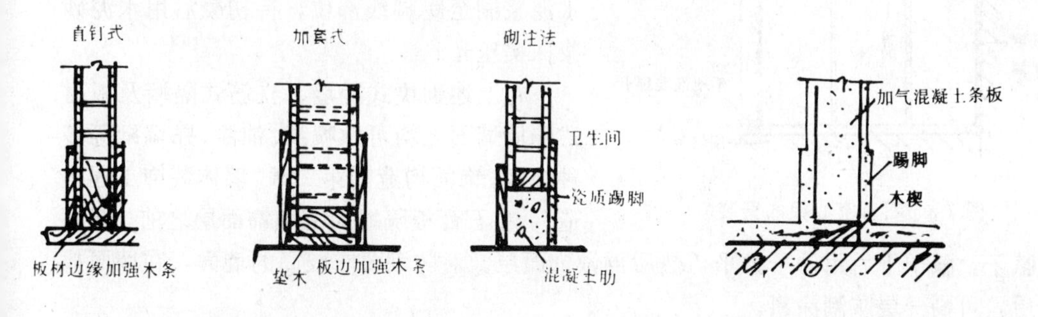


图 7-4　蜂窝板隔墙固定构造

图 7-5　加气混凝土隔墙底部加楔示意

在板材顶部与顶棚连接处、板材底部与地面相接处，通常须作压条和踢脚板等处理，其构造与前述板材饰面部分相同，可参阅前述。

板材间的拼缝，可采用前述的各种方法处理，但也可采用一些特殊的拼缝方法。常见的是为了增加板材隔墙的刚度，将拼缝处理与竖向龙骨设置结合考虑，而采用一些特殊的拼缝方法，见图 7-6 所示。

板材式隔墙的端部（如隔墙与门框连接处）以及转角等部位的处理，要加设较大断面的竖向龙骨。图 7-7 所示的是隔墙板与门框的连接，以及丁字连接和转角连接的构造。

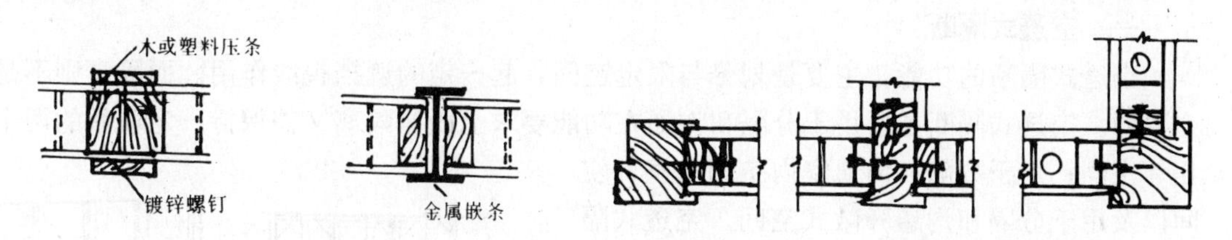

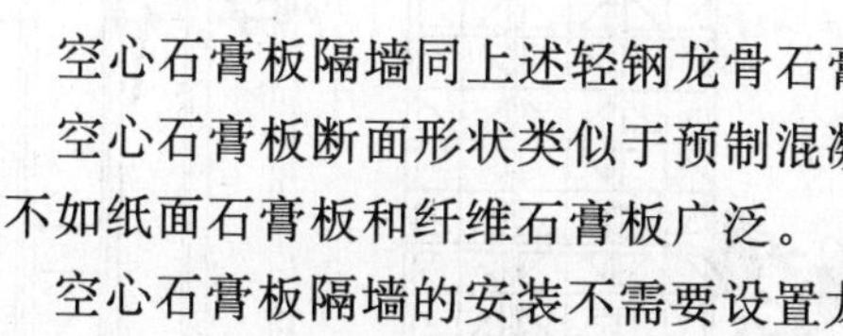

图 7-6　板材式隔墙拼缝构造

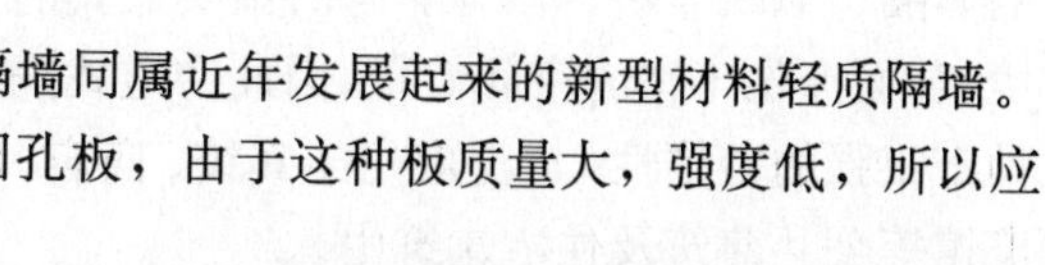

图 7-7　板材式隔墙细部构造

空心石膏板隔墙同上述轻钢龙骨石膏板隔墙同属近年发展起来的新型材料轻质隔墙。

空心石膏板断面形状类似于预制混凝土圆孔板，由于这种板质量大，强度低，所以应用不如纸面石膏板和纤维石膏板广泛。

空心石膏板隔墙的安装不需要设置龙骨。一般用单层板作分室墙和隔墙，也可用两层空心板，中间设空气层或矿棉组成分户墙。墙板和梁（板）的连接，一般采用下楔法，即下部用木楔楔紧后灌填干硬性混凝土。其上部的固定方法有两种，一种为软连接，另一种为直接顶在楼板或梁下。采用软连接的作法时，首先应将石膏板左右方及上方刮满粘结腻子（石膏粉加粘结胶）或涂刷 107 胶水泥砂浆，然后按放线位置安装石膏空心板，板下端两侧各$\frac{1}{3}$处垫两组木楔，并挂线找正垂直或用靠尺检查，在板与楼板间缝隙灌填干硬性混凝土，待板周边粘结胶泥达到一定强度后，即可拔掉木楔，再进行第二次灌缝（图 7-8）。

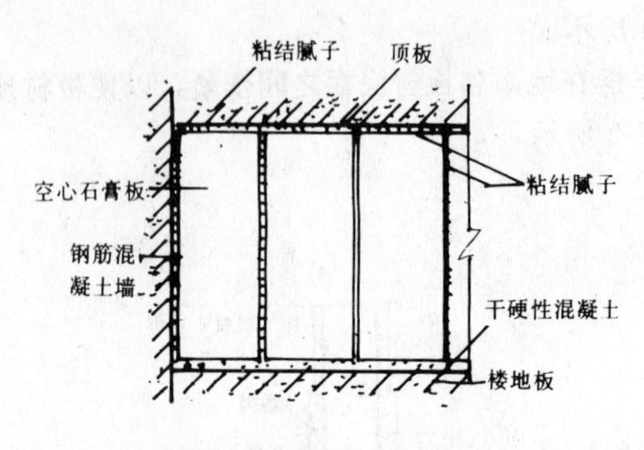

图 7-8　石膏空心板的安装

空心石膏板隔墙的空心部位可穿电线，在板面上固定电门、插销时可按需要钻成小孔，塞粘圆木固定于上。若在墙板下端做踢脚线，可先用稀释 107 胶水刷一层，再用 107 胶水泥浆刷至踢脚线部位，待初凝后用水泥砂浆抹实压光。

在上述砌块式隔墙、立筋式隔墙及板材式隔墙墙面上均可做喷浆、油漆、贴墙纸等多种饰面。饰面构造同第二章“墙体装饰工程构造”。在石膏板隔墙面上做饰面层之前，墙面要满刮腻子，腻子干后用砂子磨平，然后再做饰面层。对防潮要求较高的墙面，在墙面找平打磨后，可刷一层防潮涂料。

## 第三节　隔断的构造

隔断的种类和分类方法很多。从限定程度来分，有空透式隔断和隔墙式隔断（含玻璃隔断）；从隔断的固定方式来分，则有固定式隔断和移动式隔断；从隔断开闭方式考虑，移动式隔断中又有折叠式、直滑式、拼装式，以及双面硬质折叠式、软质折叠等多种；如果从材料角度来分，则有竹、木隔断，玻璃隔断，以及金属和混凝土花格等。另外，还有诸如硬质隔断与软质隔断，家具式隔断与屏风式隔断等等。这里，我们按隔断的外部形式和构造方式将其分为空透式、移动式、屏风式、帷幕式和家具式等。

### 一、空透式隔断

空透式隔断的功能，主要是划分与限定空间，起一定的遮挡视线作用。而隔声则不是主要的。空透式隔断主要用于分隔和沟通在功能要求上既需隔离又需保持一定联系的两个相邻空间；用于分隔和沟通室内空间与室外空间以及用于分隔和沟通开敞式空间。空透式隔断能够增加空间的层次和深度，创造出一种似隔非隔、似断非断、似有非有的虚实兼具的意境，从而产生丰富的空间效果。因此空透式隔断具有很强的装饰性，广泛应用于宾馆、商店、展览馆等公共建筑及住宅建筑中。

图 7-9　水泥制品空透隔断举例

空透式隔断从形式上分，有花格、落地罩、飞罩、隔扇和博古架；从所用材料上分，有木制、竹制、水泥制品、玻璃及金属制品。

1. 水泥制品空透隔断

水泥制品空透隔断是用混凝土或水磨石花

格拼装而成的隔断，在花格中，均应配 $\phi$4mm 或 $\phi$6mm 的钢筋（图 7-9）。

花格之间的连接，可用 1∶2.5 水泥砂浆，并在花格周边预留孔穿钢筋（图 7-10）。

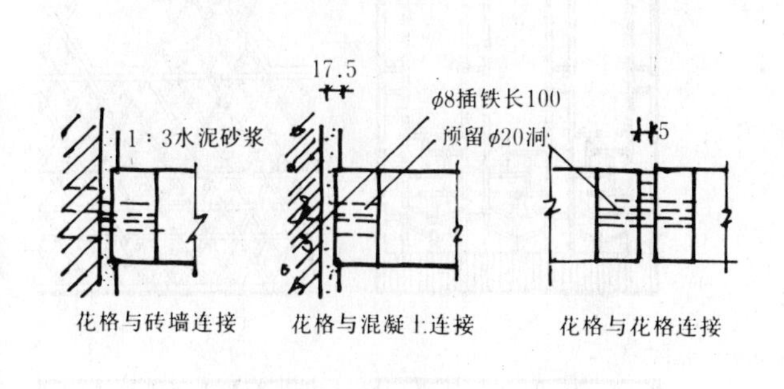


图 7-10　水泥制品小花格的连接

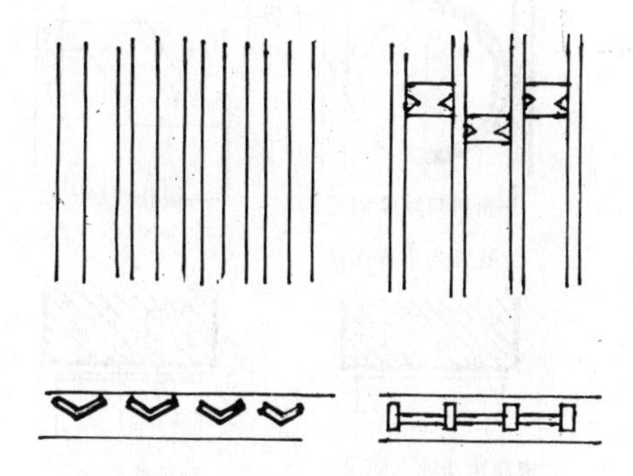

图 7-11　条板的形成与组合

用小型花格拼装的隔断，总高和总宽不宜超过 3m，否则，应在适当部位加设梁、柱，以保证隔断具有足够的刚度。

用条板和花格或镀铬金属等装饰配件也可拼装各种图案的空透隔断，这种隔断多用于较长的走廊或房间。条板的断面形式有矩形、菱形、圆形等多种（图 7-11）。条板与装饰配件之间可榫接或销接。条板与下部槛墙或地面及上部大梁之间可用榫接、焊接，或在板端预留钢筋，与梁底立筋焊接在一起（图 7-12）。

水磨石花格是一种经济、美观、使用广泛的水泥制品空透隔断。它可以整体预制或做成预制块再拼装。施工时，用 1∶1.25 白水泥（或加颜色）大理石屑（粒径 2～4mm）一次浇注。初凝后进行三次粗磨，每次粗磨后用同样水泥浆满补麻面。拼装后用醋酸加适量水细磨光滑并上白蜡。

2. 竹、木花格空透隔断

竹、木花格空透隔断轻巧玲珑剔透，容易与绿化相配合，一般用在古典建筑、住宅、旅馆中。

空透竹隔断（见图 7-13）采用质地坚硬、粗细匀称、竹身光洁、直径在 10～50mm 之间的竹子制作。竹子结合的方法以竹销钉结合为主，此外，还有套、塞、穿、钢销、烘弯结合及胶结合等方法。

竹表面可涂以清漆，也可熏成斑纹，刻花、刻字。

木花格空透隔断自重小，加工方便，可以雕刻成各种花纹，做得精巧、纤细，常用于室内隔断、博古架等。

用于空透式木隔断的木料多为硬杂木，也可以根据造型需要涂漆或雕刻。木材的结合方式以榫接为主，还有胶接、钉接、销接、螺栓连接等方法。

竹、木空透隔断的种类很多，一般用条板和花饰组合，常用的花饰用硬杂木、金属或有机玻璃制成（见图 7-14）。花饰镶嵌在木条板的裁口中，外边钉有木压条。为保证整个隔断具有足够的刚度，隔断中应有一定数量的条板贯穿隔断的全高和全长，其两端与槛墙、梁等应有牢固的连接。竹与木料结合可穿孔入榫或用竹钉、铁钉固定。有些地方还用水泥制成仿竹花格空透隔断，其构造做法是按长度用 1∶2.5 水泥砂浆预制成条形芯棒，直径约

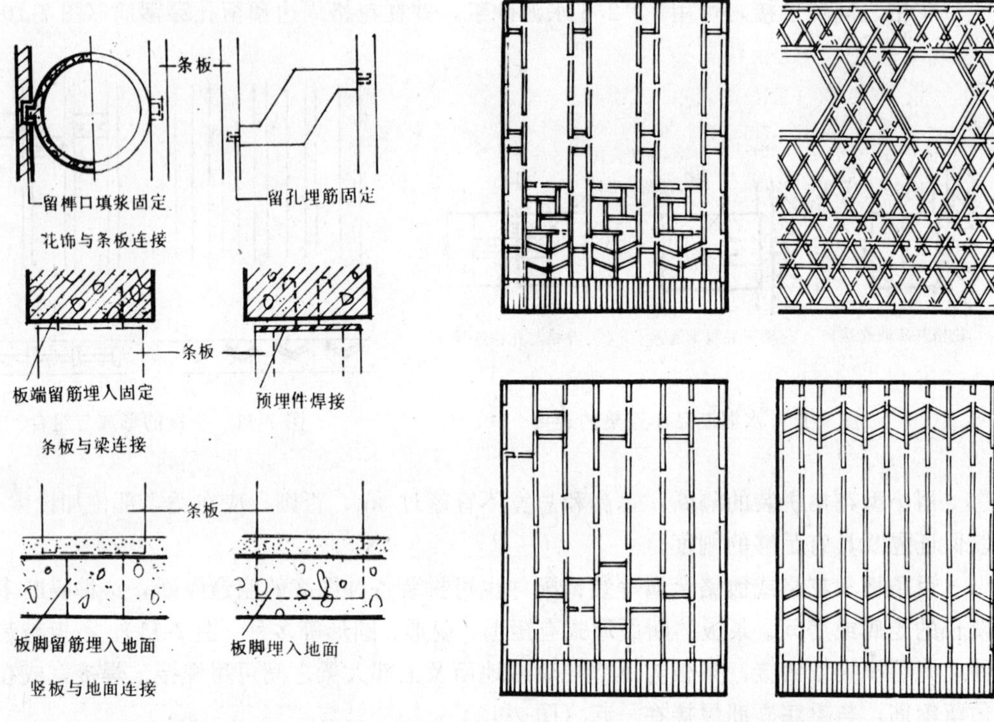


图 7-12 条板与花饰和梁板的连接

图 7-13 竹空透隔断举例

70mm，内置钢筋，长度小于 2000mm 的用 ϕ12mm 钢筋，长度大于 2000mm 的用 ϕ16mm 钢筋。两端各伸出 30mm。再用白水泥调成黄色纯水泥膏，抹面塑成竹型。绿线应在黄色面层预留凹槽，结硬后再调制碧绿色纯水泥膏填满缝，磨光打蜡。塑竹安装可按预定位置将上端伸出的钢筋伸入钢筋混凝土梁、板固定之，下端固定于楼地面，然后砌砖踢脚线固定，详见图 7-15。

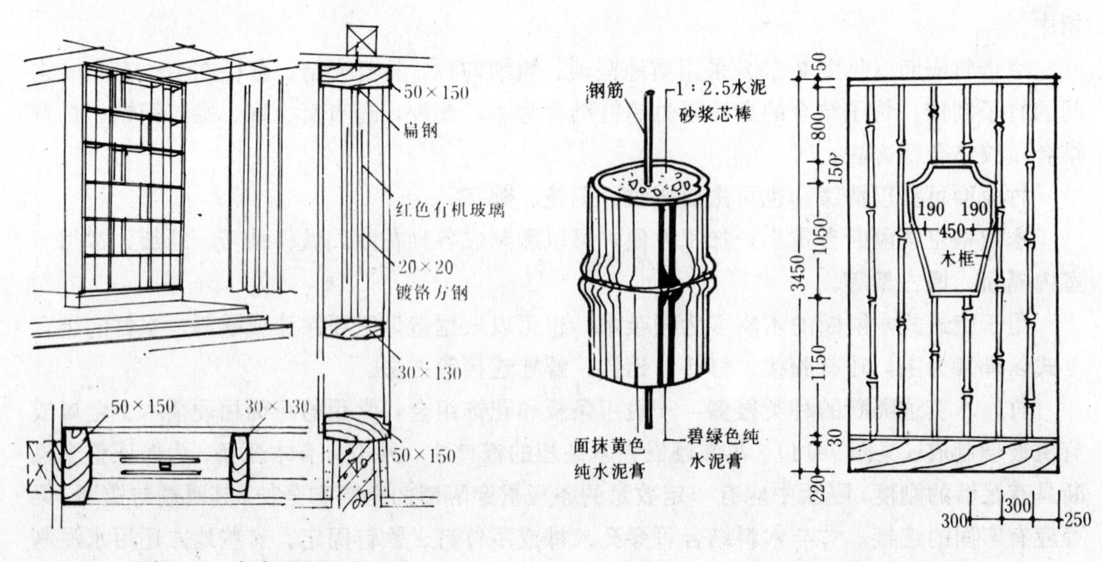


图 7-14 木空透隔断的构造

图 7-15 水泥仿竹花格空透隔断构造

3. 金属花格空透隔断

金属花格纤细、精致、空透，用于室内隔断十分美观。如嵌入彩色玻璃、有机玻璃、硬木等更显富丽。金属花格空透隔断（图 7-16）一般用于装饰要求较高的住宅及公共建筑中。

金属花格空透隔断的金属花格一般有两种制作方法。一种是浇铸成型，即利用模型浇铸出所设计的铁、铜或铝合金花格；另一种是用型钢、钢管、钢筋或其他金属直接弯曲拼装成型。即先弯曲成小花格，再由小花格拼装成大隔断。也可以直接用弯曲成型的办法制作成大隔断。

金属花格之间的连接可以焊接、铆接或螺栓连接（见图 7-17）。金属花格本身还可以涂漆、烤漆、镀铬或鎏金。

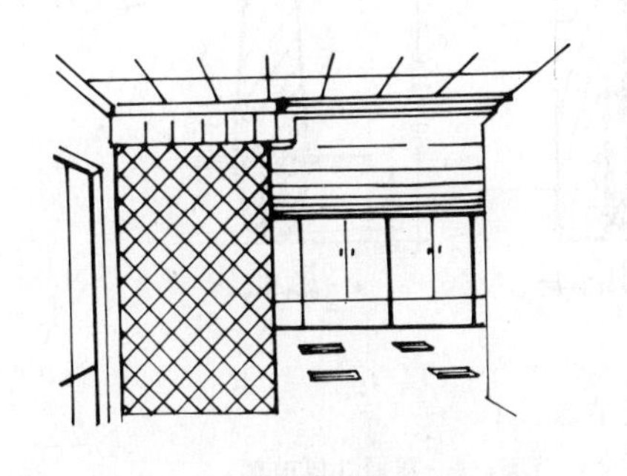

图 7-16　铝合金花格空透隔断

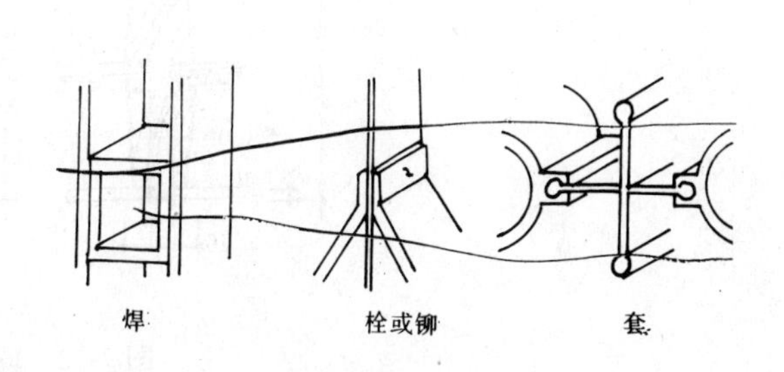


图 7-17　金属花格的连接

4. 玻璃花格空透隔断

用玻璃花格做成的空透隔断具有空透、明快、色彩艳丽等特点。在公共和居住建筑中使用较多。

玻璃花格空透隔断一般采用硬木框架内镶嵌玻璃制作而成。所用的玻璃可以是普通玻璃，磨砂玻璃，刻花、套色刻花及银光刻花玻璃，压花玻璃，彩色玻璃，夹花玻璃，玻璃砖及玻璃管等。表面还可以采用喷漆等工艺。木框架与墙槛和梁的连接可为钉接、螺栓连接，木框上可裁口或挖槽，其上镶嵌玻璃，玻璃四周可用木压条固定（图 7-18）。

采用玻璃砖做隔断时，因玻璃砖侧面有凸槽，可嵌入水泥砂浆或沥青砂浆，把单个的玻璃砖拼装到一起（见图 7-19）。当玻璃砖隔断面积较大时，在玻璃砖的凸槽中可加通长的钢筋或扁钢，并将钢筋或扁钢同隔断周围的墙柱或过梁连接起来，以提高隔断的稳定性（图 7-19）。

玻璃花格空透隔断晶莹、光洁、明亮，并具有一定的透光性和装饰性。适用于公共建筑及住宅中。

5. 其他花格空透隔断

（1）砖花格。砌筑砖花格的砖，要求质地坚固，大小一致，平直方整。一般多用 1∶3 水泥砂浆砌筑，其表面可做成清水或抹灰。

砖花格的厚度有 120mm 和 240mm 两种，120mm 厚砖花格砌筑的高度和宽度不大于 1500mm×3000mm；240mm 厚砖花格的高度和宽度不大于 2000mm×3500mm，砖花格必须与实墙、柱连结牢固。

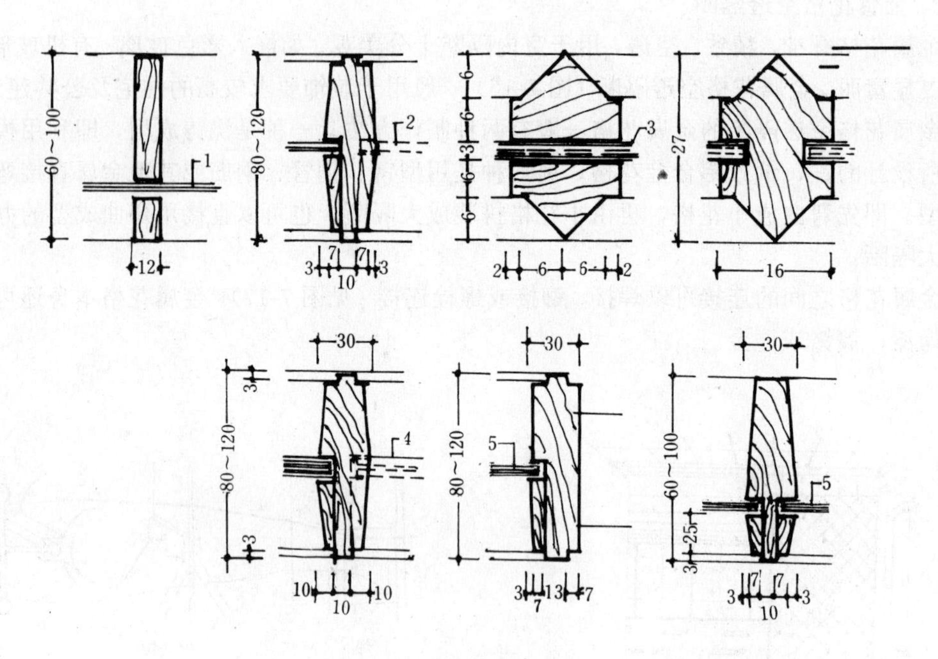

图 7-18　玻璃隔断节点

1—3 厚光片玻璃；2—5 厚银光玻璃；3—3 厚套色玻璃；4—双层 3 厚玻璃；内夹有色玻璃纸花样；5—3 厚磨砂玻璃

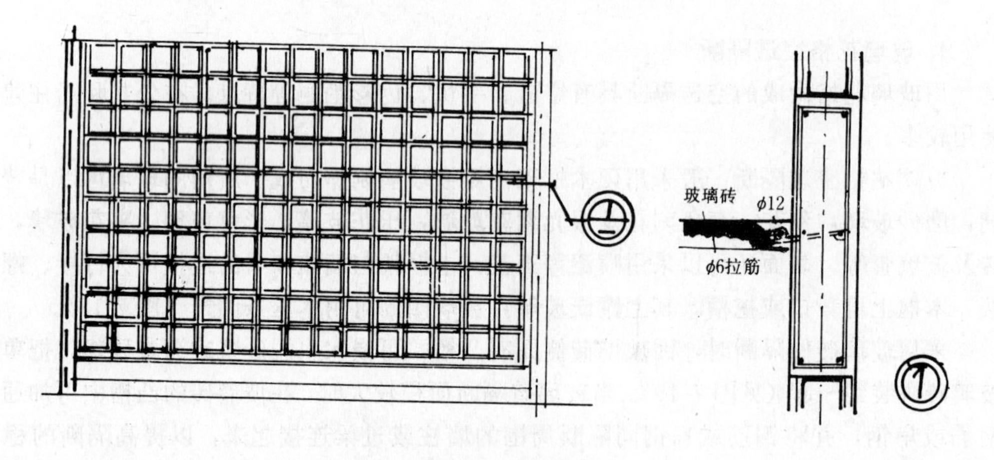


图 7-19　玻璃砖隔断构造

(2) 琉璃花格。琉璃花格是我国民间传统装饰构件之一。色泽丰富多彩，经久耐用。其构件及花饰可按设计进行烧制。琉璃花格一般用 1∶2.5 水泥砂浆砌结，在必要的位置宜采用镀锌铁丝或钢筋锚固，然后用 1∶2.5 水泥砂浆填实。

(3) 瓦花格。瓦花格在我国有悠久历史，具有生动、雅致、变化多样的特色，多用白灰麻刀或青灰砌结，高度不宜过大，顶部宜加钢筋砖带或混凝土压顶。

## 二、移动式隔断

移动式隔断可以随意闭合或打开，使相邻的空间随之独立或合成一个大空间。这种隔

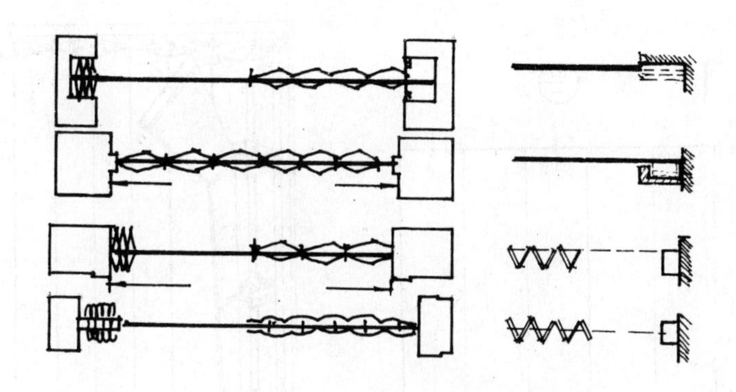

图 7-20 移动式隔断的启闭形式

断使用灵活，在关闭时，也能起到限定空间、隔声和遮挡视线的作用。

移动式隔断的类型很多，按其启闭的方式可分为五类，即拼装式、直滑式、折叠式、卷帘式和起落式。根据隔扇（板）的收藏方式，又可分为一侧收拢或两侧收拢，明置式收拢和隐蔽式收拢等类型。图 7-20 所示的是目前常见的一些移动式隔断的启闭形式。

下面介绍常见的移动式隔断构造作法。

1. 拼装式隔断

拼装式隔断由若干独立的隔扇拼装而成（见图 7-21)，不设滑轮和导轨。隔扇一般多用木框架，两侧贴有木质纤维板或胶合板，在其上还可贴上一层塑料饰面或人造革。还可以在两层面板之间设置隔声层，两两相邻的隔扇之间做成企口缝相拼，使之紧密地咬合在一起，达到隔声的目的。隔扇的下部一般需做踢脚。为装卸方便，隔断的上部应设通长的上槛，用螺钉或铅丝固定在平顶上。上槛一般有两种形式，一种为槽形；另一种是“T”型。采用槽形时，隔扇上部可以做成平齐的，当采用“T”形时，隔扇的上部应设较深的凹槽，以使隔扇能够卡到T形上槛的腹板上。不论采用何种形式的上槛，均要使隔扇的顶面与平顶之间保持 50mm 左右的空隙，以便安装和拆卸。

隔扇的一端与墙面之间的缝隙可用一个与上槛的大小和形状相同的槽形补充构件来掩盖，同时也便于安装和拆卸隔扇，隔扇的底下可加隔声密封条或直接将隔扇落在地面上，能起到较好的隔声效果（图 7-21)。

2. 折叠式隔断

折叠式隔断可以随意展开和收拢。按其使用的材料不同，可分为硬质和软质两类。前者是由木隔扇或金属隔扇构成的，隔扇之间的连接是用铰链；后者用棉、麻织品或橡胶、塑料制品制作的。折叠式隔断主要是由轨道、滑轮和隔扇三部分组成。硬质隔断的隔扇是由木框架或金属框架，两面各贴一层木质纤维板或其他轻质板材，可以在两层板的中间夹隔声层而组成。

软质折叠移动式隔断大多是双面的，这种隔断的面层可为帆布或人造革，面层的里面加设内衬。软质隔断的内部一般设有框架，采用木立柱或金属杆，木立柱或金属杆之间设置伸缩架，面层固定于立柱或立杆上，（见图 7-22)。

折叠式隔断根据滑轮和导轨的不同设置，又可分为悬吊导向式、支撑导向式和二维移

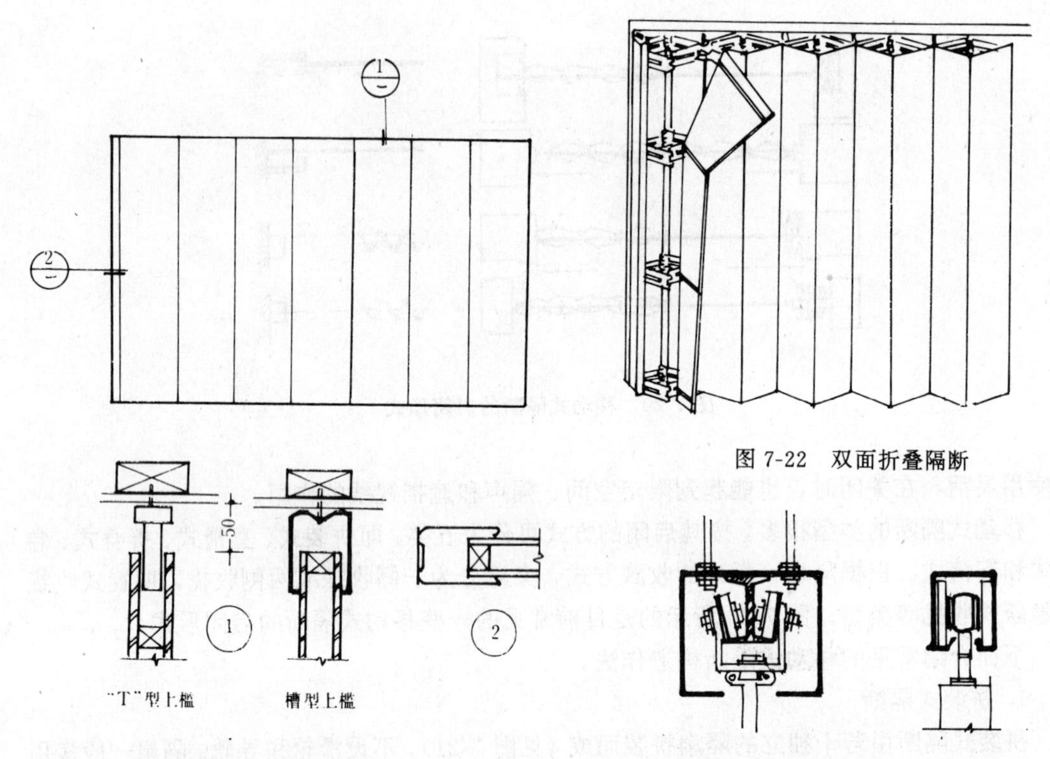


图 7-21 拼装式隔断的立面与节点

图 7-22 双面折叠隔断

图 7-23 上部滑轮及其悬挂轨道

动式三种不同的固定方式。

(1) 悬吊导向式固定。这种固定方式，是在隔扇的顶面安设滑轮，并与上部悬吊的导轨相联，如此构成整个上部支承点。在隔扇的下端，一般是在楼地面上设置一轨道，这一轨道同时起导向和防止隔板在受水平侧推力时倾斜的作用。需要注意的是，作为上部支承点，滑轮的安装应与隔扇的垂直轴保持能自由转动的关系，以便隔扇能随时调整改变自身的角度，另外，上部悬吊的滑轮轨，应与滑轮的种类相适应，可分别采用断面为槽形或T形的上部轨道，见图 7-23 所示。隔扇下端的导向轨并不是必须设置的，是否需要，主要视上部滑轮的安装位置而定。当滑轮设于隔扇的一端时，由于隔扇重心与支承点不在同一条直线上，必须在地面上加设导轨，并在隔扇下端加置滑轮或导向杆，以维持隔扇的垂直位置和运动方向。当上部滑轮设在隔扇顶面中央部位时，一般可不用在地面上设置轨道。这样不仅使构造更趋简单，而且使楼地面更为平整美观。当然，此种情况下，对于隔扇与楼地面之间的缝隙，应采用适当的方法予以遮盖。常用的有两种方法：一是在隔扇下端两侧设置橡胶密封刷；二是将隔扇下端加工成凹槽形，在此凹槽内分段设置密封槛。图 7-24 所示的是悬吊移动式隔断的下部构造。

图 7-24 悬吊移动式隔断的下部构造

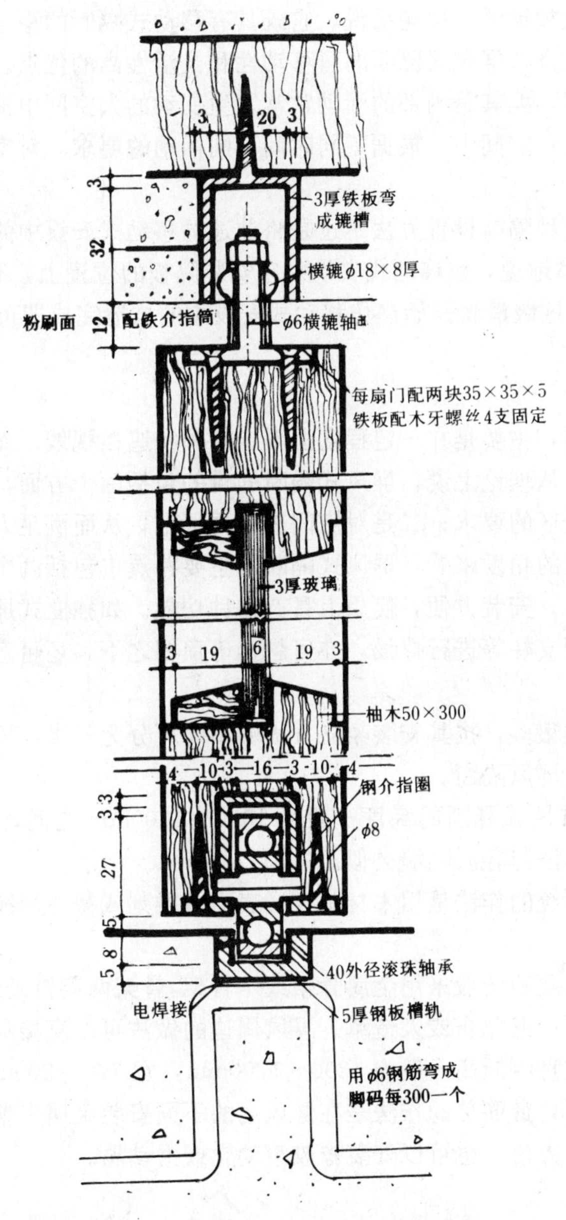


图 7-25　底部支撑移动式隔断构造示意

(2) 支撑导向式固定。这种固定方法与前述的悬吊导向式固定基本相似。所不同的是在这种支撑导向式构造中，滑轮是装于隔扇的底面的下端，与楼地面的轨道共同构成下部支承点，起支承隔扇荷重并保证隔扇移动与转动的作用。在隔扇的顶面上，则安装了导向杆，其目的是防止隔扇的晃动，以使隔扇在受到侧推力时能够保持稳定。显然，这种方式仅仅是将上述方式中滑轮、导向杆的位置作了掉换，但由于可省掉悬吊系统，使构造更趋简单，所以应用十分广泛，图 7-25 是这种固定方式的构造示意。由图可见，除在地面导向槽轨下方需加设钢筋脚码外，其他均可按悬吊导向式固定的原则去处理。

(3) 二维移动式固定。这种活动隔断安设方法的优点是，不仅可象一般的移动式隔断一样在某一特定的位置通过线性运动对空间进行分隔，而且可以根据需要变动隔断的位置，从而使对空间的划分更加灵活。换句话说，它既具有移动式隔断的稳定性好、装饰性强和限定度较高的特点，又具有屏风式隔断的可移动性和灵活性高的优点。因此，近年来这种隔断设置方法在大空间，尤其是内部的活动常常发生变动的大空间中被广泛的采用。通过这种隔断设置，可在同一空间中，根据不同时间不同活动的要求，对空间进行灵活的组织与划分。

从构造上来说，这种隔断设置方法不过是将前述的移动式安设中的方法重复运用两次（或更多次）而已。具体地说，在移动式安设中应安装隔板的位置上，不安设隔板，代之以第二级滑轨，然后再从这级滑轨开始模仿移动式安设中的构造完成即可。图 7-26 所示的是这种方法的一个例子。

**三、屏风式隔断**

屏风式隔断的作用，主要是在一定程度上限定空间和遮挡视线，而隔声问题并不是其所要解决的主要问题。从理论上说，屏风式隔断的目的包括两个方面，一是对大空间进行分隔，从而满足功能分区的要求；二是对空间进行再限定，从而满足人们活动时私密性方面的心理需求。从设置的角度来看，屏风式隔断的主要特点也包括两个方面，一是多数不做到顶，二是启闭灵活，安装方便，使用上具有多种功能。如独立式屏风扇既可依靠支架而自立，也可利用弹簧支柱等进行撑设，亦可悬挂于顶棚之下，还可直接挂于墙面之上作为展板使用。

屏风式隔断的种类很多，按其安装架立方式的不同可分为三类：固定式屏风隔断、独立式屏风隔断和联立式屏风隔断。

固定在楼地面上屏风式隔断的高度一般为 1050～1700mm 之间，在其上部可镶嵌玻璃，这种隔断的构造作法与轻质隔墙类似。

独立式屏风隔断传统的作法是用木材制成，表面做雕刻或裱书画和织物，下部设支架自立。

近代的独立式屏风隔断一般采用金属骨架或木骨架，骨架两侧钉硬纸板或木质纤维板，外衬泡沫塑料，表面覆以尼龙布或人造革。屏风周边的做法可以直接利用织物作缝边，也可另钉木边或铝边。这种隔断高一般为 1200～1700mm，宽 720～200mm，厚 50～80mm。屏风扇的支承方式较多，最简单的作法是在屏风扇的下面安装金属支架。支架可以直接放置在楼地面上，为使用方便，也可以安装橡胶滚动轮或滑动轮。

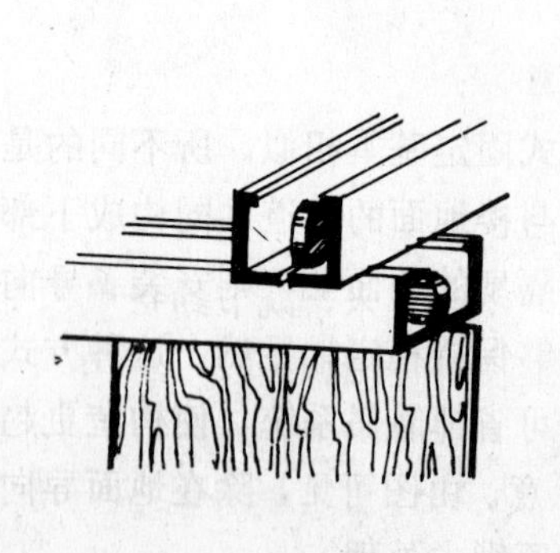
图 7-26　二维移动式固定构造

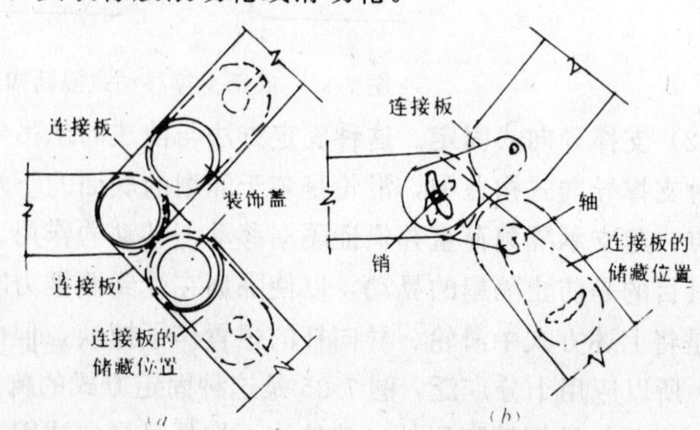

图 7-27　联立式屏风隔断的连接

联立式屏风隔断的构造基本同于独立式屏风隔断，所不同的是联立式屏风隔断没有支架，而是靠扇与扇之间的连接站立。传统的连接方法是在相邻两扇的垂直边上装铰链，但这种连接法移动起来不方便。近代的联立式屏风隔断的扇间连接均在顶部设置连接件，这种连接件可以保证随时将联立的屏风隔断拆成单独的屏风扇。也可将3～4个屏风扇连成一块（图7-27）。

当联立成一字形时，首尾两个屏风扇下应该设支架，如果联立成丁字形、十字形、Y字形或其他折线形，屏风扇即可相互依附而立，不需另设支架。

联立式屏风隔断多用于办公楼、展鉴厅、餐厅和住宅中。

**四、帷幕式隔断**

帷幕式隔断占使用面积少，能满足遮挡视线的功能，使用方便，便于更新。用这种隔断分隔空间一般多用于住宅、旅馆和医院。

帷幕式隔断最简单的固定方法为一般家庭住宅中以铅丝穿吊环固定窗帘的做法。但较为正式的帷幕式隔断，构造要比这种做法复杂得多，且需采用一些专用构配件。

按构成帷幕的材料不同，帷幕式隔断可分为两大类：一类是用棉、麻、丝织品或人造革等制成的软质帷幕隔断。这类帷幕隔断主要是由轨道、滑轮、吊钩和帷幕等部分组成。当轨道吊在平顶的下面时，还需要设吊杆。第二类帷幕是用竹片、金属片等条状硬质材料制成的。轨道由型钢制成，滑轮是由金属或橡胶制成。轨道在平面上可呈直线，也可转弯或分岔。其固定方法一般有两种，一种是直接用螺钉或铅丝等将轨道固定在平顶上，另一种是用吊杆将轨道吊在半空中。此外，也有将轨道固定在墙上的做法，轨道断面呈管形，此时可不设滑轮，而将吊钩的上端直接搭在轨道上（图7-28）。帷幕式隔断的下部距楼地面100～150mm。

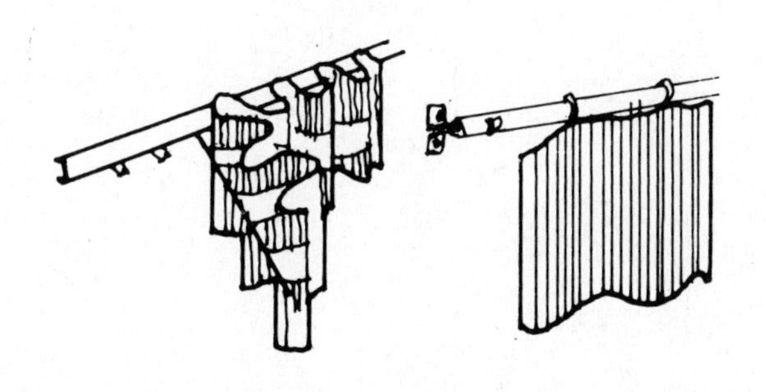

图7-28　竹（铝）帷幕的构造之一

**五、家具式隔断**

家具式隔断能巧妙地把分隔空间的功能与贮存物品的功能结合起来，既节约费用，又节省使用面积，既提高了空间组合的灵活性，又使家具与室内空间相协调。

家具式隔断的构造与一般家具的构造类同，故在此不予介绍，但高度上，应根据人体尺度划分层次，以便分类存放物品。长宽尺寸上，要相互协调，还应考虑单面贮存、双面贮存以及纵横布置等要求，总之，要与室内设计的各个方面求得统一。

## 复习思考题

1. 试述隔墙和隔断的主要区别。
2. 隔墙按其构造方式可以分成哪几类？
3. 试用简图说明轻钢龙骨石膏板隔墙的构造作法。
4. 隔断按其外形和构造可以分为哪几种？
5. 用简图说明木空透隔断的构造及其连接方法。
6. 折叠式隔断根据滑轮和导轨的不同设置，可分为哪几种形式？说出它们各自的固定方式。

# 主要参考文献


1 〔日〕吉田辰夫等著。余荣汉　毛启豪　朱航征译·实用建筑装修手册. 北京：中国建筑工业出版社，1990

2 〔联邦德国〕科特·好夫门等著. 蔡冠丽译·建筑外墙设计·北京：中国建筑工业出版社，1981

3 庞雨霖编著. 现代建筑装饰构造与工艺. 北京：中国建筑工业出版社，1989

4 黄展东主编. 房屋构造. 北京：中国建筑工业出版社，1990

5 江苏省建筑标准设计协作设计办公室主编. 高级民用建筑装修图集. 江苏省建筑标准设计协作设计办公室，1986

6 王庭熙　周淑秀编. 现代建筑大门·围墙·栏杆设计精选. 南京：江苏科学技术出版社，1993

7 陈文琪　杨新民　龙韬. 房屋构造设计. 北京：中国建筑工业出版社，1985

8 张绮曼　郑曙旸　主编. 室内设计资料集. 北京：中国建筑工业出版社，1991

9 建筑工程部北京工业建筑设计院编. 建筑设计资料集. 北京：中国建筑工业出版社，1973

10 乐嘉龙　魏明编绘. 商业建筑装饰. 杭州：浙江科学技术出版社，1987

11 黄居祯　柳军　孙清军　赵滨江编著. 店面设计与装修. 北京：中国建筑工业出版社，1990

12 荆其敏编绘. 现代建筑装修详图集锦. 天津：天津科学技术出版社，1984

13 卢济威编著. 大门建筑设计. 北京：中国建筑工业出版社，1983

14 史春珊编绘. 建筑花格设计. 沈阳：辽宁科学技术出版社，1985

15 周文正等著. 建筑饰面. 北京：中国建筑工业出版社，1983

16 傅信祁　颜宏亮　周健编著. 顶棚. 北京：中国建筑工业出版社，1992

17 姚自君　徐淑常　王玉生主编. 新技术·新构造·新材料. 北京：中国建筑工业出版社，1991

18 赵玉芳编著. 建筑室内装饰构造. 北京：中国建筑工业出版社，1992

19 杨金铎编. 房屋建筑学与建筑构造复习指南. 北京：中国建筑工业出版社，1991

20 房志勇　林川编著. 建筑装饰. 北京：中国建筑工业出版社，1992

21 钟训正编绘. 国外建筑装修构造图集. 南京：东南大学出版社，1994

22 中国建筑科学研究院主编. 建筑装饰工程施工及验收规范. 北京：中国建筑工业出版社，1991